U0380587

数学旅行家

[美]卡尔文·C.克劳森（Calvin C. Clawson）◎著
杨立汝◎译

海南出版社
·海口·

版权合同登记号：图字：30-2024-210 号

图书在版编目（CIP）数据

数学旅行家 /（美）卡尔文·C. 克劳森（Calvin C.Clawson）著；杨立汝译. -- 海口：海南出版社，2025．2. -- ISBN 978-7-5730-2226-4

Ⅰ．O1-49

中国国家版本馆 CIP 数据核字第 2024YJ4949 号

数学旅行家
SHUXUE LÜ XINGJIA

作　　者：［美］卡尔文·C. 克劳森（Calvin C. Clawson）
译　　者：杨立汝
策划编辑：李继勇
责任编辑：廖畅畅
封面设计：海　凝
责任印制：郗亚喃
印刷装订：三河市祥达印刷包装有限公司
读者服务：张西贝佳
出版发行：海南出版社
总社地址：海口市金盘开发区建设三横路 2 号
邮　　编：570216
北京地址：北京市朝阳区黄厂路 3 号院 7 号楼 101 室
电　　话：0898-66830929　010-87336670
电子邮箱：hnbook@263.net
经　　销：全国新华书店
版　　次：2025 年 2 月第 1 版
印　　次：2025 年 2 月第 1 次印刷
开　　本：787 mm×1 092 mm　1/16
印　　张：18.75
字　　数：259 千字
书　　号：ISBN 978-7-5730-2226-4
定　　价：58.00 元

致谢

本书最终得以出版需要感谢很多朋友的帮助。我要特别感谢我的工作伙伴们，他们耐心地详阅了手稿，并为我提出许多宝贵建议，他们分别是玛丽亚·爱德华兹（Marie Edwards）、布鲁斯·泰勒（Bruce Taylor）、琳达·谢帕德（Linda Shephard）、菲利斯·兰伯特（Phyllis Lambert）和布莱恩·赫伯特（Brian Herbert）。我还要感谢犹他大学哲学系和数学系的教授们，他们那些精彩的教学活动以及在教学中所展现的奉献精神，令我爱上数学这门学科。

目 录 CONTENTS

　　这是一本关于数但又不仅是关于数的书。诚然，数学是对于数的研究，但数的应用是与人类的经验与感受细密交织在一起、无法分割的，在全面探索数的过程中，必然深入触及人性的许多奥秘。这本书既包含数学，也涉及人类学、生物学、心理学、解剖学、历史学和哲学。

　　长期以来，人类总被称为"懂得使用工具的猿""懂得运用火的猿""会说话的猿"等等。不过，在我看来，我们更应当被称为"懂得计数的猿"，因为数和计数活动弥散于人类社会的各个细微角落，无处不在。不妨设想一下没有数和计数的社会是什么样子的。我们早已习惯用数来计量生活的方方面面：我们用街道编码标示我们的居住地址；我们与他人通话时要拨打数字号码；我们日常所用的货币以数字为基础；我们的日历和时钟同样离不开数。今天清晨我睁开惺忪睡眼，翻身瞥了眼数字钟，发现已是 6:45；我突然想起今天是 17 号，到日子支付车辆费用了，一共 110 美元；我起床用早餐，将收音机调到 97.3MHz，听到主播正在播报股市上涨了 14 点。我的一天（与其他人一样）就这样开始了。现代生活已离不开数。

经济、技术和科学均依赖我们对数的应用。这种依赖性反映为我们总是想让孩子尽早接触并掌握数字。早教中，孩子们最早学习的事情之一就是如何从 1 数到 10。不过，谈到数学时，即便是最简单的计数，也有无数美国人或担忧，或抱怨，认为："数学真的太枯燥太无趣了！而且数学好难！看着这些符号都害怕！"但是，就在这些人之中，有些人会专程飞往拉斯维加斯，彻夜不眠、不知倦怠地玩二十一点（一种涉及数字相加的扑克牌游戏）和花旗骰（一种双骰子赌博游戏）；有些人会待在家里玩"大富翁"，这种桌游要求玩家把两枚骰子掷出的点数相加，然后走相应的步数，如果刚好走到别的玩家的领地上，则要计算并赔付租金，如果落到无主之地，则可以出钱买下这一格土地，整个游戏过程都在进行数的加减。可见，人们骨子里是热爱数的，尽管他们嘴里常嚷嚷数学枯燥无味，但实际上，无论是玩游戏时，还是兑现支票时，都对数表现出了浓厚的兴趣和耐心。

看来，虽然极少宣之于口，但人们对数还是怀有一种隐秘的热爱的。如此看来，这本书或许会得到大家的喜爱。这一趟对数的探索之旅将以自然数为起始点，它们是我们首先学会的数字，也即 1、2、3、4……此处的省略号意味着，我们可以一直不间断地数下去，无穷无尽，永远没有终点。

自然数是人类发现的第一类数，祖先们对数所做的第一件事是计数。在第一章中，我们将定义计数，并由此研究人类大脑中负责计数的那部分结构；第二章将引领我们走进历史隧道，探寻数和计数的源起与最初的发展历程；第三章主要讨论其他物种是否也会计数；在第四章中，我们将走进最早的农耕社会，研究第一批农耕者使用的数，以及由美索不达米亚和古埃及文明创造的最早有文字记录的数；第五章将回顾古代中国和美洲土著居民对数所做的贡献；在第六章中，我们将直面一个古希腊人花了两千多年都未能解决的巨大谜团，这个谜团最终将把我们引向奇异的无理数世界；第七章将着重介绍负数和我们现今通用的印度 – 阿拉伯数系；之后，在第八章中，我们将鼓足勇气，一探"无穷"的秘境，了解这个概念如何影响人们对数的信念；此前，我们沿着时间的河流，重走数的演化之路，而到了第九章，终于抵达无理数的领地，可以一窥它的真容；在第十章中，我们将充分发挥想象力，去发现一些独特的超越数，如 π，这些数性质奇特，我们甚至都无法把它们完全写下来；第十一章将迎来一类广泛应用于科学研究和工程建筑的全新的数——复数；紧接着，第十二章将介绍本书最后一类数——超限数；第十三章中，我们将邂逅一些非凡的计算怪才；第十四章将在前文的基础上，展开关于数的哲学讨论；在最后一章中，我们将回顾数学在 20 世纪的研究进展，探讨数学在 21 世纪的行进之路，最终于此结束这趟短暂的数字探索之旅。

数与文化互相交织，联系紧密，在回顾它们的发展历程时，我们看到的其实是人类历史的缩影——一段惊叹满盈、奇迹充溢、喜悦迷漫的历史。

我们中的大多数人对于数或许端着一种漫不经心的姿态，不过，在过往的漫长岁月中，还是有一些人充分意识到数在人类社会中所起的重要作用。早在公元前 400 年前后，一位被称为"塔兰托的非洛拉斯"（Philolaus of Tarentum）的古希腊人就曾发出这样的感叹：

> 实际上，凡是能为我们所了解的事物皆有一个与其对应的数，若没有这些数，我们就无法以理智思维去领悟和认识它们。[1]

伟大的古希腊哲学家柏拉图曾指出，数不仅在人类世界占据中心地位，更关键的是，它能引领人类走向真理本身。柏拉图借讲述他的导师苏格拉底及其友人格劳孔的对话，阐述了雅典人对于数的见解。

> 苏格拉底：所有算术与计算过程都必然涉及数吗？
>
> 格劳孔：是的。
>
> 苏格拉底：它们真的像是引导思维往真理方向前行的关键吗？
>
> 格劳孔：是的，而且是以十分显著的方式。[2]

那么，这本书的主题是什么呢？我们又期待通过这本有关数的书增强对自身哪方面的了解呢？这本书论证了一个观点，数及数学，均为人类本性的一层底色，没有了数，我们将无法发挥那些令我们之所以成为"人"的功能与作用。

遗憾的是，许多美国人持相反的看法，他们认为，我们虽然每天都在计数，但大多数人只进行必要的简单的加减法。一般意义上的数学是留给大学象牙塔里留着花白胡子的老学者的功课，数学对于人类个体生活的意义远不如爱情、家人、职业等重大，在很多时候，数学反而是一种烦恼。

本书将直面这类对立的观点，向各位读者展示数学是如何深深印刻在人类的机理构造之中的。这样做有助于我们定义人类自身，比如，未来某天我们终于能够去往其他遥远的星系拜访其他高等智慧文明，初见面，他们肯定会问："你们是谁？"那时我们将可以自豪地说："我们是掌握了数的奥秘的计数者！"

第一章

我们是如何计数的

数字以及计数概念在人类与生俱来的天性中究竟隐埋得多深？计数是否只是人类大脑充分发育后所获得的一项小技能？它是否全然依赖于文化学习？抑或，计数其实是一种以某种方式嵌接于人类大脑的"硬件装备"？计数技能可否通过基因遗传？以上种种追问大致可归结为一个问题——人类究竟是如何计数的？

词汇

在这趟华丽大冒险正式启程之前，让我们先花少许时间讨论一下"词汇"这个概念。每当想进行表意更为精准的沟通交流，我们往往就会去尝试定义新的术语或以更精确的方式重新定义旧术语。无论是在特殊技能领域还是在通用科技领域，这种尝试总能或多或少地增进人们之间的相互理解。然而，专业化的词汇表达也可能将那些有兴趣学习新技术或了解新科学的人拒之门外，像医学、心理学、法律等领域的从业人员就常受到诟病，因为他们为了迫使喜欢多嘴的外行人无从开口，专门创造了与日常用语相去甚远的全新语言体系。不过，此处我们对这一点不做赘论。

为提高交流的精确度，数学中必然包含大量专业定义，本书对此采取的应对方法是，仅在十分必要时才启用新术语，因为人们大多偏爱简单明了的陈述方式。其实，新概念并不难习得，造成困难的往往是陌生的新词汇。我们的目标是增强读者对数的理解，而不是纯粹机械地灌输新术语。我们每引入一个数学术语，都会相应提供一个简短而明晰的定义。我们会竭力避免在非必要处引入新词汇。

自然数

为了对数的本质有更全面深刻的理解，我们首先从自然数着手开展研究。自然数是我们最熟悉的数字，是我们日常用于计数的数字：1、2、3、4……此处的省略号意味着我们尽可按照我们的需求一直往下数。数字本身不会对这个计数过程产生任何限制。在现实生活中，阻碍计数无限延续的是时间。换言之，我们只能在时间允许的范围内进行计数。有时，人们会把自然数称为"整数"或"正整数"，此三种表达意思相同，不过最常用的还是"自然数"这个说法。

数字有三种基本用法。当想知道一堆东西究竟有多少个，我们用到的是基数，而这一整堆东西则被数学家称为一个集合。因此，假若现有一个装了 11 个苹果的水果篮，我们可说，这一篮苹果的基数是 11，而这 11 个苹果就是一个集合。集合中的东西叫作元素，也就是说，每一个苹果都是该苹果集合中的一个元素。

> **基数**：一个指明集合中有多少单个对象的数。
>
> **集合**：一组汇总于一处的对象。
>
> **元素**：构成集合的对象。

基数这一概念对人类的用处显而易见。它可以用于回答下述问题：停车场里现在停了多少辆车？我钱包还剩多少美元？我表哥威尔福德和他的妻子玛维斯共育有几个孩子？以上问题的答案都是基数。

现在我们来定义数字的第二种用法：显示事物的相对顺序。走进咖啡店买你最喜欢的波希米亚咖啡，你发现柜台前已大排长龙，心下暗想着，得等多久才能排到。此时你从服务员处拿到一个标有"47"的号码牌，上面显示"现在正为 35 号提供服务"。这里的数字"47"并不能告诉你一个集合中共有多少个对象，它告诉你的是你与其他人的相对位置，也即在你之前还有 12 位顾客。因此，47 这个数显示的是你在一个数字序列中所处的次序。这类数便是序数。

序数的运用范围同样很广。你居住的街道地址就是序数，它不代表房屋、人或任何集合中的元素个数，它标示的是你的房子及其所在街区与城市中其他房子的相对位置关系。只要使用数字表明事物之间的相对位置，就必定涉及序数。

序数：指明某一元素在集合中的相对位置的数。

数字的第三种用途是做简单识别。作为标码数，此时的数字既不用于计算集合中的元素个数，也不显示任何相对顺序。你的电话号码就是一个标码数，它既无法确定电话号码集合中有多少个电话号码，也不能标明你的电话号码与他人电话号码的相对位置。社保号码是标码数；大多数公交汽车线路号和飞机航班号也是标码数。实际上，我们对标码数大多兴趣寥寥，因为这类数字仅有指称命名作用，换言之，这类数字都可被具体名称替换。因此，后文的叙述将着重聚焦序数与基数，而非标码数。自然数既可作为基数，也可作为序数。之所以可作为基数，是因为它们能够指明集合中所含元素的数目；之所以可作为序数，是因为每一个自然数在数字序列中均分配有一个唯一的指定位置，比如，数字 5 就总在数字 4 之后、6之前。可见，自然数是有序的。

计数的特征

我们自小便在家人的教导下使用自然数。他们让我们伸出双手，从最左边或最右边的一根手指开始数：1、2、3……他们每对着一根手指说完一个数字，就轻点下一根手指，说出下一个数字。稚嫩的我们觉得这个游戏有趣，很快就学会了模仿，没用多长时间，便可按照正确顺序说出那些表示数字的词汇：1、2、3、4……不过，这样尚不算学会计数。计数要求我们懂得更多，比如，回答关于"多少"的问题。此时，我们的父母会拿出三个玩具积木放到我们面前，问道："宝贝，你看看，这里一共有多少块积木呀？"母亲使出浑身解数，循循诱导，但在学习伊始，你可能只会胡乱挥手，把积木推到一边。

不过，你最终还是学会了。你指向某些事物，边数边重复嘟囔着几个词语，你渐渐明白，最后的那个字眼，便是你的母亲期待你说出的"数字"。那么，你是否真的理解了什么是"多少"？年幼时，兴许不懂；但是，到了大约可以上学的年龄，你或许会在某个时刻突然领悟众物之集合的概念，尤其是当你的姐姐百般辩称自己并没有拿走玩具小人，而你却清楚知道你的玩具小人少了一个的时候——你已然懂得要数清玩具小人的数量。

在这里，我们必须暂且停下，为"计数"这个概念提供一个附注。或许你常自然而然地把计数当作一项活动，你会掰着手指，一个个数过去，说出相应的正确数词。现在，我们将引入一个深受数学家青睐的术语——映射。数数时，每根手指只分配一个数词，你既不会让两根手指代表同一个数词，也不会让两个不同的数词指向同一根手指。这是一个一一对应的精确过程，每根手指都有其唯一且专属的数词。数学家称之为一一映射，它是计数过程的核心所在。

一一映射： 一个集合（如数词）中的每个元素，在另一个集合（如手指）中都有唯一且确定的元素与之对应。

在孩童时期的某个阶段，一般在两到五岁之间，你的思维能力将取得巨大跃升，因为在这个时期，你将学会数学中最难习得的两个概念——学会以汇集或集合的形式来想象事物，并进一步理解，每个集合都是一个可由基数予以鉴别的"众物"；明白不同集合的基数既可能相同，也可能不同；领悟计数的方法，从此能够确切辨析各个集合的基数。这些技能本身也可组成一个令人惊叹的集合。

现在我们可以来尝试回答以下这一连串关于计数的根本问题了：我们如何计数？计数过程涉及怎样的思维过程？它将激活大脑的哪些部分？大脑中是否有一块专门区域负责这项活动的进行？它是一种纯粹通过学习而获得的技能，还是一种与生俱来的能力？我们在计数时使用了词汇，那么语言对计数是必不可少的吗？

一个完整的计数过程依赖于三项活动。一开始，我们考虑回答一个问题——"有多少？"我们已经划定了一个集合，并希望弄清它具体包含多少事物。后续两项活动同时发生。我们按顺序依次触碰或指向集合中的各个元素，然后说出恰当的数词——指出元素并说出正确的数词这一行为便是我们所说的映射活动。当我们说出最后的那个数词，也即我们想要探求的那个基数，该过程就正式宣告完成。因此，我们需要做的是：①浮现"究竟有多少？"这个念头；②依次触碰或指向元素；③按顺序说出对应的数词。如此可见，大脑中用于计数的部分大抵包括负责对事物进行抽象思维、实现持续运动功能和语言功能的区域。

实际上，有时我们并不真的用手指指点元素，而是用眼光在物体之间顺次游移。不过，眼睛的移动也是一种持续运动，在这种情况下，我们只是用眼睛的活动替代了手指的活动。有时我们也不真的高声说出数词，而是仅在心中默然念想。

我们可否据此确定完成计数过程所必需的最小活动？倘若可以，那么我们应当假定计数是依赖于语言的，因为在我们能够数清事物的个数之前，必须先学会那些表示数字的词汇。可见，计数兴许是一种在获得语言能力之后（或者不早于）方能习得的技能。

是否存在不依赖语言的计数方式？假如存在，那么这种计数方式可能比现代人类具备的快速说话能力还要古老，因此它可以不依赖大脑中与语言相关的区域而实现。

卡尔·梅宁格（Karl Menninger）所著的《数词与数的符号：数的文化史》（*Number Words and Number Symbols: A Cultural History of Numbers*）一书，对人们理解人类早期计数与数字做出了不可磨灭的经典贡献[1]。梅宁格在这本著作中指出，人们几乎已经可以断定，在早期人类活动中，非语言计数是存在的；甚至到了 20 世纪，一些原始部落[①]都只发展出两个数词：一和二，其他一律以"多"概称。这些部落的成员无可避免地需要跟踪记录其所拥有的财产集合中各元素的数量，然而，仅有的数词"一"和"二"不足以数清 30 头牛、11 条狗或 16 篮粮食。厘清并持续记录财产数量的需求——特别是当这些财产囊括食物、遮蔽处所或抵御敌人所需要的防护器具时——强烈驱策着人们必须追踪明了各集合的基数。假如不诚实的邻居趁着黑夜偷走了你的牛，而你却全然不觉，那么在接下来的某段时间里，你和你的家人或许只能挨饿度日。

梅格宁还指出，一些原始部落，如斯里兰卡岛上的瓦达部落，他们并不通过数词与元素之间的映射来完成计数，而是通过木棍或其他物品与元素之间的映射来进行计数。举个例子，瓦达部落成员在清点一堆椰子的个数时，会为每个椰子分配一根木棍，分配完成后，成员手里拿着的那捆木棍便是椰子的"数量"。他无法确切地告知你究竟有多少个椰子，因为他并不知道这一捆木棍的基数所对应的数词，但他可以拿出这一捆木棍向你"展示说明"那个数字。

对此，你或许会认为，瓦达部落的成员并没有真正数出椰子的数量，

---

① 此处所用的"原始"一词，只用于描述这些部落的文化状态，而不涉及部落成员的身体特征。所有生活在当下的人都是现代人类。

因为你依然笃信，真正的计数应是全然理解数字顺序（1、2、3、4……）以及如何运用它。不过，对于瓦达部落而言，我们认为他们的行为是不是真正的计数其实无关紧要，他们真正在意的，是能否通过木棍与椰子的映射弄清椰子集合的正确基数，并进一步回答"有多少"这个问题。只有找到这个问题的答案，他们才能够掌握他所拥有的椰子、牛羊和其他财产的情况。他们依靠一种无须借助语言的巧妙方法做到了这一切。

那么，这个简单的数棍子行为需要用到什么技能呢？首先，部落成员必须明白，集合有"多"这一抽象概念。换言之，当他看到若干物品（如单个椰子）汇集一处、并清楚意识到它们具备一个或多个共同特征时，会将它们认定为一组对象或一个集合，进而萌生想要说明其"多"的想法。其次，他必须计划一系列极具巧思的行为，以使每根木根与每个椰子之间构成映射。该步骤只在所有步骤执行完毕后才有意义，因为此过程中的任何中断都会导致椰子基数计算错误。因此，他不仅需要巧妙谋划如何开始一系列映射，还须从一开始便设计好如何圆满完成各个步骤，从而如愿得到最终结果。

各个计数行为又是在大脑中的哪些区域发生的呢？"木棍计数和现代计数均发生于人的意识层面"——乍听之下，这个回答极具说服力和吸引力，似乎只要探寻到意识活动在大脑中的位置，便可顺藤摸瓜找到计数活动的终极源泉。但是，遵循这个思路展开探索的研究者们很快就走入了死胡同。事实上，识别所谓的"意识活动"在大脑中的具体发生位置一直是多年来深埋于科学家心底的大难题。在细致查看了众多有关脑损伤的临床案例之后，许多科学家业已重新认识到，意识活动不由大脑任意一个单独部分负责。埃里希·哈特（Erich Harth）在其书作《心智的窗口》（*Windows of the Mind*）中明确提出，意识活动是一种存在于整个神经系统的现象。

　　人类的感知能力具有直接性以及大脑皮层无法独立维持意识活

动，这两点均表明一个事实，即意识的触角已然伸出脑壳，探至身体的表层甚至更远。[2]

看来，意识活动的发生场所并不局限于大脑的个别区域，所以，通过研究意识活动来探寻计数技能的根源似乎不著见效。我们现在需要做的是仔细观察和剖解大脑结构，尝试发现人类计数能力的可能出处。

大脑是如何计数的

大脑是头盖骨内一团含水量丰富的组织，既负责控制躯体活动，也是思维发生的根据地。实际上，大脑组织属凝胶质地，密度稍大于水，若将其放置于桌面，极有可能会在自身重量的压力下破裂。构成大脑的主要细胞是总数约达 120 亿个的神经元或神经细胞（如图 1 所示）——"120亿"是怎样一个概念呢？它大于定居地球表面的人类数量（2021 年接近80 亿），但远少于四散分布于银河系的恒星数量（1 000 亿个）以及美国统

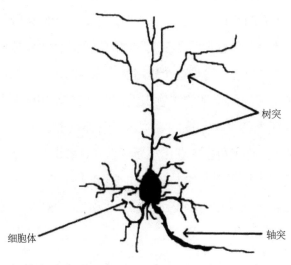

图 1　人体大脑中的神经细胞由细胞体、接收其他神经元信号的树突和传递信号至其他神经元的轴突组成

发的国债（超过4万亿美元）。每个神经元由三个部分构成：一个细胞体、一系列称为树突的分支纤维（负责接收来自其他神经元的电信号）和一条轴突纤维（负责向外发送、向其他神经元传递电信号）。就神经元与神经元之间的连接而论，单个神经元可直接与多达4 000个甚至5 000个神经元交换信息。[3]

自脊柱往上，可将大脑大致划分为三个部分：脑干、小脑和位于顶部的新皮层（如图2所示）。为确定大脑在计数过程中所发挥的作用，我们将着重关注大脑新皮层，因为它既负责控制记忆、学习及其他各类智力技能，同时也是视觉、听觉和语言等重要功能所驻扎的区域。新皮层的外表面覆裹着一层被称为灰质的薄层，由大约100亿个神经元组成。灰质中神经元分布之密集，可达1立方毫米（约为一个大头针的针头大小）含3万至10万个神经元体。大脑皮层被一条自前额延伸至大脑后部的纵向大裂隙分隔成两半，并由一束由2亿个轴突构成的胼胝体相连接。

倘若我们可以直接指着大脑中的某一个小突起，并断言，"这就是人

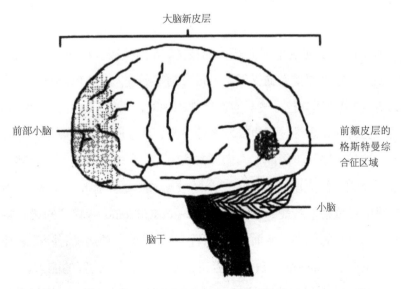

图2　人类大脑。前额皮层的格斯特曼综合征区域与计数活动紧密相关

类计数能力的所在之处"，那就再好不过了；然而，这是不可能的，因为人脑是一个极其复杂的器官——这既是不幸，又是万幸。有些大脑功能似乎只集中分布于局限的特定区域，有些功能则广泛散布于新皮层的众多区域。比如，有研究表明，有许多记忆与大脑的某些特定区域紧密相关，有些记忆则更为分散，普通损伤只会令它们发生不同程度的减弱，而不致完全丢失，记忆衰退的程度与损伤的严重性相一致。

掌管数学的区域又落在何处？其中哪些部分专门负责计数？对于以上问题，我们尚且无力交出确切答卷，只能凭手头现有的证据做合理推测。为了解大脑是如何运转工作的，神经学家以一些脑损伤患者为对象进行了详细深入的研究。尽管这些研究有时会得出相互矛盾的结果，但我们依然可以从中推断出一些一般性结论。

相较左半球，大脑右半球的行为活动更加同步，我们的即时视觉感知、空间关系认知和运动技能均与它紧密关联。通常情况下，先天性右脑损伤的儿童很难体认出现在他们视野内的物体群组，并理解蕴含其中的"多"之概念。可见，这种对事物之"多"的领会能力是人类与生俱来，而非后天习得的。因为整个计数行为是始于人们意识到集合具有"多"这一特征，所以，在计数过程中，大脑右半球应起关键作用。

即便语言是通过学习而获得的技能，它也与大脑中的一些特定区域密切相关，它主要受大脑皮层左半球控制（不过，右半球也有一定的语言能力）。左半球还掌控一些具有次序性的功能，比如策划并执行系列活动，符号表征与抽象思维过程也受左半球支配，从本质上讲，数学运算兼具符号象征性与次序性，因此，人们通常认为，左半球具有数学运算功能。我们需要特别关注大脑左半球的一个区域（如图 2 所示），该部分受到损伤时，可能导致格斯特曼综合征（Gerstmann syndrome）。该病的患者将失去辨认自己十指的能力，从而无法进行涉及手指的各项运动；除此之外，还常伴随左右不分的病征，许多患者还会丧失进行简单运算的能力。

辨别指认手指与算术计算之间存在关联，这种说法乍听之下似乎有些奇怪。其实不然；初生的婴幼儿便是依靠旁人一遍遍重复指认手指、讲述相对应的数词而学会基本计数的。可见，我们的手指、计数、数词的发音，以及从一个手指指向下一个手指的操作技能之间的确切实相关。

一些神经学家[5]提出，计数与计算能力存在于大脑最前部一个叫作前额皮层的区域。大脑这一部分主要负责控制情绪，予人们以责任感、对过去和未来的时间感以及规划未来活动的能力。部分前额叶受损患者会丧失计算能力。由于计数是一项计划性与操作性兼具的活动，因此，对大脑该区域的任何损害都可能干扰此活动过程。

至此，对于计数在大脑中的发生区域，我们可否得出一个最终结论？很遗憾，目前科学界对此尚无定论。不过，可以肯定的是，数字意识、计数、运算等这类技能所牵涉的绝不止一个大脑区域。右脑可识别视觉所及处的多个物体，进而赋予我们"多"的概念意识；前额皮层使我们能够计划并进行计数操作；大脑左半球后部区域则搭建起手指与计数之间的联系桥梁；当如上种种接连发生时，左半脑中掌管语言的部分会适时介入，产生数词。只有在大脑众多功能的"精诚协作"下，我们才能伸出手指，自如流利地按照正确次序说出数字。

我们是如何学会计数的

在本章伊始，我们便抛出两个疑问——什么是数字？我们是如何使用数字的？我们已在人类大脑的沟壑间穿巡查探许久，但仍未能寻得一个清晰明了的答案。不过，可以肯定的是，在此番探索之后，我们对计数以及计算技能的复杂本质有了更深层次的理解。最后，我们再来思考、讨论人类最初是如何获得计数技能的。

我们出生时，大脑中所有突触或神经连接都未形成，此后，神经元之间的相互联络通道逐步搭建，持续六年左右。在此成长过程中，数百万甚至数十亿个神经细胞延伸出轴突，与其他神经细胞接触、相连。起初，大脑左右两个半球的功能区分不甚明显，只有发育至适当程度时，某些功能才会选定一边永久"驻扎"——此发育过程进行时，正是父母教导幼儿学习数数的时候。仅有几周大的婴儿显然还不能学习这项技能，因为此阶段他们的大脑还不够大，已构建起最终连接的神经元数量还不够多；大约在两岁或两岁半时，幼儿才开始把不同部分连接在一起，进而引发计数行为，催生对于数的意识。

幼儿开始学习计数基于两个条件：首先，其运动能力和语言能力发展到能够坐下来听父母说话的程度；其次，需要父母与幼儿坐在地上，握住幼儿的一只手说道："宝贝，看，这是你的手指。"然后，父母逐次触摸每根手指，并说出相应的数字词汇："1、2、3……好啦，接下来该你试试了。"这是一种习得行为，因为如果没有人耐心引导幼儿进行并重复这些行为，他们将永远学不会数数。就如前文提及的，有些原始部落至今不会计超过2的数，因为他们的文化对此没有需求。

我们在两到四岁期间学习数数——这个学习过程并非一蹴而就，它需要我们的不懈努力，因为此时我们的大脑尚处于发育阶段，也因为焦虑的父母往往会"杞人忧天"地担心自己的孩子智力发展达不到标准线，从而把我们逼迫至能力的极限边界（许多关爱孩子的父母也是这么做的）。在初始阶段，计数对我们而言是一项慎而又慎的行为，我们必须费力记住正确的数词，并将它们与手指正确对应，这种谨慎且刻意的活动很有可能由前额皮层控制。经过长期的充分练习，数词在我们的记忆中将作为词汇表中一个具备鲜明特征的独立子集而存在，进而，我们会对每个数字创建相关的长期联想记忆。这些联想记忆包括每个数字的发音、视觉形象和动作记忆；除此之外，每个数字都会触发人们对于序列中下一个数字的联想记忆（比如，当我说"3"时，脑海中自动联想到的下一个数字是"4"）。起初，上述这些记忆都很强烈，但是随着时间的推移，声音记忆将逐渐占据主导地位，此时我们掌握了正确的口头数词，而对书面数词及阿拉伯数字的习得往往是到上学之后才开始。我们与数字相关的动作记忆来源于早期的手指活动，即使成年之后，这种联系依然牢固难破，我们在心中默数时，经常会不经意或下意识地用拇指触碰其他手指。当计数最终成为无意识的自动行为时，这些长期联想记忆在大脑新皮层的位置将有所不同。

虽然我们是通过学习才获得计数这项技能的，但我们不能否认，使得我们学会计数的相关大脑功能是人类生物遗传的一部分。此外，计数过程的最初步骤——探问视野中一共出现了多少事物——似乎对所有人而言都是遗传而得的。看来，"有多少"这一只有通过计数（和数字）方能回答的疑问，应是深埋于人类本性深处的一个基本问题。

早期的计数

现在，我们研究关注的焦点将转移到人类计数的历史。倘若计数是人类刚刚获得的一项技能，那么我们或许能得出一个结论：它与人类本性之间的联系没有我们想象中那么紧密；相反，倘若人类计数历史源远流长，甚至可追溯至现代人类的祖先，那么我们可得出另一个结论：同语言、工具制作一样，计数也是人类这一物种得以发展至现状的前提条件之一。

远在历史被记载之前，计数活动就已出现，因此，我们无法言之确凿地说，是定居尼罗河沿岸的拉贾曼于公元前 1103 年 7 月 2 日发明了计数，将它传授给村民，并由此传播开去——计数的发端比这古老得多。不过，计数的源起早已湮没在史前无言的浩荡烟尘中，因此，我们不得不逐步重现人类在史前的进化过程，而后再依此推测计数活动诞生的可能时间。我们将聚焦两种形式的计数行为：一是依靠操控技巧找出集合基数的木棍计数法；二是利用数词的现代计数法。

我们的远祖

我们对人类进化史的探索仍在不断进行，征途尚漫长，对于这段历史的演进方式，人类学家们还未达成共识。类人猿，包括大猩猩、黑猩猩、猩猩和长臂猿，似乎是我们如今在这个星球上关系最密切的近亲。人们通常认为，这四者中黑猩猩最接近人类。加利福尼亚大学伯克利分校的艾伦·威尔逊（Allan Wilson）和玛丽-克莱尔·金（Marie-Claire King）比较了人类与黑猩猩体内的基因，发现两者之间的差异仅有 1%，剩下 99% 的基因均一致无二。在区分自己与其他种族方面，黑猩猩显露出的智商高于一般水准；同样地，科学家曾设计了一个实验，测试各种类人猿从镜子中认出自己所需的时间，结果显示，黑猩猩的辨认速度最快，其次是猩猩，大猩猩则排在第三位，它们几乎没能成功通过测试。

人类是目前已知的唯一能够完成真正计数过程的物种。换言之，人类能够通过木棍计数法或数词计数法准确判断一个集合的基数。因此，计数起源的时间必然晚于物种进化路线分岔为人类和类人猿的节点；另外，计数比书写语言早出现，而书写语言初次显露身影大约是在 5 000 年前的中东地区，所以，人类计数行为的起始时间段应当划定在物种进化出现人类支线的时间节点到公元前 3000 年之间。正如我们将看到的，这是一个相当大的时间跨度。

艾伦·威尔逊和文森特·萨里奇（Vincent Sarich，同样供职于伯克利）对类人猿与人类蛋白质之间的异同展开了深入研究，试图据此确定该进化分岔发生的时间[1]，他们得出的结论现已受到学界的广泛认可——类人猿与人类的进化区分发生在 500 万年前到 600 万年前之间。自那时起，人类的大脑容量就是黑猩猩的 3 倍之多，神经元的数量也增至它的 2 倍。因此，人类与类人猿的主要区别在于大脑容量的大小，特别是大脑新皮层的大小。而如先前所述，大脑新皮层正是理解计数的关键所在。

进化路线上，紧接在我们与类人猿共同祖先之后的又是谁呢？迄今，已有许多外观既像类人猿乍看之下又仿似人类的动物化石碎片被挖掘出土，然而，由于化石的发掘数量太过庞大，我们尚且无力一一考证追溯它们的起源。好在，人类学家已根据它们各自不同的特征，将它们分为若干组别，从而揭示了动物智能逐步稳定向现代人类智能进化的过程。所有这些既似类人猿、又似现代人类的动物，都统称为原始人类。

最古老的原始人类是非洲的南方古猿。目前挖掘出土的南方古猿化石距今 400 万年至 150 万年。由此可见，我们的这群祖先在这个星球上持续生活了很长一段时间——长达 250 万年。要是我们现代人类的子嗣也能绵延如此长久，那也称得上是无上荣光了！

南方古猿究竟是什么样子的呢？将南方古猿与现代类人猿及猴子明显区分开来的最基本特征是，南方古猿具有直立行走能力，这是它们向人类稳步转变的第一个里程碑。它们很矮小，身高不到 5 英尺（约 1.5 米），体重不足 90 磅（约 40.8 千克），大部分会与家庭和当地部分群体分享食物。彼时，核心家庭①结构已初显端倪，部分家庭按照性别进行劳动分工。尽管如此，它们的大脑容量并未显著扩展，平均只有 450 立方厘米，仍保持在与类人猿大致相仿的水平。黑猩猩的大脑容量为 400 立方厘米，大猩猩的则为 500 立方厘米。截至目前，还没有令人信服的证据表明，南方古猿已有懂得制造工具、吃肉、使用火种、做衣服、埋葬尸体或创造象征性的艺术作品等这类晚期猿人的特征[2]，最重要的是，南方古猿的脑容量不够大，这无疑直接决定了它们尚不具备概念化"有多少"这一问题并寻找相应解决方案的能力。因此，我们可以判断，南方古猿不会计数。

在距今 200 万年至 150 万年前，东非大陆出现了一种新的原始人类，后人称作"能人"，意为"手巧之人"。它们之所以享有此美名，主要是因为它们会制造石器，相比南方古猿，这无疑是巨大的进步。它们的脑容量也比南方古猿大得多，平均可达 750 立方厘米，如此大幅度的量变足够引发质变。不过，在其他许多方面，能人与早期的南方古猿大致相仿，同样身高不足 5 英尺（约 1.5 米）、体重仅有 90 磅（约 40.8 千克）左右。对能人的牙齿研究表明，它们很有可能像南方古猿一样以果实为主要食物来

---

① 核心家庭是指由夫妻两人及其子女组成的小家庭结构。——译者注

源，而不像晚期猿人一般吃杂食。而且，在能人部落我们依然看不到任何用于蔽体的衣物、艺术创作或者火燃烧后的遗痕。不过，大脑容量的增大以及开始着手设计制作工具，这两点都代表着长足的进步。

是否有证据表明能人使用了某种形式的计数方法？答案依然是否定的。能人与它们的先人一样，长期聚居于非洲东部和南部，那里气候变化微小，食物供给稳定[3]，它们采集果实作为主要食物，无须时时储备食物。同时，也没有证据表明它们居住在永久性营地。住所是否固定与财产积累息息相关。既无财产，又有稳定的食物来源，它们很可能没有计数的需求。而且，尽管能人的脑容量远大于南方古猿，但没有迹象显示它们已发展出快速的发声语言。

大约 150 万年前，人类的进化发生了有趣的转折——直立人出现了。直至 30 万年前，它们的身影才在这个星球逐渐消失。相较之前的原始人类，直立人展现出了显著的进步。它们具有以下这些特征：

- 拥有比能人大得多的脑
- 拥有比能人更复杂的工具
- 已懂得用火
- 从非洲迁移至欧洲和亚洲
- 建有季节性、半永久性的住宿营地
- 搭造了遮蔽所
- 既吃植物也食肉类（杂食）

上述一览表清晰反映出，相比南方古猿和能人，直立人取得了令人瞩目的发展。它们脑容量的增长具有本质性意义。直立人在其存在的 120 万年间发生了显著的变化，它们的文化可被细致划分为两个阶段：早期直立人时期和晚期直立人时期。能人的平均脑容量为 750 立方厘米，早期直立人的平均脑容量增至 900 立方厘米（如图 3 所示），至晚期直立人脑容量

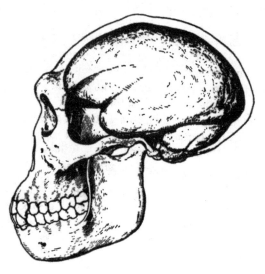

图 3　爪哇直立猿人（*Pithecanthropus erectus*）的颅骨及大脑示意图，尤金·杜布瓦（Eugene Dubois）于 1891 年在爪哇岛上首次发现。该颅骨距今约有 45 万年，其脑容量已达 900 立方厘米（本图源引自伊利诺伊州芝加哥种族辑绘馆）

最后已增大到接近现代人的水平：晚期直立人的平均脑容量为 1 100 立方厘米，现代人为 1 400 立方厘米。

　　直立人制造的工具与能人时代相比已有长足改进，相当复杂，现代人类学家曾尝试仿照当时的生产能力对它们进行了复刻，而后花了数月方能熟练操作这些复制的工具。有证据表明，直立人修建了简单的遮蔽所，这项技能也是能人所不具备的。直立人在技术方面所取得的最具意义的进展是，经历了 50 万年的卓绝努力（从 150 万年到 100 万年前），它们最终驯化了火。在掌握了用火的同时，直立人也从气候恒定的非洲迁居到了季节性气候的欧洲和亚洲。

　　直立人的外貌也比它们的先人更贴近现代人。它们比能人高大，平均身高超过 5 英尺（约 1.5 米），面部更扁平，头颅更大更圆，但眉骨仍有明显隆起，前额也少许歪斜。倘若你在火车站碰到一个穿着笔挺西装的直立人，或许你只会仔细打量几眼，然后毫不在意地擦身走过；相反，倘若你在月台碰上的是南方古猿或者能人，你可能会立即拨打电话向动物管理局报告车站有一只可能是从动物园逃出的猿猴。

直立人之所以能成功由非洲迁移到欧洲和亚洲，很大程度上是因为它们掌握了用火和搭建临时遮蔽所的技巧以及养成了杂食的习惯。在恶劣气候环境下，火和遮蔽所可以帮助直立人御寒过冬；当秋天过去，在蔬果难寻的日子里，杂食的直立人可以捕猎获取肉类，并于室外冷藏，以供后用。假如没有火堆取暖、住所避寒、肉食果腹，很难想象直立人能够离开气候常年温和的环境，长途迁移到非洲以外的大陆生存。

直立人计数吗？眼下尚没有证据能够证明直立人已有快速发声语言系统。因此，它们不可能掌握现代的数词计数方法——那木棍计数法呢？它们有可能懂得吗？这个问题相当棘手。的确，即便不懂语言，动物们也可以萌发数的意识。数的意识不是人类的专利，动物也可能有。大卫·E. 史密斯（David E. Smith）在《数学史》一书中这样评论道：

> 有一个很有名的案例：一个天生聋哑的男孩通过观察自己的手指，在他人开始教他计数方法之前，就掌握了数的知识。这个例子告诉我们，无须等待口头语言发展成熟，数的概念就可自发萌芽。也因此，一些未开化的原始部落即便没有超过 2 的数词，也能领会"3"这个概念[4]。

没有直接物证可表明直立人懂得运用木棍计数法，也就是说，考古学家既没有在其使用的工具上发现任何用于计数的记号，也没有在其聚居营地及周边找到计数的图案。那么，有间接证据可佐证吗？首先，直立人的脑容量相对较大，特别是晚期直立人，其平均脑容量已接近现代人类脑容量的大小；其次，直立人能够制造复杂工具，为最终产出理想成品，制作流程开始前，它们必然需要将一系列动作计划妥当，而这恰是将木棍（或坚果、卵石等）映射至物体集合所涉及的大脑功能之一。

　　直立人挥别气候温暖恒定的故土，辗转迁移至季节性气候的欧亚大陆。为了在寒冬来临时得以生存，直立人需要提前囤积食物资源，而这极有可能是第一个激发直立人进行木棍计数的环境压力。还有其他一些问题也可能促进了计数的发展，比如，还要赶多少天路才能走到下一个可居住地？距离满月之日还有多少天（满月时它们能借着月光在夜里捕猎）？遭狼群袭击后部落中还剩余多少个猎人？

　　由于缺乏直接证据，我们只能大致推测，直立人或许已经会使用木棍计数。理由是，他们拥有相对大的脑容量，可以制造复杂的工具，掌握了用火的技巧，以及迁移定居的地方有气候寒冷的时节。不过，木棍计数这项技能未必是须臾之间就在所有直立人部落发展普及的，它的发展过程或许经历了许多曲折坎坷，比如，它有可能在若干个地方萌芽，但中途消亡，最后又在某些因素的促使下重新开始起步。兴许只有等到未来某天，某位幸运的考古学家偶然发现某处可提供确凿证据的直立人遗址，我们才能拨开萦绕的迷雾，清晰直面真相。那么，就待到那时我们再来细致考虑这个问题吧。

　　大约 30 万年前，直立人逐渐没落消失。在此之前，也许早在 50 万年前，欧洲、非洲及亚洲就已开始出现一种叫作"智人"的新原始人类[5]。与直立人相比，智人的一个主要进步是：平均脑容量增至 1 400 立方厘米，与现代人类已相差无几。然而，智人还不是现代人，它们是从直立人向现代人的过渡，它们尚未发展出现代人特有的浑圆饱满的颅骨、凸高的前额和扁平的脸部。

　　假如我们对于直立人已能用木棍计数的推测是正确的，那么智人势必也掌握了这项能力。无论如何，智人更大、更复杂的脑部结构都有助于诸如木棍计数等心智技能的发展。智人的遗骸化石不仅遍布非洲，在欧亚大陆亦有发掘出土，这说明他们必须与寒冬抗争。智人使用现代语言吗？科学家们对此看法各不相同，但有一点学界已达成共识，即智人不使用我们这类快速发声语言系统。但是，有证据表明，他们的确使用了某种原始语言，只不过这种原始语言的发音范围相当有限 [6]。

现在，我们终于来到了人类进化的最后一个阶段——晚期智人（Homo sapiens sapiens），也即现代人出现了。最后的进化主要包括大脑容量以及快速清晰发音所必需的喉头和喉咙。除了制作复杂工具，他们还埋葬逝者、开展艺术创作。

现代人首次出现是在何时？对于这个问题，学界尚存在分歧。考古学家曾在距今至少 3 万年或 3.5 万年前的遗址中发掘出属于现代人种的骨化石，但是，新近的证据显示，现代人首次出现的时间仍要往前推。目前有两种争议颇大的用于断定原始人类遗址年代的新技术，考古学家运用这两种技术得出判断，认为其中几处遗址距今已有 10 万年的历史。倘若这一结论经受得起检验，那就证明现代人已在这个星球顽强生存了 10 万余年，而不仅是 3.5 万年。

综上所述，目前最合理的设想是，在 50 万年至 10 万年前，智人开始向现代人进化。同时，科学家推断，现代语言是在过去的 10 万年间开始发轫并逐步成熟起来的，它可能起源于早期部落篝火活动中围绕火堆进行的吟唱仪式，并渐渐发展成为一种重述部落历史和文化的重要手段；而数词计数大概是在 10 万年前我们开始使用现代语言之后的某个时期出现的。

手指和身体计数

在进一步讨论语言计数之前，让我们先将目光投向一种发源于木棍的计数，或者说与木棍计数相关的初始计数方法。与现在的小孩一样，古代的计数者也常以手指代替木棍、卵石或贝壳。这样做有一个好处，那就是方便，因为自己的手指用起来肯定最便捷。但是，用手指计数也有两个无法逆转的极大缺陷：一是手指数量有限（即便加上 10 根脚趾），二是不便于记录。比如，当你计数的结果为 8，你必须相应伸出 8 根手指，那么为了留存这个结果，即便你要外出走动，也得一直伸着手指不能收回，这显然太碍事了。所以，最好的选择还是卵石一类的物件，因为计数过程完成后，可以把它们先放置一旁，日后有需要再随时查看确认。（此处我们仍假定当时的单个使用者尚未形成"数"的抽象概念，因此它们无从"记住"数"8"以作为今后参考。）

手指计数具有普遍性，几乎所有人都曾使用过某种形式的手指计数。即便是在现代数字序列定名并开始使用以后，在各地社会群落中，手指计数依然未被完全摒弃。古罗马人以此方式最多能数到 1 万。甚至到今时今日，各种进化版手指计数法与计算法都仍在普通人的日常生活中占有一席之地。由于手指计数无须涉及语言与文字，因此，它的历史或许与木棍计数一般古老。不过，我们对手指计数的兴趣并不单单只是出于它与木棍计数的联系，更是因为它代表着人类在数字概念方面的一次重大跃进。在前文我们定义了两类数字：基数和序数。其中，基数代表一个集合中元素的数量，序数则指明集合中各元素的顺序排列。在较为原始的木棍计数中，我们获取的只有基数，也即，我们看到的仅有一堆卵石或一捆木棍所代表的计数集合基数，但无法因此产生任何条理次序感。此时，序数之所以"隐身"，是因为计数者将每颗卵石、每根木棍都同等看待，彼此之间可以任意互换。

但是，当我们用手指计数时，我们潜意识里已为计数附上次序。人的十指形态不同，命名也相异，用于计数时遵循一定的明确序次。比如，在许多地方，人们以左手小指作为计数的第一根手指，继而是无名指，然后是中指，这个过程便意味着次序，即无名指在小指之后、中指之前，正如数字 2 在 1 之后、3 之前。因此，手指计数是人类将序数意识引入数的概念的恰当契机。自从人类发展出以一定顺序进行手指计数的技能，我们的数就承继了确定的次序，数的序列也便由此宣告诞生。

身体计数法由手指计数法演进而来。起先，计数者只利用手指；后来，随着计数数目的增加，身体其他部位也开始参与其中。澳大利亚和新几内亚的部分地区至今仍保留着古老的身体计数法。表 1 所示为新几内亚岛上一个部落精心设计的身体计数方案[7]。

表 1 新几内亚岛土著居民身体计数方案示例

1＝右手小指	12＝鼻子
2＝右手无名指	13＝嘴巴
3＝右手中指	14＝左耳
4＝右手食指	15＝左肩膀
5＝右手拇指	16＝左手肘
6＝右手腕	17＝左手腕
7＝右手肘	18＝左手拇指
8＝右肩膀	19＝左手食指
9＝右耳	20＝左手中指
10＝右眼	21＝左手无名指
11＝左眼	22＝左手小指

资料来源：引自卡尔·梅宁格（Karl Menninger）所著《数词与数的符号》（*Number Words and Number Symbols*）一书，纽约：多佛（Dover）出版社 1969 年版，第 35 页。

　　当部落需要一群猎手或士兵共同行动以完成某些特定任务时，身体计数的效用是显而易见的。比如，猎人在围猎或战士在战斗中悄然接近猎物或敌人时，这种无须借助声音便可远距离自如传递信息或命令的方式的优势便凸显无疑。

　　手指计数和身体计数均曾在世界各个文明中一度风行，其历史根底之深厚可想而知。更重要的是，这两种计数方式不但为基数、同时也为序数概念的形成夯实了根基，这是向最终完成数的抽象思维迈进的坚实一步。若我们问一个农民他的篮子里有多少苹果，他可能会拿出一捆树枝作为回应，然而，光看着这捆树枝，我们无从得知这篮苹果的基数。但是，如果农民可以依循身体计数方案指点或触碰一下相应的身体部位，那么只要这一个手势，我们便能立刻知晓确切的基数。或许我们不知道这个基数的具体名称，但我们知道它是多少。通过身体计数，农民找出了该集合的序数值，并将此信息成功传达给我们，如此，我们也就了解了这个数与其他数——也即代表数的其他身体部位——的相对关系。

数词计数

运用表示数的词汇进行计数是人类抽象化思维的进阶形态。使用木棍或者手指计数实际上并不涉及真正抽象的数，因为这些计数行为的过程是机械性的，并不激发抽象思维。另外，抽象客体（或称抽象目标）是存在于思想活动中的事物对象，而自然数恰是这类抽象实体的完美范例。倘若我们所做的只是摆弄木棍，然后将它们与集合中的其他物体进行比较，那么我们不必进行抽象思考。但是，一旦我们开始尝试发出一些特定声音以代表某个数字，抽象思维便由此发端。正如我们给那些总是需要人喂食和喜欢人抚弄的毛茸四脚兽设定的统一抽象称谓是"狗"，我们可用抽象的"2"来表征任意一个含有一对元素的集合，然后再发明一个声音代表抽象概念"2"，最后再以这个声音指称这类集合。

人类是在何时最终决定用文字代替木棍、贝壳或石子的？应当不会早于10万年前，因为那正是快速语音语言首次出现的时期。然而，数字词汇并不会在人类使用语言伊始便凭空冒出并迅速普及；相反，它逐步进阶到现代十进制的发展过程相当缓慢。事实上，我们甚至可以推想，数词的演变进化是被延误了的，因为既然现代人业已完美掌握使用木棍和手指确定特定集合的基数的方法，那他们还有什么必要用到数词呢？

为探询最早的数字词汇究竟是如何演化的，我们需要首先了解一些人类学家研究过的现存原始部落的计数系统。正如前文所述，某些部落，如澳大利亚土著居民，当现代欧洲人第一次踏上他们的定居营地与他们交谈时，他们尚不会使用超过"2"的数词计数[8]，只有两个词汇分别用以指称"1"和"2"，除此之外都以词汇"多"粗略概称。同样地，南非的博格达玛（Bergdama）部落也只有两个数词，分别是"1"和"2"，其他数量皆以"许多"统称。至于这些部落是否掌握木棍计数，目前暂且未见记录，也未有研究结论。我们必须十分仔细谨慎，不能只通过这些部落的日常语言中数词的数量就轻易判定他们对数字概念的理解和应用程度。正如格雷厄姆·弗莱格（Graham Flegg）在《数：它们的历史与意义》（*Numebrs: Their History and Meaning*）一书中所阐述的：

> 我们必须在此发出某种警示。我们不该像部分考古学家那样匆忙下结论，轻易断定人类无法认知超出其掌握的数词之外的数。众所周知，词汇往往与手势相生相伴，因此，在得出一般结论之前，应当对两者均做适当研究考察[9]。

从非洲、南美洲到新几内亚，也有其他许多原始部落只发展出两个数词："1"和"2"，不过，在这些部落，这两个词汇可结合使用，以计数更大量的物体——这就是所谓的二元计数制。使用二元计数制时，只需根据实际情况将"1"和"2"这两个数词适当重复即可。澳大利亚的格姆加尔（Gumulgal）部落为我们提供了一个二元计数制的实例[10]。他们用"urapon"指称"1"、"ukasar"指称"2"，他们的计数方式如下：

1＝urapon（"一"）

2＝ukasar（"二"）

3＝ukasar-urapon（"二—一"）

4＝ukasar-ukasar（"二—二"）

5＝ukasar-ukasar-urapon（"二—二—一"）

6＝ukasar-ukasar-ukasar（"二—二—二"）

这些部落发明的二元计数体系可以持续计数到相当大的数值，但他们一般情况下很少这样做，因为用于表征大数的字串很长，难以记忆，所以二元计数制的使用者经常需要借用手指计数以协助词语计数。可见，二元计数系统可发挥的作用与可发展的空间十分受限，很容易就会被运用双手十指的简单计数方法所取代。实际上，涉及词汇的二元计数制的效用还远不如木棍计数法。后者不但可以数较大的数值，并且所用的木棍和卵石还可作为对计数结果的半永久性记录；而用口语计数时，似乎我们说完最后一个数词，计数结果就随之消散在空气中了。

由于从非洲到南美洲再到澳大利亚等不同地点均发现过二元计数制的使用痕迹，因此产生了以下争论：每个大陆上的二元计数制到底是分别独立演化而来的，还是从某处率先诞生然后再传播至全球其他地区的。不过，毋庸置疑，无论是哪种情况，这种计数法都由来久远，甚至可能同语言本身一样古老。之后，二元计数制进一步发展得更加复杂，甚至包括与某个数字相乘获得更大的数。比如，我们暂且将三个不同的词汇指定为"1""2""3"，那么"6"可表示为"2—3"，它的含义是3乘以2，而非最开始的3加2，这便是所谓的新二元计数制。就目前的研究证据看，比起"原汁原味"的二元计数制，进阶版的二元计数制分布范围更广，不过它普及的地区通常与使用原来的二元计数制的地区相邻。

数词演进的下一阶段是五元计数制，其源起势必受到单手手指数量潜移默化的影响和启发。事实上，在一些使用五元计数制的原始部落的语言中，超过4的数词的书写形式的确与手指计数法对应的该数字的手势相似。大多数大陆都有五元计数制遗存的痕迹，在南美洲曾发现过如下这种计数方式：

5＝"一整只手"

6＝"另一只手上的一指"

10＝"两整只手"

11＝"一只脚上的一趾"

数到20时，"一整个人（指10根手指和10根脚趾）"都能派上用场。[11]

五元计数制进化出了两类不同的数词计数制：5-10 计数和 5-20 计数。后者可追溯的历史可能更加久远。表 2 所示是这两种计数制的通用方案（列出的数每次以 5 递增；中间的数分别加上类似数词即可）。

在实际应用中，上述两个体系时常以不同的组合形式混用。使用的词汇一般为单个手指、身体某个部位，甚至是各种计数手指的名称或名称的组合，这一点在现代计数体系中也有体现，比如，英文中，单个的数字称为 digit，这个词的词源为拉丁文 digiti，意为"手指"。

表 2　5-10 计数制与 5-20 计数制的一般通用方案

5-10 计数制	5-20 计数制
10＝"十"	"两个五"
15＝"十和五"	"三个五"
20＝"两个十"	"二十"
25＝"两个十和一个五"	"二十和五"
30＝"三个十"	"二十和两个五"
35＝"三个十和一个五"	"二十和三个五"
40＝"四个十"	"两个二十"

作为修饰语的数

当数第一次被赋予词语名称时，它们尚不具备现今拥有的抽象含义。最初，它们只是作为形容词用于描述被数的物体，关于这一点，我们如今仍可在现代语言中觅见其遗痕。比如，当他人提及同轭牛（a yoke of gloves，其中"yoke"意为"牛轭"），我们立刻能够理解，此处所指为两头牛，但是，我们绝不会说同轭手套。也就是说，作为一个指代特定数目的形容词，轭不应用于描绘手套。相似地，我们常说一副手套，但若把这个形容词用于描写人的数量———一副人———则显得有些不知所云了。用于描述两个人的数词一般有一对或一双。土著部落常用不同的数词修饰不同的物体。比如，斐济群岛上的土著居民用 bola 一词表示"10 艘小船",若说起"10 个椰子",则转用另一个词语:koro[12];来自英属哥伦比亚的北美土著居民曾用 7 类不同的词语名称来计数各类物体[13]。不同语言中不同数词类型的使用情况充分说明了,早期人类认为数与被数对象之间存在十分紧密的关系。卡尔·梅宁格在其所著《数词与数的符号》一书中论述道:

> 这些不同类型的数词,再次清晰展现了早期人类的思维范式中数与客观对象之间的紧密联系,以及各实体对象对于数的强力支配作用。同时,它们也表明,早期人类必须跨越一些心理障碍,挣脱最初始阶段对实体对象的依赖,释放数的序列的概念,最终创制出最初的数词。[14]

数字词汇逐渐推广普及,用于对更多样的客观对象的集合进行计数,这使得人们最终将数概念化为纯抽象事物、不再与任何客观实体产生联系成为可能。5−10 计数制和 5−20 计数制最终还是退出了历史舞台,取而代之的是至今沿用的十进制计数体系。此后也出现过其他一些计数体系,比如十二进制计数体系,以及苏美尔人和古巴比伦人使用的六十进制计数体系,但无一例外,它们均被十进制淘汰出局。

农耕时代之前的数

在人类发展的历史长河中,我们的祖先大多居住于幽暗的山洞和简陋的棚屋,以长矛狙猎野牛,采集果实、坚果和块根植物。后人将这种生活方式恰当地称为"狩猎−采集"模式:女性采集可食的植物,男性则猎取动物。在过去的 10 万年间,他们可能懂得如何使用木棍和手指进行计数,因为彼时,一切与现代人类相关的技能都已得到充分的发展,生存压力势必促进这类计数技能的发源。那么,这种早期计数模式究竟是从何时开始逐渐演化成为使用两个数词和五个数词的计数法的呢?

我们可先假定，从开始杂食生活伊始（即直立人时期），直到 1.1 万千年前农耕文明发端，在这漫长的 150 万年间，人类一直以"狩猎－采集"模式谋生。这种模式必然有其成功之处，否则它如何可能持续存在如此长时间呢？

当我们开始想象描绘狩猎采集者的生活场景时，脑海中自然而然地会浮现一群身穿皮衣、灰头土脸的人，他们在荒原田野里耐着饥寒艰难跋涉，费力地搜寻下一餐食物。然而，对生活于现代的狩猎采集者的研究发现，他们比忙碌在现代化城市里的社会人拥有更多空闲时间，而且，他们极少受到持续性的饥饿威胁 [15]。事实上，我们的狩猎采集者祖先倘若总是在灭绝的边缘苦苦求生，他们的生活方式又怎能在 150 万年的岁月长河里长荣不沉并扩散至全球呢？

一个流行学界的假设认为，一旦人们聚居于若干城市成为"文明人"，他们的业余空闲时间就会变得愈加充裕。统治阶层、牧师或公务人员便利用这些时间发明了文字、数学和科学。倘若真是如此，为什么狩猎采集者们却没有产出这些成果呢？他们中的一些人必定也曾围坐于火堆旁，彻夜探讨周遭世界。这只能说明，这个流行的假设是错误的。空闲时间并不能启发人们投身发明创造活动，生活里遭遇的种种困惑与难题才是激励因素。文字、数学和科学之所以能在这个星球出现，是因为人们遇到了亟须他们解决的问题。

真正的农业——为收获食物而有意精选种子进行播种——始于 1.1 万年前的新月沃地（Fertile Crescent）。那么，在此之前又是怎样一番景况呢？我们目前所掌握的有关计数活动的最古老证据是卡尔·艾博隆博士（Dr. Karl Absolon）在 1937 年于捷克斯洛伐克发现的一块 3 万年前的狼骨 [16]。狼骨上的图案如图 4 所示，其上共凿刻 55 道凹痕，5 个为一组——显而易见，这是一个精心记录下的计数结果，它透露出一个信息：当时的人们可能已在使用五元计数制。因此，二元计数制、新二元计数制、五元计数制或许已在史前狩猎采集部落出现并发展成熟。

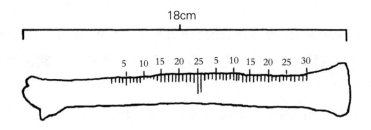

图 4　卡尔·艾博隆博士在 1937 年于捷克斯洛伐克发现的 3 万年前的狼骨示意图。55
道分组刻痕充分展现出凿刻者所具备的计数能力［本图依据照片绘制，源照片
选自卢卡斯·邦特（Lucas Bunt）、菲利普·琼斯（Philip Jones）、杰克·贝
迪特（Juck Bedient）所著《初等数学的历史根源》（*The Historical Roots of
Elementary Mathematics*）一书］

纯粹的二元计数制依循加法原则。数"4"是"2-2"，也即二加二；
数"6"是"2-2-2"，也即二加二加二。由此可见，生活在 3 万多年前的
狩猎采集者已然掌握了较小自然数的相加法则。我们还可进一步推断，他
们对乘法运算也已有初步了解，因为处于纯粹二元计数制和五元计数制之
间的新二元计数制涉及小自然数的乘法计算。以数"6"为例，新二元计
数制将其记录为"2-3"，意指 2 乘以 3，而非先前的 2 加 3。由于制作狼
骨的捷克斯洛伐克史前部落使用的可能是五元计数制，我们可以依此猜
测，那个时代的部分人类所掌握的计数技能已超越新二元计数制，踏入新
的发展阶段。这也有力佐证了一些学者提出的观点，认为生活于 7 万年至
2 万年前的旧石器时代狩猎采集者业已领会简单的加法和乘法法则。

某些早期新二元计数制遵循减法原则获得数字，比如以"2×4-1"
表示数"7"，以"2×5-1"表示数"9"[17]，我们甚至可在一些生活于 20
世纪的原始部落中寻见这种表示方法的痕迹，减法思想在其间闪光。关于
除法存在的证据则更为间接隐蔽，但是，若想一想食物分配对于所有早期
人类（直至直立人为止）的重要性，我们应当可以推测，他们至少能够理
解简单的除法原理，比如分数的概念，因为他们需要把获得的食物或其他

东西分成两份、三份、四份不等。如果说这些人类已然能够设计复杂的尖矛、协调组织集体狩猎并在寒冷的冬季生存下来，却从未萌生将所获物资分成两半的想法，这未免不合情理。当然，对简单等分物资这一过程的认知并不意味着狩猎采集者已发展出将分数作为数的概念。实际上，这方面的实质证据迄今为止仍是空白。我们可把将某堆实物分成两半这一具体行为视为将此实物变为两个新物体，但不能将其视为创造出两个"二分之一"。由于尚无相悖的证据出现，我们暂且假定古代的狩猎采集者还未发展出任何超出自然数范围的数的概念。

基于以上证据，对于农耕时代开启之前（距今已超过 1.1 万年）数的演化，最合理的猜测是什么呢？当时的绝大部分人应当都已认知并掌握最早出现的那些自然数，并且，至少有一小部分人不仅懂得熟练运用五元计数制，还可以对较小的自然数进行包括加法、减法、乘法甚至可能包含除法在内的算术运算。不过，我们必须慎而又慎，切不可轻率地过高估断狩猎采集者的数学能力，毕竟许多生活至现代的狩猎采集者尚无法完整理解新二元计数制。让我们翘首期待新的考古发现或对旧发现的新解释，为弄清农耕文明萌芽之前我们祖先的数学理解能力提供更多线索。

小结

我们业已揭去许多发展步骤的神秘面纱，并以此为据，在合理范围内推导出一些猜测性结论，大致描绘出从原始木棍计数到现代数字及数字体系的演化图景。虽然缺乏足够的直接证据，但我们仍可循着隐约可见的遗痕思考并理解自然数的发展历程。我们的祖先花了上百万年的时间才抽象出数的概念，可见，数的抽象是一个极其缓慢的过程。这也说明，计数是一项人类历经漫漫数千年方才获得的技能，而不是古埃及祭司们在闲暇时灵光一闪间的天才创造。它的历史兴许与火种的使用一般悠远古老。

我们可能会觉得，生活于远古时代的祖先远不如我们这些 20 世纪的新新人类聪慧机敏，不然，他们为什么需要花费那么长的时间才发展出数的概念并开始计数行为？这样的想法显然过于肤浅片面。实际上，我们的祖先，特别是在过去的 10 万年里，其睿智聪颖完全不在我们之下。与今天的状况一样，我们祖先的智力情况也是参差不齐、不可一概而论的。他们当中有的人愚笨些，反应较为迟钝；但是也有许多大智慧者，他们智力卓绝，才气横溢，史前巨石阵与金字塔这些古代建筑遗迹所展现的高超工艺、精巧结构以及超脱想象力便是最好明证。远古时代那些智慧的头脑费尽心力、历经上百万年才厘清数的抽象概念与计数过程，而活在当下的我们并不比祖先们明慧，我们之所以在孩童时期就能掌握数与计数，只不过是得了遗传的好处罢了。

人类在这条通往数的概念的道路上，出发阶段的每一脚都迈得十分缓慢而艰辛，光是踏出第一步便耗费了将近 10 万年。之后的道路随着数字体系的发展逐渐变得平坦，在文明初启之晨光的照拂下，人类走向书面数字的脚步也越来越快速而稳健。

它们究竟有多聪明

没有什么比讨论动物智力更容易引发争辩的事情了："狗奴"攻击"猫奴"，马术爱好者无限赞美他们的爱驹，独独喜欢猪的人则悠然坐在一旁，笑看这一团乱。动物到底懂不懂计数？对于这个问题，人们众说纷纭，各有看法。部分科学家和大多数养宠物的人坚信，他们可爱机灵的小宝贝不仅会做简单的加减法运算，在特定场景下甚至能觉察主人的想法。一位资深养狗人士这样说道："斯帕齐到底是如何知道我起身是要带它去遛弯的？我起身也有可能是去厨房倒水，但它就是知道我的意图。它会高兴地蹦跳起来，小跑到门口，在那里等我。唯一的解释只能是：它可以读懂我。"

此处，我们想要讨论的问题比动物智力的问题要具体得多。我们承认，有些动物看起来相当聪明，有一些则明显迟钝许多。我们想探知的是，是否有动物懂得计数且可以感知数的概念？前文我们对现代计数所下的定义涉及将数字词汇映射到集合元素上。由于人类是目前地球上已知的唯一掌握快速语音语言的生物物种，因此这一定义无疑已将所有动物排除在计数行为之外（唯二可能"幸免于难"的动物是海豚和鲸鱼，因为从目前搜集到的证据来看，它们似乎具备以声音为媒介进行快速信息沟通的能力）。但是，这个定义或许过于严格了。我们真正想了解的是，是否有动物具备以下能力：

（1）识别感知集合里"多"的特性；

（2）想要（或需要）弄清集合中具体包含多少物体；

（3）通过映射的方法计算集合的基数。

实际上，上述三个要求与我们对木棍计数的定义无异，后者同样不需要通过语言来表示集合的基数。即便是在如此宽松的定义下，科学家们对什么动物懂得计数这一问题也依然无法达成一致意见。关于动物计数问题，英国开放大学创始人、英国数学史协会前主席格雷厄姆·弗拉格（Graham Flegg）曾指出：

> 众多诸如此类的故事的确令一些人误以为，人类之外的生物也可能懂得如何计数……"动物究竟是否会计数？"——对于这个问题，我们必须坚决否定。[1]

伦敦大学学院卡尔马斯（H.Kalmus）教授则发表了截然相反的论见：

> 毋庸置疑，某些动物，如松鼠和鹦鹉，完全可通过系统训练习得计数技能……一直以来，有关海豹、老鼠甚至传粉昆虫具有计数能力的新闻屡见报端，这些动物以及其他动物中的个别个体均可依循相似的视觉模式辨识数字。其他一些动物可通过长期训练学会识别数字，甚至学会发出一系列声频信号；更有少部分动物经过持久训练，竟可根据所见事物的具体个数，敲击发出相应的鼓点声音……无奈它们缺乏语音数字词汇和书面符号，使得许多人不愿接受这些动物其实是数学家这一事实。[2]

这两位动物行为领域的专家所得出的研究结论，为何会有如此尖锐的矛盾冲突？动物到底会不会计数？为了更好地解决这一问题，我们先来看几个有趣的案例。

特殊案例

几乎所有人都曾在孩提时期听过"聪明的汉斯"的故事。汉斯是一匹马，它在驯马师的不懈指导下，不仅学会了数数，还会做简单的加减法运算。每看到一道数学题，它就会熟练机灵地用蹄子轻踏地面若干下，以传达它算出的正确答案。不幸的是，研究人员经调查发现，这匹马轻踏地面并适时停止这一行为，实际上是对驯马师故意隐蔽发出的一个细微信号所做出的反应。也就是说，事实上，这匹马既不会计数，也不会进行算术运算——可怜的汉斯！这个案例让研究人员骤然警觉，开始谨慎审视其他相似案例是否也存在动物通过敏锐观察训练人员或科学家给出的隐秘信号，从而"解决"某些特定问题的情况。后来，我们将此类基于错误提示所导致的研究谬误称为"聪明的汉斯式错误"。研究者们应将"聪明的汉斯"这一案例铭刻于心，警惕再次出现此类无根据或严重夸大的研究结论。

接下来这个案例不如上一个有名，但趣味更甚。据 19 世纪天文学家、数学家约翰·卢布克（John Lubbock）爵士报道，有一位庄园主深受一只乌鸦的侵扰，因为这只讨厌的乌鸦竟在庄园的瞭望塔里筑了巢[3]，若进塔驱赶乌鸦，乌鸦就会疾飞到外头，一直盘旋徘徊至塔内无人才会返回。为了瞒过这只乌鸦，主人特地派两人一同进入瞭望塔，并让其中一位先一步离开，但是这只乌鸦实在狡猾，仍旧停留在外头未回到塔内。次日，庄园主人再次展开行动，这次他多增派一人入塔，并让其中两个人先行离去，但乌鸦还是没有上当。如此这般，直到主人一共派五个人进入瞭望塔，并遣四人先离开，乌鸦才终于受骗飞回塔内。故事到此结束，落入庄园主人之手的乌鸦会遭遇何种命运我们不得而知，只能凭想象发挥了。我们可从这个故事获得什么启示呢？——乌鸦大概只能数到四，但数不到五。倘若这个启示正确无误，那么乌鸦的确懂得计数。

对鸟类的系统研究佐证了上述观点，鸟类似乎真的会数数。弗赖堡大学的动物学前教授奥托·科勒（Otto Koehler）曾进行过一次实验，训练鸟类学会辨别数量各异的圆点[4]。其中，一只渡鸦经长期训练，最后可以成功识认由两个圆点到七个圆点组成的不同图案。科勒由此得出结论，鸟类可以识别 2 至 7 的数字图案。不过，他并不把这个过程称为"计数"，因为他始终坚持一个观点，即真正的计数应伴随语言实现。

> 我们用于进行实验的这些鸟类并不懂得计数，因为整个过程中并未出现词汇这一关键要素，鸟类没有能力为这些它们可以感知并据此做出某些行为的数指定称呼。不过，在某些特定的实际情况中，它们能够学会"用未经命名的数字进行思考"。[5]

应该有许多人都曾听说过，蜜蜂拥有通过美妙舞姿告知同伴花粉位置的技能。伍斯特理工学院前院长、数学教授列维·伦纳德·科南特（Levi Leonard Conant）讲述过一个与计数行为密切相关的昆虫故事[6]。黄蜂会把产下的卵放在蜂房的巢室内孵化，在密封巢室之前，它们会先把其他昆虫的尸体放进里面，以供孵化出的幼蜂食用。有趣的是，黄蜂会依据卵的不同种类，在巢室中放入不同恒定数量的昆虫尸体，有一种放 5 只，有一种放 10 只，还有一种放 24 只。多次实验结果表明，黄蜂只放入特定数量的昆虫食物便停下，而不会一直填放至塞满巢室。那么，它们究竟是如何得知自己放入的昆虫已达到正确数量的？它们是如何精确辨别 10 和 24 的？

有一种黄蜂，其雌蜂的体形比雄蜂大得多，因此，母蜂在雌卵身旁放 10 只死昆虫作为它的食物，在雄卵孵化的巢室内则只放 5 只。所以，这些母蜂是怎么知道它们应该如此行事的？真的只是天性使然吗？我们面临以下推论：黄蜂是一种仅具备简单神经系统的低等动物，倘若连它们都懂得计数，那么可能大多数动物都拥有计数能力；相反，假如黄蜂的这一惊人壮举仅仅是出于天性与本能，那便说明，昆虫天生可以模仿计数行为，若真是如此，我们就必须加强警惕，以免曲解或过分夸大动物的此种行为。

我们已经讨论了鸟类和昆虫，哺乳动物又如何呢？宾夕法尼亚大学灵长类动物研究所的盖伊·伍德拉夫（Guy Woodruff）和心理学系的戴维·普莱马克（David Premack）曾对黑猩猩的计数能力进行过研究。他们发现，黑猩猩不仅能识别 1 到 4 之间的多个物体，而且能准确分辨出四分之一、二分之一、四分之三及全部等不同比例。即便如此，伍德拉夫和普莱马克依然未做好准备宣布黑猩猩正在进行计数行为，"……或许黑猩猩真的可以被教会计数，但就现下取得的成果来看，距离这个目标还很遥远"[7]。

在对海豚的研究中，路易斯·M. 赫尔曼（Louis M. Herman）经测试确认，它们能够记住多达 8 个抽象符号的正确顺序[8]。这已然超出普通人类所能达到的标准范围，人一般在记下 6 或 7 个符号后就会败下阵来（我们的电话号码通常只有 7 位数，但我们依然会在第三位数字与第四位数字之间用一道破折号将其拆分成两个部分以方便记忆）。虽然我们惊讶于海豚竟能准确记下 8 个抽象符号的序列，但这仍然算不上真正的计数。

以上这些有关动物行为的案例将把我们的思路引向何方？似乎在适当的条件下，我们可以教会某些动物数到 7。但是，它们真的是在进行计数行为吗？抑或只是在展示另一种技能？

直接感知理解

动物与人类生来都有一种相当特别的能力，可以辨识视野中出现的较少数量的同类或类似物体。一些科学家将其称为瞬感能力。这种识别物体数量的能力无须借助有意识的思维过程便可完成，感知的结果是即时反馈给我们的，不经反射，没有任何下意识的操作执行。这是一种简单的对于"多"的直觉意识。截至目前的研究显示，鸟类和黑猩猩都已展现出这种天赋。人类则每天都在运用并锻炼这一能力，我们不用刻意去数，就能轻松快速地分辨出视野里的1、2、3、4或5个物体，在我们看来，这些物体的数量是显而易见的。比如，请看一看图5，它包括5个由不同数量的黑色圆点组成的图案，圆点总数从1到5不等；你会发现，你只需瞥一眼，用不着费力气去数，就能立马知道那个图案里有几个圆点。现在请你再看一看图6，如果你依旧能够只瞥上一眼就立即回答出其中的圆点数量是"8"，那恭喜你，你是个万里挑一的幸运儿，因为当一堆物体的个数多于5时，大多数人必须有意识地进行计数才能获知确切总量，除非这些物体是以特定次序排列成形，可

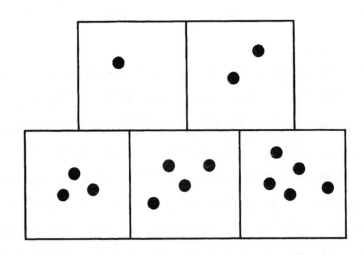

图5 由1至5个圆点组成的不同图案。大脑可以不经有意识的计数，即时感知这些图案中黑色圆点的数量

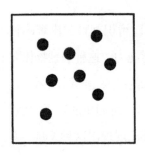

图6 图中共有多少个黑色圆点？你需要停下来数一数才得出答案么？

引导我们的大脑产生相应联想，从而直接获取正确答案。这种即时的直接辨识就是瞬感，我们人类可以做到，动物亦然。

实际上，人类对"多"这个概念的直接感知能力的运用还可以更上层楼。当遇到很大量的物体，倘若偶尔有什么不对劲的事情发生——比如说丢了什么东西——我们的心底会立即响起一个肃然的声音，提醒我们多加注意。卡尔·梅宁格在《数词与数字符号》一书中讲述了一个南美洲印第安人的故事，向我们展现了这群只懂三个数词的人们的瞬感能力[9]。有一次，印第安人带着一大群狗一起启程踏上旅途，途中他们会时不时停下检查狗的数量，这时他们无须花时间一只只清点，便可以立即知道是否有狗走失。如果真的有狗走失，他们就会沿路大声呼喊，直到走失的狗重新归队。

老师带领学生们去野外郊游，突然之间她无来由地感觉似乎少了一个人，于是她赶忙清点人数，发现果真有一名同学落在后头了。瞬感能力予以人们"事情似有不妥"的第一印象。扑克玩家或者荷官会对一副牌产生一种微妙的触感。常有这样一种情况，玩完一轮牌，荷官正在洗牌准备开始新一轮，突然他发话："牌少了！"于是每个人开始猫腰勾头，在周围寻找丢了的牌，许多时候其实都只是少了一张牌——而一副牌共有52张。那么，荷官是如何得知牌少了的？他感觉到赌桌上的牌少了——这种感觉是直接即时的。还有许多例子能够说明，确实存在这种可直接感知物体数量的能力。

但是，瞬感不是计数，因为缺乏映射的过程，也即，集合中的元素不与任何外物发生映射联系。动物的瞬感天赋只对总数低于8的物体集合起作用。黑猩猩看到一组物体，立即识别出那个数——这不是计数；渡鸦眼前出现一个由圆点构成的图案，它即刻判断出圆点的数量——这也不是计数。没有任何证据表明，它们在此过程中进行了有意识的计数操作。约翰·麦克里希（John McLeish）在其所著的《数字》（*Number*）一书中清晰阐述了为什么这种近乎直觉的感知不可与真正的计数相提并论。

事实上，动物对一定范围内的数是具有直觉感知力的。这意味着，它们无须经过刻意加工分析，就可依凭积累的经验在瞬时间判断出较大数量的对象与较小数量的对象之间的差别……但是，也就如此而已了。而且，动物只在与其种群生存紧密相关的情况下——比如对巢室中的卵或对食物——才会做出反应。[10]

无论是人还是动物，这种对较小数目的直觉认知能力均是与生俱来的。这种认知力对于开启计数过程十分必要，但它又不是计数，甚至连最原始的木棍计数都算不上。因此，依据我们此前为计数所下的定义，我们可以得出结论，至目前为止，我们尚未掌握任何动物懂得计数的实质证据。为何我们如此执着于计数活动？你可能会说："那些黑猩猩连话都不会说，现在它们都学会分辨4到5个点了，可以了，放过它们，让它们休息一下吧！虽然它们不懂得给数字命名，但它们也算认得一些小数字了。"这兴许是真的，但是，我们感兴趣的远不止于直觉感知由1到7个点组成的图案，我们强调的是完成映射操作过程的能力，我们讨论的是对不存在逻辑极限的自然数的认知能力，我们孜孜不倦地研究的绝不仅是单纯对数字"3"的概念化能力，而是对"30加300"这一计数过程的概念化能力。换言之，我们力图探究的计数，应是一个开放式的、可无限进行的过程，直到我们最终确定我们想要知道的那个集合基数。显然，识别较小的数并不能满足我们的计数要求。

不过，我们对动物计数的探知之旅还未画上句号。虽然眼下尚无证据显示动物具有计数或构想与计数相关的抽象数字的能力，但这并不能完全排除某些动物能够学会计数的可能性，比如黑猩猩和海豚。而且，鲸鱼和海豚均能通过复杂的声音系统进行快速沟通，这一点很接近人类。我们不知道它们是否会计数，而这个问题的解答还有待于对它们的信息交流过程做进一步研究。

它们能否学会计数

若说现在动物尚不会计数，那么在未来，我们是否能够教会它们计数？乍听起来，这似乎是个毫无意义的愚蠢问题，因为既然它们现在不懂计数，将来又怎么可能会懂呢？但是，这依然是个值得我们费些笔墨进行探讨的重要问题。或许我们总认为，只有人类才能通过将词汇或实物映射到集合上来进行计数；此独一无二性是不是因为人类的神经系统具有一些有别于其他动物的独特之处？倘若能教会动物计数，我们就可以从此得知，其他的生物也并非完全不可能习得计数以及一般意义上的数学活动（毕竟数学就是研究数的科学）。而这也将说明，数学相比其他智力活动更具普遍性和可转移性。假如数学真如人类目前所理解的那样，是不能转移给其他有智力生物的，那么也许在我们的实践中，数学并不是以最普遍的形式构想出来的。或许，就如许多哲学家所主张的，人类数学反映的只是人类独特的思维方式，不属于普遍适用的真理体系，这也意味着，我们的数学可能必须经历深刻转变，方可剔除其中特属于人类的那些观点，实现与非人类智慧的共鸣。

人类若想把动物当作数学专家进行研究，首要考虑的就是动物脑容量与其体重的比例关系。这样的衡量指标虽粗略、稍欠精准，但也不失为大概了解各种动物聪明程度的好方法。此方法有一个前提假设：动物通过躯体感知并接收各类知觉信号，而后又通过躯体发送控制指令，小型动物躯体质量较小，它所需要的神经组织数量也相应较少；大型动物躯体质量大，所以需要更多神经组织。因此，倘若其他所有条件均一致无二（事实上这是绝无可能的），各种动物之间不存在任何智力差别，那么，所有动物的大脑重量与体重之间的比率应恒定不变。换言之，如果某种动物的脑容量与体重之比大于其他动物，那我们就假定它比其他动物更聪明。

表 3 所示为各种动物的脑重量（以克为单位）、体重（以千克为单位）以及体重与脑重量之比。表格按动物大脑重量由大到小递减排列；最右一

栏为动物体重与脑重量之比，比率越小，说明该动物大脑重量占其总体重的比例越大。不过，大多数专家都认为，这一比例数据充其量只是对动物智力水平极为粗略的估量。新大脑皮层（neocortex）是大脑皮层（cortex）的外表面，也是控制大脑高级功能的核心区域，因此，测算动物体重与其新大脑皮层区域之比并进行比较或许是更为合理的方式。

表 3　体重与脑重量之比

动物	体重（千克）	大脑重量（克）	比例
蓝鲸	58 000	6 800	8 529∶1
逆戟鲸	7 000	6 200	1 129∶1
非洲象	6 500	5 700	1 140∶1
长吻海豚	155	1 600	97∶1
人	70	1 400	50∶1
普通海豚	100	840	119∶1
河马	1 350	720	1 875∶1
长颈鹿	1 220	700	1 743∶1
霍尔斯坦奶牛	920	460	2 000∶1
黑猩猩	52	440	118∶1
松鼠猴	0.717	26	28∶1
矮地鼠	0.004 7	0.1	47∶1

鸟类的实际情况也表明，仅凭脑部体积或重量很难精准衡量动物的智力水准。在进化需求这双天然之手的塑造下，鸟类普遍体态轻盈，重量偏低，因此，它们的体重与脑重量之比往往高于其"应得"的数值。水生哺乳动物则恰好相反。鲸鱼和海豚常年生活在有浮力的海洋环境中，它们受到的重力约束不像陆地动物那般巨大，同时，它们的体内储藏着大量脂肪用以保温，这导致与陆生哺乳动物相比，它们拥有更庞大的躯体，因此，其体重与脑重量之比会被估算成更大的数字。尽管有以上种种干扰因素，

我们依然不能否认，体重与脑重量之比这一数据还是能派上一些用场的。

单从表3展示的数据看，最令人满意的比例并非人类所有，就连松鼠猴和矮地鼠的体重与脑重量之比都比人类优越。不过，这些动物的脑容量太小了，容纳不了足够多的神经元组织以支撑相对复杂的思维活动。引起我们探究兴趣的是那些拥有大于人类脑容量的动物——尤其是比例接近人类的海豚、非洲象、逆戟鲸和蓝鲸。我们不禁疑问，为什么它们需要如此大的脑部？一头整日闲游、掠捕吞食周遭小鱼小虾的鲸鱼为什么需要一个重达15磅（约6.8千克）的大脑？在水中游荡遇到磷虾群时，难道鲸鱼需要经过来回思考斗争才知道如何张口下嘴吗？这些海兽会运转大脑、仔细琢磨其他生活在海洋里的庞然大物吗？

历数所有动物，最有希望学会计数的兴许是黑猩猩和海豚，做出这种判断的主要依据是它们的脑容量以及进化状态。如前文所述，科学家对黑猩猩计数行为的研究没有得出有意义的积极结果。在比较海豚脑与人类大脑的解剖结构时，海豚表现良好（如图7所示）。虽然具体构造与人类存在重大差异，但总体来看，海豚脑的容量以及复杂程度与人类不相上下。海豚研究人员和驯兽员很少不为海豚的智力所惊艳的，也许这种动物是我们尝试与其他物种交流的最佳选择。不过，也不是全然没有反对声音，有

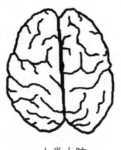

人类大脑　　　　　　　　　　　海豚脑

图7　典型人类大脑与海豚脑对比图。图源引自罗伯特·F.波吉特（Robert F. Burgess）所著《海洋中的秘密语言》（*Secret Languages of the Sea*）一书，纽约多德米特公司1981年版，第223页

一些研究者认为我们一直高估了海豚的智力水准，佛罗里达大学前副教授、生物信息交流系主任大卫·考德威尔（David Coldwell）和佛罗里达大学信息科学实验室前研究员梅巴尔·考德威尔（Melba Coldwell）就是其中代表，他们在合著著作《长吻海豚的世界》（*The World of the Bottle-Nosed Dolphin*）一书中阐述道：

> 许多人关注这样一种观念，认为海豚的聪明程度不亚于某些人类，甚至比大多数人还要聪明一些，它们之间能够交谈沟通，只是人类太过愚笨而无法理解。的确，有一些海豚可以不受拘束地与科研人员一同参与海军的海洋实验项目，但尽管如此，目前大多数研究者依然只把海豚当作一种性格温顺、智力与平均水平以上的狗相差无几的普通哺乳动物看待。[11]

海豚生活的环境以听觉为主导，而人类生活的环境则以视觉为主导，因此，在与海豚一起工作时，我们倾向于通过"展示"特定物品或"演示"特定手势的方式同它们进行交流。然而，现实情况是，海豚具备高超的听觉捕捉能力，但视觉发育并不发达。

同样地，在数学领域，占据支配地位的也是视觉。我们在脑海中将各种数学关系进行可视化想象，却无法通过直接"聆听"进行处理。所以，即便海豚真的与人类一样聪明，甚至比人类更加聪明，它们也可能永远无法欣赏人类数学的精妙。另外，海豚兴许可以理解以视觉能力为构筑根基的数学。古希腊数学家欧几里得（Euclid，活跃于公元前 300 年前后）编写了一系列几何学的公理、公设和定理，两千多年来一直被数学界奉为圭臬，甚至可以称得上是无人不知、无人不晓。欧几里得几何学这座宏伟建筑的其中一个支柱是欧几里得第五公设：如果 A 和 B 是两个点，c 是一条过点 A 但不过点 B 的直线，那么有且只有一条直线既过点 B 又与直线 c 平行。我们在脑海中是这样具象描绘这条公设的：我们首先看到两个点，分别是 A 和 B；然后一条过点 A 的直线 c 浮现于眼前；紧接着我们又凭空描画出一条过点 B 并且与直线 c 呈平行状态的直线——因为这个公设告诉我们仅有一条过点 B 的直线可与直线 c 平行。

可见，人类是一种彻头彻尾的具象视觉动物。那么，我们能否为生活在昏暗甚至几乎是全黑世界里的视觉动物设计一套类似假设呢？——在这样的世界里，第五公设或许可以表述为：如果 A 和 B 是两个不同的音调，而 c 是一组可以与 A 协调相和的音调，那么，有且仅有一组音调既与 B 协调相和，又包含与 c 的某个片段——对应重合的八度音阶。（这个音调假设成立与否，还留待各位读者思考辨明。）倘若我们是依赖听觉进行日常活动的动物，对于我们而言，这类假设应当比欧几里得公设更具存在意义。正如大多数海豚研究者所建议的那样，我们必须时刻牢记海豚的真实生存环境——重力影响微弱、以听觉为基础、视觉用处极小。假如我们能站在海豚的立场审视它们的世界，或许会有令我们大吃一惊的发现。

对鲸鱼的研究虽然困难重重，但它确实为我们探明复杂的大脑结构打开了一扇窗。鲸鱼常周期性地重复发出一段悠长而复杂的声音，它们会时不时对这段声音的某个部分做修改，这就说明鲸鱼的记忆能力应该不弱。它们一次发声可能长达半个小时，其中包含的信息量多达 100 万到 1 亿比特（bit，二进位制信息单位）[12]。或许仍然有许多人认为以鲸鱼的智力水准不足以成功施行计数过程，但是，鲸鱼的上述行为很难不引起我们的关注。

总之，我们只能说，眼下尚无实质证据表明有任何动物能够进行人类定义下的计数行为，但是，海豚与鲸鱼的脑容量及脑能力显示，它们或许具备进行计数所需的智力。

第四章

古代的数字

在前文，我们已回溯 11 000 万年至 500 年前的历史长河，探索了从最早期的原始人类到现代智人的计数历史。现在，我们继续探索，故事就从西亚农耕业初现曙光之时讲起。

农业的诞生

在绝大部分人类史前史中都难以找到有关书写文字存在的证据以及简单计数之外的数学运算，这可能是因为彼时人类尚没有碰上需要更复杂的数学思维方能解决的难题。生活在石器时代的人们只需掌握基本计数便能长足生存，至多也只会用到基础的小数额加减乘除运算。但是，一旦农耕发端，情况就大不一样了。大约自 1.3 万年前起，人类开始使用镶有锋利坚石的木棍收割野生谷物。这些谷物是大自然赐予人类的礼物，因为谷物与肉类不同，即便是在温暖的季节里，它们也不易变质，所以可将它们暂时储藏在洞穴中，以供日后食用。之后，尝到甜头的人们开始有意识地保护长有野生谷物的田地，并通过间歇灌溉呵护它们的顺利生长。当人们开始细心保存采集到的作物种子，留待下个季节播种时，便为真正意义上的农耕时代拉开了序幕。在此过程中，人们会有意精心挑选出品质最佳的种子，从而通过选择性耕种改善作物收成。作为西亚地区种植的第一种主要谷物，大麦是早期人们酿造啤酒和制作面包的原料，它很快成为该区域内的主导货币。

狩猎采集者依赖野生猎物和野生蔬果生存，因而最适合他们的生活方式是聚成小群体，在较大面积的区域内集体活动；农耕则不同，它主要依靠驯养动物和种植适当的农作物，所以，与前者相比，其单位面积区域可供养更多人口，换言之，农耕地区定居人口更密集。农业耕种一经萌芽，小村庄就迅速发展壮大成为农耕中心。这一朝向农业的重大转变在世界若干个地区陆续独立发生，其中，发端最早的是公元前 1.1 万年前后的新月沃地，该地区自以色列西海岸的古耶利哥（Jericho）向北延伸到叙利亚的大马士革（Damascus）和阿勒颇（Aleppo，如今写作 Haleb），向东南延伸到伊拉克的巴格达（Baghdad）和巴士拉（Basra），甚至到达苏萨（Susa，位于今伊朗境内的一个古代遗址）（如图 8 所示）。第一批以农耕为主要生活方式的村落出现在土耳其南部和伊拉克北部的扎格罗斯山；大约在公元前 8000 年，像耶利哥城这样的较大型村庄逐渐形成，并繁荣发展。随着农业耕作的兴起，其他手工业也迅速萌芽。公元前 6500 年前后，陶器制作开始出现；编织业以及带有轮子的简易车子则在公元前 6000 年登上历史舞台。

相比于狩猎采集者，聚居于村落的农耕者须面临什么全新挑战呢？农业最首要的优势在于它能产生盈余食物。正因为食物有盈余，人们方能聚集在一处，共同建立永久的定居场所，而这一切能够发生的前提条件是，这些谷物能够得到妥善保存，并且人们能够测定谷物的存量。这些谷物大部分用作当年的口粮，少部分留为第二年耕作播种的种子，有时还须留下一部分用于跟其他农耕部落交换食物。除此之外，人们还须对农田本身进行适当划分并加以保护。而且，土地的利用促使了新计算维度的产生，人们不仅要计算不同数量的物体，还要丈量土地的尺寸大小，而自然数与度

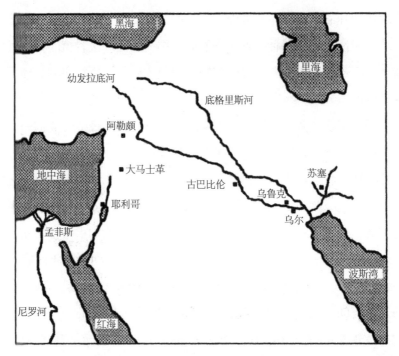

图 8　西亚新月沃地地图。该地区西起耶利哥，北至阿勒颇，东南延伸到底格里斯河和幼发拉底河两河河谷

量之间的关联也由此建立。

　　除管理农田与农作物以外，还必须有效组织更多的人手种植、照料和收割农作物，之后，还须将村民武装起来以保护农作物和土地免遭劫掠者的袭击。这一系列活动涉及大量人员、食物和地块，这无疑会促使抄写员和神职人员进行加、减、乘、除的运算。至此，统治阶层逐步形成，他们指派手下的抄写员计算个人及家庭需要缴纳的各类税收。

　　当农耕成为主流，一年间的季节变化与天气条件就显得尤为重要，农民亟须一份历法来确定种植每一种作物的恰当时间，而这需要更复杂的计算技能以追踪天上星辰的位置并及时记录。历法计算的一个早期例子是古巴比伦人，他们在书写文字发明（公元前 3500 年至前 3100 年）之前大约在公元前 4700 年制定了以春分（3 月 21 日）为周期起点的古巴比伦年历。

年历的第一个月是金牛月（the month of Taurus），这表示在每年历法起始计算时，太阳正处于金牛座所在的方位。苏美尔人这个更加古老的民族可能早在公元前 5700 年就着手制定了他们的历法[1]。

　　清点食物储量、测定土地范围、统计人员数量、追寻季节变化规律……所有这些不可或缺的活动无时无刻不在推动着统治者和相关工作人员去发明一套更快捷便利的自然数记录及运算方法。在此过程中，逐渐发展出三种保存数字记录的方法：算筹记数、结绳记数、黏土记数。

　　算筹就是用于做标记或刻痕以记录数字的骨头或木制小棍。前文提及的那根 3 万年前的狼骨便是最原始的算筹，另一个例证来自在非洲扎伊尔境内爱德华湖畔一个渔场发现的一块骨头，其年代大约在公元前 9000 年到前 6500 年之间，这两块骨头上都凿刻有许多数字样式的图案。不过，大部分算筹是木制的，在日常生活里用于记录物品数量、追踪交易及契约合同（如图 9 所示）。一种流行的做法是：在一根细长且薄的木棍上凿刻若干条状凹痕以代表相应数量的债务，然后将木棍对半劈成几乎等长的两半，如此便得到两根相匹配的算筹。较粗的那根视为本筹（stock），交由债权人保管；较细的那根为插筹（inset），由借贷方保管。此后，如有需要，双方可将各自保管的两根签筹拼接在一处，观察两个部分能否完全吻

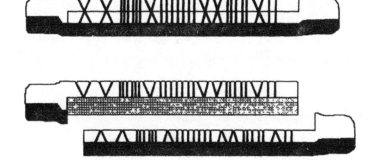

图 9　用于记录工作量的芬兰算筹，长约 25 厘米。图源引自卡尔·梅宁格所著《数词与数的符号》一书，纽约：多佛出版社 1969 年版，第 231 页

图 10　印加结绳语绳子。结即是数字，从绳索的上端往下读即是一个完整的数值（本图源引自伊利诺伊州芝加哥种族辑绘博物馆）

合，以判断其上刻痕是否遭到篡改。

算筹记数在非洲、欧洲、太平洋岛屿、美国和中国等地区均有广泛使用。在拉丁语中，算筹（talea）一词意为"切开的树枝"；中文里"契"（意为合同）这一字分为三个部分：上面的两部分分别表示一把小刀以及一根刻有凹痕的棍状物，下面的部分则为"大"字，因此三部分合于一处意为"带有刻痕的大棍子"，即算筹。关于算筹还有一段有趣的历史记载。英国直至1828 年仍在使用算筹记录税务数据，议会大厦里存放着经年积累的大量算筹，1834年，英国政府下定决心焚毁这些算筹，结果因不慎操作，议会大厦竟也被大火夷为平地。

第二个实物记录数字的方法是结绳记数。这个方法同样应用广泛，在非洲、北美和南美等不同地方均有考古发现。公元前 5 世纪，中国哲学家老子也曾劝告人们不要全然舍弃结绳这种记录方式[①]。目前所知的最先进的结绳记数方式是秘鲁印加人发明的"结绳语"，用于记录当地的一些正式交易（如图10 所示）。结绳语共包含三种类型的结，同时，在长度、颜色和打结的位置上也有各异变化。这种方法相当复杂精细，甚至可用于记录非数字信息。

---

① 此处所指可能是传闻为老子编撰的《易经》中的"上古结绳而治，后世圣人易之以书契"。——译者注

第三种方法——黏土记数法最具意义。考古学家在新月沃地一带陆续发现了一些新石器时代（公元前 8000 年至前 3500 年）的城市遗址，其中出土了许多人工制成的黏土小物件，它们的用途困扰了考古学家长达数十年之久。这些黏土制品的出土地点隶属最早期的农耕区域，从巴基斯坦的昌胡达罗（ChanhuDaro）至土耳其西南部的贝尔迪比（Beldibi），再向南延伸至苏丹的喀土穆（Khartoum）。迄今发现的最古老的黏土物件来自伊朗，其历史可追溯到公元前 8000 年。黏土物件长度从 1 厘米到 4 厘米不等，形状各异，球体、圆盘状、圆锥体、卵圆形、三角形、矩形和其他各色怪异外观不一而足（如图 11 所示）。

考古学家绞尽脑汁，为这些黏土制品设想了许多功用，包括儿童玩具、游戏器件、阳具崇拜的象征物、女性小塑像、钉子和弹珠等等。但是，假若得克萨斯大学的丹尼斯·施曼特·贝瑟拉（Denise Schmandt Besserat）教授提出的观点正确属实，那么以上这些猜测统统都是错的。20世纪 70 年代和 80 年代，施曼特·贝

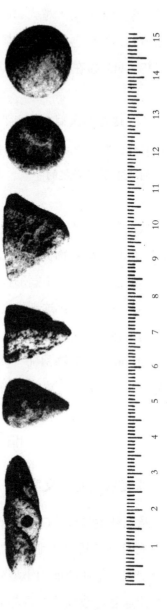

图 11　出土于西亚的记数物件
（照片经丹尼斯·施曼特·贝瑟拉和法国巴黎卢浮宫授权使用）

瑟拉带领其研究团队对从 116 个地方收集得来的 1 万多件黏土制品进行了细致研究，发现它们代表了某些特定对象，并用于记录它们的保存状况 [2]。施曼特·贝瑟拉在其著作《书写文字出现之前》（*Before Writing*）中写道：

> 这些黏土制品的年代可追溯至大约始于公元前 8000 年的新石器时代。它们随着经济的需要而逐步发展起来，起初用于记录农耕产品，到城市蓬勃兴起的年代，则开始应用于追踪手工作坊制造的产品。[3]

依据该论著的主张，这类黏土物件早在文字出现之前 5 000 年就已被人们广泛用于核算物资。公元前 8000 年到前 4400 年之间使用的原始黏土物件形制设计简单，不同形状代表不同物体。比如，一块卵球状黏土代表一罐油，一个黏土小球则代表一单位的谷物 [4]。公元前 4000 年之后，黏土物件的设计样式逐渐增多，其上刻凿的标记也日趋繁复。在农耕时代早期（公元前 8000 年至前 3100 年），黏土记数物件与被记录物品之间是一一对应的关系。比如，三罐油用三块卵球状黏土表示，四单位谷物就用四个黏土小球表示。这种以特制物件指认被记录物体的方式是一种较为先进的木棍计数法，在这个阶段，用于记数的特制物件尚未用于表征抽象数字。

苏美尔人发明文字

及至红铜时代（Chalcolithic Age，公元前 4000 年至前 3000 年），一场惊天变革在新月沃地酝酿成形，其重要性丝毫不亚于农耕业的发端，这个变化便是从此前的小型村落终于发展出了真正的城市。城市的成长往往伴随着记数物件的日趋复杂。第一批城市兴起于美索不达米亚平原南部，也即闻名于世的苏美尔地区，现位于伊拉克南部。在过去 5 000 年的漫长岁月里，这一非凡文明的遗迹一直掩埋在伊拉克沙漠的滚滚黄沙之下，直到 19 世纪上半叶才为人发掘，重现于世，在此之前，人们甚至不敢想象其存在。大约在公元前 3500 年，苏美尔人抵达伊拉克南部地区，一手创建了属于他们的帝国。后来帝国一直繁荣延续至公元前 2000 年被古巴比伦人攻陷征服。目前已知有超过 12 座城市散布于苏美尔地区，其中以乌尔城（Ur）规模最大，它的核心常住人口达 2.5 万人，算上其辐射范围内的周边农耕村落，可达 20 万人之众。此时，其他一些城市也陆续在新月沃地崛起。[5]

西亚的新兴城市产生了过剩的劳动力，于是这些劳动力另谋生计，投身贸易活动与商品制造业。城市群的繁荣离不开各城市间的商品与原材料贸易。譬如，苏美尔本地既不出产质量过关的木材和石料，铜、银、金等金属也极度缺乏。运输货物与核算装运规模的需求使城市对计数人员提出了更高的要求，而苏美尔人正是在尝试解决这些问题的过程中发明了更加复杂的记数物件，并最终推动了文字的诞生。

当时卖方运输大麦、牲畜或手工制品到达买方的地点时，必须随货附上一份记录，买方收货时凭此记录核实并确认货物数量，以防受骗。这份记录其实就是一组详细说明装运货物的类型及数量的记数物件。但是卖方不能只把这些物件简单收放在袋子里，因为若是如此，有不轨意图的人在窃取完货物以后，只需顺手从袋子里拿走相应的记数物件，收货人就无法发现货物缺失了。为此，新月沃地的居民们精心设计了一种保护记数物件的巧妙方法——他们在记数物件的外部涂裹上一层厚厚的黏土，然后把黏土烘干，使其变硬，如此便获得一个内藏记数证物的坚硬黏土球，买方拿到货物后再打碎黏土球取出记数证物，检验其与收到的货物是否对应吻合。这个方法不可谓不巧妙！

人们把这类用以保护记数证物的黏土球称为印玺（bullae）或封套（envelope），考古学家在伊朗境内的苏塞古城遗址首次发现此类物品。目前，历史最悠久的封套来自苏塞以北约 150 公里的法鲁卡巴德（Farukhabad），其使用年代可追溯至公元前 3700 年至前 3500 年[6]。不过，从遗址中考古出土的封套还有另一个特征。设想这样一种情况，你是某批货物的首个托运人，你把货物送到第二个托运人手中，再由他把货物护送交付给收货方。在交接过程中，你必须向第二位托运人证明你如数向他交付了货物，但此时记数证物还封存在封套中无法取出，你该如何证明呢？古人给出的解决方案是，在烘干黏土封套之前，先在其外表刻印或绘上包裹在内里的记数证物的图案，如此一来，每个见到封套的人都能轻松"读"出封套内的记数证物具体是什么。所以，你把这样的封套随货物一同交给第二位托运人时，他只从表面就能知晓运送货物的数量和类型；货物抵达目的地后，买方才打碎封套，最终检视外表图标、内里证物、到手货物此三者是否完全一致。

上述系统一直运转流畅，直到苏美尔人幡然醒悟，裹存于封套里的记数证物其实十分多余，他们真正需要的只是烙刻在黏土封套表面那一系列用于标示记数证物的图案印记。于是，苏美尔人断然摒弃制作烦琐的封套，改用较为简易的黏土泥板（clay tablet），而文字也便由此而生。起初，泥板依然保留着封套上图案刻印的基本特征，每一种物证特指一类物品，因为彼时人们尚未从被数对象中抽象出数字的概念。丹尼斯·施曼特·贝瑟拉将这种类型的计数称为具体计数，主要记录在封套和泥板上，于公元前 3500 年至前 3100 年之间盛行。当历史的车轮轰然行至公元前 3100 年，苏美尔人终于将代表被数物体数量的记数证物与被数物体本身分离开来，他们把抽象数字刻印在泥板上，同时，也用书写工具把代表被数物体的象形文字刻印在泥板上（如图 12 所示）。数字与被数对象的分离带来了效率的飞升，这为人们以基数表示事物数量结合以象形文字指称事物的操作模式提供了极大便利。被数事物一旦不再与其数量捆绑关联，用于表征被数事物的象形文字就能推而广之，转而用于表示其他不同的概念，文字便从此而生。丹尼斯·施曼特·贝瑟拉总结道：

> 这些记数证物为人们洞悉文字的本质打开了一扇新的窗口。它们的存在表明，在近东地区，书写文字源起于计数图案，文字是伴随抽象计数而生的副产品。当数的概念和被数事物的概念得以分别抽象，象形文

图 12　苏美尔泥板，压印其上的数字是 33，刻画的象形文字代表一罐油。这些表示"1"的早期数字在外观上是一道拉长的竖线（图片经奥斯汀得克萨斯大学的丹尼斯·施曼特·贝瑟拉以及加拿大安大略省皇家安大略博物馆同意使用）

字便不再局限于表示必须与计量单位一一对应的被数事物。随着数字的发明，象形文字不再只用于计量，其作用空间开始朝其他人类努力耕耘的领域扩散……抽象数字的发明既是数学的起点，也是文字的发端。[7]

　　文字是人类文明史上最伟大的创造之一，这一壮举由苏美尔人于公元前 3500 年至前 3100 年间达成。在此之前，代与代之间的文化传承只能依靠口头传播与肢体演示，而文字的出现带来了翻天覆地的巨变：人们不仅能把信息传递给自己的直接后代甚至数代以后的后人，还能辗转传播至远方。正是通过对最早期文字的研究，我们才得以隐约一窥彼时古人的生活图景以及计数模式；正是人们记录追踪物品数量的需求，赋予了文字发展的原动力。

　　最早的苏美尔文字出现在公元前 3500 年前后，只是一些刻印在柔软黏土上用于记录数量的证物印痕。到公元前 3100 年，除了简单的记数印痕，指代物件本身的象形文字也出现了。为了方便在黏土上雕刻文字，人们发明了状如圆柱形铅笔的木笔以及骨笔，以更高效地记录日期和留存物品清单。大约于公元前 3000 年，苏美尔人从早期文字发展出一种楔形文字，楔形文字的出现标志着用于记录数量的图形化表意文字开始逐渐被语音文字所取代，进而催生了独立抽象的数字体系。早期文字呈柱状排列，自右向左书写，直到公元前 3000 年前后才逐步改为自左向右横向书写。苏美尔人所用的书写载体是烘干黏土，正是由于这一英明选择，他们艰苦奋斗的非凡成果才得以安然度过漫长的五千年时光，保留至今日为我们所见。

苏美尔人的数学

目前，我们对苏美尔人在数学领域取得的成果知之甚少，仅能从现存的泥板推知。毫无疑问，他们业已掌握算术的四类基本运算，即加、减、乘和除，这也是苏美尔社会发展的复杂程度所要求的。从最早的记数证物可知，与更早期的二元制计数法、五元制计数法，甚至十元制计数法相比，苏美尔人的数字体系更加复杂，它采用以六十和十为基础的六十进位制。现在出土的许多泥板似乎都是当时的抄写员练习刻印时的作业。通过研究这些泥板，我们得到一个信息，即苏美尔人已能够成熟处理非常大以及非常小的数字，而且他们既懂得使用整数，也能用分数进行运算。刻写数字"1"时，抄写员会将圆柱形刻字笔以一定角度按压进黏土中，如此便留下一个半圆状印记，就像一个躺倒在地的大写字母"D"（如图 13 所示）。重复刻写数字"1"的符号可得更大的数字，苏美尔人将用于表征一个数值的一组数字符号归置于一个矩形中，以便与其他文字区分。数值达到"10"时，刻字笔改以垂直角度压印，从而得到一个小圆圈（○）。不过，苏美尔人的数字体系并非以 10 为基础，而是以 60 为基础，1 到 59 用表示"1"的（●）与表示"10"的（○）组合表示，60 则用大的"D"形符号表示。进一步，600（也即 60·10）由一个套着一个小圆的大"D"表示（●），3 600（也即 60·60）由一个大圆圈（○）表示，而 36 000（也即 10·60·60）则由一个套着一个小圆的大圆（◎）表示。早期苏美尔人

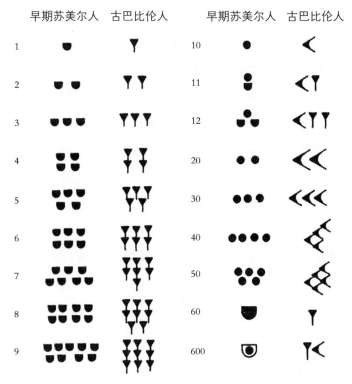

图 13　早期苏美尔人和古巴比伦人使用的数字。古巴比伦人采用了苏美尔人的楔形文字，因此，后期苏美尔人所用的数字与古巴比伦人的相差无几

使用的数字符号详见图 13。

　　现今我们所用数系的运转取决于每个数码（digit）在一个数字（number）中的位置，37 之所以有别于 73，就是因为 3 和 7 这两个数码所占的位置不同。因此，现在的数系是一种位值制记数体系（positional number system）。早期的苏美尔记数体系则不然，因为抄写员只是简单地按需增加表示各数值的符号，以得到预期总值。在这样的体系中，符号本身不具备位值（place value）。在楔形文字出现后，用于书写的刻字笔尾端被制成特定形状，人们可以用它在黏土上压印出带有一条"小尾巴"的特殊三角形。

到公元前 2400 年前后，苏美尔人已发明出各类计量单位用于测量不同事物，比如沙斯（shars）用于丈量土地范围、古尔（gur）用于标示重量、卡（ka）用于测量液体。最令人瞩目的是，他们已能自如使用二分之一、三分之一、六分之五这类分数，这是目前所知的认为分数也属于数字的最古老证据。苏美尔数系最突出的特点是：它以 60 为基础，且以 10 为过渡步骤，同时，分数开始出现。这使得苏美尔人不仅能写出大数字，也能写出小数字。

对于苏美尔分数的重要性，我们如何强调都不为过，因为自人类使用指定名称记数伊始，唯一可用的数字就只有自然数，苏美尔人则引入了一类全新的数字。第一批被赋予指定名称的数字可回溯至快速语音系统高速发展的年代（大约 10 万年前），也即是说，人们走过这段从自然数到分数的旅程竟用了漫漫 10 万年！不过，分数概念的诞生与成熟是一个漫长的过程，事实上，在后文我们就将看到，古埃及人和古希腊人并不能像苏美尔人那样敞开胸怀、全情拥抱分数的思想。

杰出的古巴比伦人

公元前 2000 年，亚摩利人入侵苏美尔，公元前 2006 年，乌尔城陷落，一个领土囊括如今的伊拉克、约旦和叙利亚的全新庞大帝国就此建立，而这些征服者便是著名的古巴比伦人。这个帝国成就辉煌，在其治下崛起了许多城市，其中最耀眼的当数著名的古巴比伦城，直到公元前 538 年，在国王居鲁士的统领下，波斯人攻陷古巴比伦城，古巴比伦帝国的荣光才自此黯淡。

征服苏美尔之后，古巴比伦人沿用了苏美尔人的楔形文字和数学。迄今为止，已考古出土了数千块印刻有古巴比伦楔形文字的泥板，大多属于公元前 2000 年到前 600 年这段时期的遗留，这些古老的记录为我们提供了大量有关古巴比伦数学的宝贵信息。虽然古巴比伦人沿用了苏美尔人以 10 和 60 为基底的数字体系，但他们摒弃了用于表示 60、10·60、602、

10・602 和 603 等数值的特殊符号，仅保留两个符号：一个是带有垂直小尾巴的三角形，称为楔形（▼），代表 1；另一个是两侧均带有小尾巴的三角形，称为钩形（◀），代表 10。（不过，有三个例外，即分数二分之一、三分之一和三分之二，它们有各自的特定符号。）在此基础上，古巴比伦人又增添了一项妙思，使得他们设计的这套数系成为古代时期独一无二的耀眼存在——他们引入了既能代表大数字又能代表小数字的位值制。

我们当前使用的十进制数系也是一种位值制数系，无论是大数值还是小数值均能简便表示，从而使人们能够完成一系列复杂运算。1 仅代表数字"一"，10 代表数字"十"，100 则是数字"一百"，"1"所处的位置赋予了它相应不同的数值。不妨以数字 743 为例，在非位值制数系中，这个数字可能代表 7＋4＋3＝14，而在我们目前通用的数系中，它代表 7・100＋4・10＋3＝700＋40＋3，或者说是七百四十三。在我们的数系框架下，若想表示分数，我们会在右边点下一个"小数点"（decimal point），小数点右侧数码则依次表示十分之几、百分之几、千分之几，以此类推。比如，57.32 即 5・10＋7＋3・（1/10）＋2・（1/100）＝50＋7＋0.3＋0.02＝57.32。

古巴比伦位值制数系的运作原理也与此类似，只不过它是以六十为基础，而非十。因此，数字 621（此处以阿拉伯数字书写）就不是六百加上二十一，而是：

$$6 \cdot 60^2 + 2 \cdot 60 + 1 = 21\,600 + 120 + 1 = 21\,721$$

当然了，古巴比伦人并不是用阿拉伯数字来表示 621 这个数字的，他们所用的是他们自己的楔形符号，因此，数字 21 721 就变成了：

▼▼▼▼▼▼　▼▼　▼

位置值也使表示分数成为可能。比如，4.5 的书写方式是 ▼▼▼▼ 在左 ◀◀◀ 在右，▼▼▼▼ 代表 4.5 中的 4，◀◀◀（或者说是三十）则表示六十分之三十，也即十分之五。可见，即便只有两个分别表示一（▼）和十（◀）的符号，古巴比伦人也可依凭位值制写出非常大以及非常小的数字，并使用它们进行高效率的运算。横亘在学者们心中的一个巨大疑惑是：为什么苏美尔人和古巴比伦人均对六十这一数值青睐有加，选择以其为基底构建整个记数体系？（就目前掌握的考古证据看，在苏美尔人之前，未发展出书写文字的西亚人也可能使用过这种进位数系。）有一种解释是，60 能被许多较小的数字等分整除，比如 2、3、4、5、6、10、12、15 和 30，这大大方便了许多基本计算。苏美尔数系和古巴比伦数系广泛应用于计算重量、丈量土地面积等日常活动中，60 的可除性为此提供了极大的便利。

不过，古巴比伦位值制数系有两个重大缺陷：首先，它没有占位符（比如我们现在使用的数系中的 0 就是一个占位符）来标示 60 的哪个幂次是空位；其次，它没有小数点来标示一个数的分数部分从何处开始。对于这些问题，彼时的人或许只能根据当时的语境和事态自行判断，这无疑会造成古巴比伦书写数字的指示不明、模棱两可。比如，我们可按以下几种迥然不同的方式解读数字 ⟨𝍩𝍩 𝍩𝍩 ⟨⟨⟨：

（a）$12 \cdot 60^2 + 2 \cdot 60 + 30 = 43\ 350$

（b）$12 \cdot 60^3 + 2 + 30 \cdot (\frac{1}{60}) = 216\ 002.5$

（c）$12 \cdot 60 + 2 + 30 \cdot (\frac{1}{60}) = 722.5$

（d）$12 + 2 \cdot (\frac{1}{60}) + 30 \cdot (\frac{1}{60})^2 = 12.041\ 666$（近似值）

我们可以推断，抄写员应该能够根据所要解决的实际问题正确判断此处的 12、2 和 30 在位值体系中所处的位置，并相应得出它所表示的数值。直到古巴比伦帝国覆灭两个世纪后的亚历山大大帝时代，占位符和小数点才正式登上历史舞台，彼时，人们用一个由两个倾斜楔形构成的特殊符号插在数码中间起零的作用。

即便疏漏了占位符和小数点，古巴比伦人的记数体系仍然领先于古埃及和古希腊人的非位值制数系。毋庸置疑，古巴比伦人在数学领域已达到较高的发展水平。出土的许多泥板上刻记有包括乘法、倒数、数的平方、数的立方、数的平方根、数的立方根等在内的数学算法表，甚至还有计算利息的公式表格。古巴比伦人运用代数思想解决实际问题的水平也远远优于古埃及人，他们已经领悟可在一个等式的两边做同样的加法和乘法以达到简化等式的目的，能够进行简单的因式分解，并且不使用烦琐的文字表达数量，而是同我们一样，使用诸如体积、宽、长等专门术语。[8]

　　古巴比伦人甚至已掌握解带有两个未知数的联立方程式（simultaneous equation）、某些二次方程式（quadratic equation）和三次方程式（cubic equation）的技巧。他们也懂毕达哥拉斯定理（Pythagorean theorem），即直角三角形两条直角边的平方和等于斜边的平方，可用公式表达为 $a^2+b^2=c^2$，其中 a 和 b 是两条直角边的长度，而 c 则是斜边的长度（如图 14 所示）。古代学者把这一伟大发现归功于生活在公元前 6 世纪的古希腊数学家毕达哥拉斯，不过，后来的研究发现表明，古巴比伦人和中国人早在毕达哥拉斯之前就已掌握这个定理。满足这一定理的三元整数组无穷多，人们把这类三元整数组称为毕达哥拉斯数（Pythagorean number）。比如，三元整数组 3、4、5 就满足毕达哥拉斯定理，换言之，若某直角三角形有两条长度分别为 3 和 4 的直角边，那么其斜边长必定是 5。我们可以看到：

$$3^2+4^2=5^2 \text{ 或者说 } 9+16=25$$

　　毋庸置疑，古巴比伦人知道毕达哥拉斯数，因为他们已经制作出列有这类三元整数组的表格。而且，他们似乎在此基础上又往前迈进了一

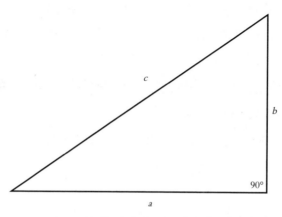

图 14　毕达哥拉斯定理：$a^2+b^2=c^2$

步。假如某直角三角形的两条直角边长度均为 1，那么其斜边长度应为 2。这个结论不难得出，只要设斜边长度为 x，再运用毕达哥拉斯定理就能解出 x。

$$x^2 = 1^2 + 1^2 = 1 + 1 = 2$$

x^2 等于 2，那么 x 就等于 $\sqrt{2}$——但 $\sqrt{2}$ 又属于什么数呢？事实表明，它既非自然数，也非分数，而是一种全新种类的数。从一块出土的泥板中我们知道，古巴比伦人已经具体计算出 $\sqrt{2}$ 的值为 1.414 212 9。实际上，$\sqrt{2}$ 精确到小数点后九位的近似值是 1.414 213 562，也就是说，古巴比伦人算出的这个值其误差大约仅为 0.000 000 7，这是一个十分小的数量[9]。那么，古巴比伦人是否意识到他们处理的是一类全新的数字？目前尚无证据显示他们已经意识到这一点，但他们已如此接近发现无理数，这一点已足够令人叹服，要知道，数学界最终真正确认无理数的存在是在 15 个世纪之后。

在古巴比伦天文学中也能看见数学智慧闪动的光芒。古巴比伦人可以测定月球、太阳以及包括水星、金星、火星、木星和土星在内的五颗可见行星的运转周期，并以此为基础，建构出一个算术模型用于预测上述星体的运行。

前文已经讲过，古巴比伦记数体系缺少占位符和小数点，那么，除此之外，古巴比伦数学还缺些什么呢？古巴比伦人运用数学的目的更多在于解决具体问题，而非总结并阐明一般规律；他们不区分精确解和近似解；他们似乎也不追求严谨的数学证明。然而，即便存在上述种种不足，我们也不可否认，古巴比伦人所达到的数学成就的确是那个时代的最高水平，同时代的古埃及人只能仰视其璀璨光辉。

我们可将西亚地区的苏美尔人和古巴比伦人所取得的成就亮点总结如下：

（a）发明了书写文字；

（b）引入了分数；

（c）发展出位值制记数体系；

（d）数学从简单记录事物数量（计数）发展到解决实际问题（代数）与丈量面积（几何）。

目前出土的苏美尔和古巴比伦泥板数量庞大，有成千上万块，但其中尚有很大一部分无法破译。由于古代这一时期的城市（如叙利亚的伊布拉）直到 20 世纪 70 年代才经考古发现重见天日，所以，有关西亚地区这一时期的历史图卷还未在我们眼前完全展开，在未来，我们可能需要随时根据考古新发现重新审视这些非凡人类的数学智慧。

古埃及人

在很长一段时间里，古埃及帝国的光芒笼罩着尼罗河流域，古埃及人完成了许多令人惊叹的壮举，这使得历史学家也常对他们的数学给予极高赞誉。然而，随着研究工作的深入，人们逐渐发现，这种称颂或许言过其实了。

按照大多数标准衡量，古埃及都称得上是一个奇迹。古埃及文明始于公元前 5000 年的某个时期，其斑斓光芒闪耀了近 4 000 年，直到公元前 332 年古埃及才被亚历山大大帝征服。早期的古埃及人分居两个王国，位于尼罗河河谷的上埃及和位于尼罗河三角洲的下埃及。及至公元前 3500 年至前 3000 年之间，梅内斯将它们一举统一，并定都孟菲斯，一个庞大而强盛的帝国就此建立。在此后的 3 000 年间，这个世界强国仅发生过一次分裂，发生在公元前 1720 年到前 1570 年之间，当时来自小亚细亚的希克索斯人征服了埃及的三角洲地区。

自公元前 3000 年伊始到第三王朝时期（大约是公元前 2500 年），古埃及早期文明的发展达到顶峰。在这个时期，古埃及人修建了惊艳世界的金字塔；虽然尚未掌握直接证据，但很有可能也是在这个时期，古埃及人奠定了他们数学领域发展的根基。古埃及人攀登辉煌巅峰的速度十分快，公元前 3000 年前夕，他们已在学习并完善切割建筑大石块的技术，及至公元前 29 世纪，他们已着手修造吉萨金字塔 [10]。

古埃及人在尼罗河沿岸大量种植基础作物小麦，这赋予了古埃及文明强悍的韧劲。这种强韧的力量既反映在那些伟大卓绝的纪念性建筑以及其历时悠久的社会历史中，也反映在他们的数学从公元前第三个千年以来就几无进展这一事实上——既然已有的数学知识业已满足日常使用，何必大费力气推动新的进步？

古埃及人发展了两种文字。第一种是象形文字，大约在公元前 3000 年以简单的图形符号出现，可能受到过苏美尔人楔形文字的影响。后来，象形文字逐渐演变成绘画文字与表音符号的组合体，作为正式文字用于纪念性建筑和神庙之中，主要记录每位法老的生涯成就。这种习惯一直延续至公元前 1 世纪。

第二种文字被称为僧侣体文字，多用于帝国的日常管理。它不如象形文字正式，形式更加抽象，通常只需较少笔画便可完成书写。我们对古埃及数学的了解大多来自僧侣体文字书写的内容。数千份用墨水书写在纸莎草卷轴上的文件被保存下来，大部分出自帝国末期，其中有两本书闻名于世，因为是它们把我们领进了古埃及数学的大厦。一本是莱茵德纸草书，大约写成于公元前 1650 年，但它显然是早在公元前 2000 年至前 1800 年间完成的书卷的誊写本；另一本是莫斯科纸草书，其历史可追溯至公元前 1890 年前后。两本书均记录了许多古埃及抄写员经常遇到的实际数学问题，莱茵德纸草书涵盖较广，记载有 84 个问题；莫斯科纸草书则只有 25 个问题。负责用僧侣文在纸草书上做记录的抄写员并不属于神职人员，通常是一些较受信赖的奴隶，他们被委任为抄写员或计数人员，在性质类似当今政府机构的神庙里任职。

古埃及数系以 10 为基础。象形文字中，以不同的笔画组合表示从 1 至 9 的数字；草写的僧侣体文字则不然，在僧侣文中，这种笔画组合只用于表示 1 到 3，从 4 到 9 均有各自的独特表征符号（如图 15 所示）。另外还有相应的符号分别表示诸如十、百、千、万等更大的数字。由于此体系中不存在同一符号因为所在位置不同而被赋予不同的值的情况，所以这个数系完全是加法性的，也就是说，读数时，只需把其所有符号相加便可得到其数值，不过这会给大数的书写和阅读带来相当大的不便——即便如此，古埃及人记录的最大数字也已达百万量级。早期的文字常常夹杂着书写者的个性表达，这一点主要反映在符号的选择上。直至公元前 15 世纪，文字的使用才逐渐趋向标准化。

与古巴伦人一样，古埃及人也使用分数，只不过相较前者，古埃及人发明的分数表达形式略显笨拙。除三分之二和四分之三以外，古埃及人使用的所有其他分数均为单分数，也即分子为一且分母为整数的分数，因此所有分数的表示形式都是 $1/n$。这就意味着，任何分子大于一的分数都必须拆分表示为若干单分数之和。比如，$\frac{2}{7}$ 应写成 $\frac{1}{4}+\frac{1}{28}$。一些分数的表示更烦冗，涉及的单分数更复杂，比如，$\frac{13}{21}$ 须变形成 $\frac{1}{2}+\frac{1}{9}+\frac{1}{126}$。显然，这种分数书写方式不仅复杂烦琐，且容易出纰漏。为此，古埃及人不得不制作大量单分数运算表格以作为参照。比如，有一张表格就罗列了一组单分数加倍后得出的分数，也即诸如 $2/n$ 这类分数的书写形式。但是，并非所有分数的拆分方式都是唯一的，这势必导致一个现象：对于同一个分数，两名抄写员书写的表示方式却不相同。这无疑会增加数字阅读的难度。

上述这种对单分数的过度依赖可能是由古埃及记数系统本身造成的。在象形文字中，分数的书写形式是在相应整数上方加一个椭圆状符号（如图 15 所示）；而在僧侣文中，自五分之一起，之后的分数通常写为在相应整数上方加一个圆点。这种情况下，单分数的书写异常简便，因为实际上只需写出分母即可，相对地，非单分数的书写就显得十分复杂。虽然有特定符号专门表示二分之一、三分之二和四分之一，但是除此之外的分数，古埃及人一概以单分数的形式进行处理，从某种角度看，这极大扼杀了古埃及数学的发展。古埃及人对单分数的使用还深远影响了古罗马人，一直

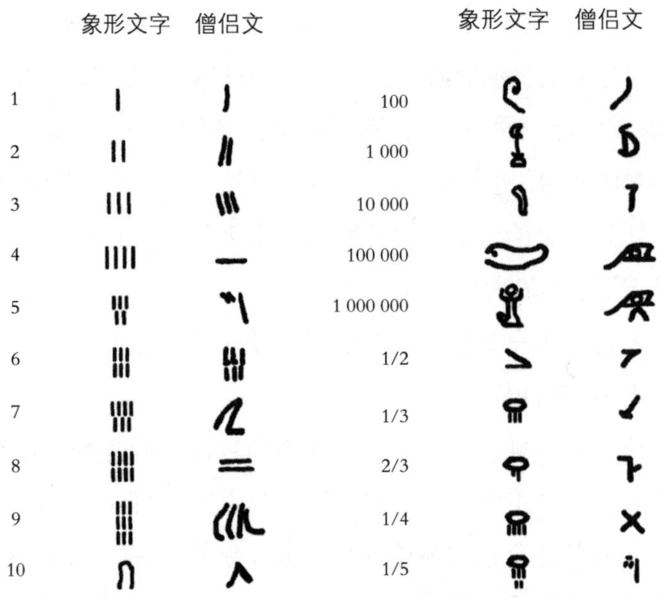

	象形文字	僧侣文		象形文字	僧侣文
1			100		
2			1 000		
3			10 000		
4			100 000		
5			1 000 000		
6			1/2		
7			1/3		
8			2/3		
9			1/4		
10			1/5		

图 15　古埃及象形文字和僧侣文中的数字

到中世纪的欧洲还能寻见这种表示方式的遗痕[11]。

　　尽管古埃及人对分数的处理总体上看不及古巴比伦人以 60 为基础的六十进位制数系，但它也并非全无长处，它有一个优点，即它的书写方式可以让人们一眼判断出某个数是不是分数，而古巴比伦数系则需要阅读者依据语境自行猜度哪些数属于分数。我们常说古埃及人精通四则运算，但实际上，他们的乘法和除法在本质上依然是做加法。遇上两数相乘，古埃及人的思路仅是列出一个数的各二幂次倍数，也即 2 倍、4 倍、8 倍等。以 7 乘以 11 为例：

$$/1 \quad 7$$
$$/2 \quad 14$$
$$4 \quad 28$$
$$/8 \quad 56$$

列出 7 的各二幂次倍数后，在那些加起来等于 11 的倍数（也即 1＋2

+8）之前增添一道斜杠以作为标记，然后，把右列中对应的具体数值相加便可得到最终结果：7＋14＋56＝77。在古埃及人之后，这种通过不同倍数相加得出结果的乘法运算方式又被后世沿用了数百年。由于它多流行于东欧人群，因此现被称为俄罗斯农夫法，自被发明那天起，它就一直是普通人日常生活中进行乘法运算时最喜欢用的方法。

相对而言，除法稍微有些棘手，不过它的运算原则与乘法是如出一辙的。比如，若要计算 187 除以 11，首先得列出除数（也即 11）的倍数，然后找出正确的、可以合成被除数的组合。

$$
\begin{array}{ll}
/1 & 11 \\
2 & 22 \\
4 & 44 \\
8 & 88 \\
/16 & 176
\end{array}
$$

细察右列数字，可看到 11＋176＝187，因此，我们只需把其在左列对应的数相加便可得到商，即是 1＋16＝17。

除算术四则运算外，古埃及人还通过故事叙述的方式解决小部分代数与几何问题。这也是无奈之下的选择，毕竟彼时他们尚未发明任何用于表示代数运算的符号。他们用一个人走进和走出屋子来分别表示加法运算和减法运算。在代数方面，他们懂得的解决形式为 $x+ax=b$ 或 $x+ax+bx=c$ 这类含有一个未知数的一次方程；也解出过某些含有一个或两个未知数的简单二次方程，这类方式用现代数学符号应写成 $ax^2+bx+c=0$ 或者 $ax^2+by^2=c$。在几何学方面，他们形成一套面积和体积测算的规则，其中一些方法能算出确切值，一些则只能得出近似值。他们常用一种称为试位法的方法解决许多代数问题，具体操作是，抄写员首先凭过往经验为方程中的堆——也即未知数——取一个值，然后把这个值代入方程，检验其是否满足方程，若不满足，则再按比例做适当调整，直到得出正确答案。

许多人认为古埃及人已掌握毕达哥拉斯定理，并以此称颂他们的睿智，但实际上，目前尚无直接的文字证据证明这一点。兴许，他们的测量员在实际操作中的确懂得若把一段绳子分别分割成三、四、五个单位长度，它们围成的三角形会是一个直角三角形。同古巴比伦人一样，古埃及人也未意识到无理数（不能用两个整数 p/q 的比值来表示的数字）的存在，他们只使用整数和分数来表示代数方程中出现的数的平方根。他们对 π 的估值之一源自计算圆面积的公式：$A = (8D/9)^2$，其中 A 为面积，D 为直径，由此估算出的 π 值为 3.160 5，与精确值的误差小于 1%。

过去，人们对金字塔的各个方面进行了大量研究。有部分研究人员声称，他们的研究结果表明，古埃及人对某些重要的数学关系了解颇深。不过，古埃及人自己的文献记载似乎并不支持这种主张。总体上讲，古埃及人的数学成就不如古巴比伦人，但他们在测量技术方面的发展与革新着实令后世惊叹。大卫·E. 史密斯（David E. Smith）在其著作《数学的历史》（*History of Mathematics*）中赞扬道，大金字塔各边长度的最大误差只有 0.63 英寸（约 1.6 厘米），仅为其总长度的 1/14 000；而且，金字塔各个棱角之间的误差无一超过 12 秒[①]，仅为 90 度直角的 1/27 000[12]。这种惊人的测量精确度有多少应归功于精细的工艺技术，又有多少是基于复杂的数学运算，眼下我们仍不得而知。

除了处理好为工人分配面包和麦酒、测量建筑物等日常事务以外，古埃及人还亟须一部实用的历法。他们以生长于尼罗河谷的小麦为主要作物，这使得他们必须掌握河流水位变化的时间规律。根据古埃及历法的规定，一年包含 12 个月，每个月有 30 天，外加 5 个宗教性节日，合计 365 天——少了四分之一天。而且，古埃及历法不像我们当今通行的做法，每 4 年便会在 2 月份增加一天以做纠正。如此一来，不经调整的历法会渐渐偏离实际的季节情况，要经过 1 460 年之后，它的日期才会重新与季节相合。根据这一事实，历史学家推测，这部古埃及历法应是在公元前 4241

---

① 此处的秒为角度度量单位，1 度为 60 分，1 分为 60 秒。——译者注

年或公元前 2773 年启用的 [13]。古埃及人的历法并不像古巴比伦人那样是以整个星座为基础，而是以单颗恒星——天狼星——的升落为测量基准，因此，他们的天文学落后于古巴比伦的天文学。古埃及的历法周期以在日出之前正好可以在地平线处看到天狼星为起始，此即夏天的第一天。之所以选择这一天，是因为它正是尼罗河水位开始上涨的日子。

总而言之，古埃及数学的历史源远流长，在公元前第三个千年的前半叶逐渐发展并最终定型，在此后漫长的两三千年间处于几近停滞的状态，少有进步 [14]。古埃及数学总体上不如古巴比伦人数学先进。在数字方面，古埃及人对分数的认知比古巴比伦人更加原始，他们尚未意识到，具体数值可用单个分数直接表示，无须一概使用单分数的组合。数学在古埃及人眼中是一种用于解决日常问题的实用工具，在其文献中，几乎看不到数学证明过程的痕迹。从出土的纸草书上所记录的问题类型判断，有些古埃及人也以解数学题为娱乐。

及此，疑惑渐渐堆积——为什么古埃及数学在一开始发展态势迅猛的情况下后期却一直停滞不前？倘若我们假定数学成果的多寡极大程度上取决于抄写员和神职人员可自由支配的时间的长短，而古埃及帝国的光辉又持续闪耀了数千年之久，那按道理，古埃及数学应当达到一个相当高的水平。然而，事实上，正如前文所述，数学和科学的发展应当是与彼时人们的需求同步匹配，而与相关人员的闲暇时间无过多关联。在公元前 3500 年到前 2500 年期间，古埃及社会由上而下投入巨大精力组织建造金字塔，因此在这段时间里，古埃及人迫切需要能够解决他们所遭遇的实际问题的数学知识，而当金字塔最终落成，他们的数学也已相应制度化，从此停下发展的步伐。我们后人须以此为戒。

数、计算和问题

自前文可知，基本计数可以回答有关"多少"的问题，换言之，掌握计算一个集合的基数的能力可解决"如何计算某集合所含元素"的问题。

早期人类亟须一种可以确切说明某特定集合所含物体数量的方法，自然数以及相应计数手段的发明便是破解此难题的利器；随着人类对数字的探索之路逐渐延展拓宽，人们意识到，数学知识的挖掘往往是对解决问题的需求的响应。这种认知将有助于我们更深入地了解数学的本质以及厘清人类是如何与数学产生联系的。

对于狩猎采集者而言，懂得数数便可满足他们的生存需求。当农耕时代拉开序幕，一系列新难题也随之而来，我们的祖先须尽力适应这种全新的生活方式，此时，数字这门学问成为他们得力的帮手。起初，苏美尔人和古埃及人多以叙述性文段记录他们所碰到的问题，比如，他们会这样描述一个问题：假如一名工人需要一个面包，那么 140 个工人总共需要多少面包？抑或是，假如某人有三块面积分别为 3 英亩、7 英亩、9 英亩①的土地，那么他合计拥有的土地面积是多少？这种表述问题的方式被称为修辞代数。彼时的古人尚未发展出用于表示数量和各类运算过程的符号体系，因此只能采取这种方式。但是，这种方法的劣势显而易见，它冗长且耗时，而且，对同一个问题，不同的人皆有各自相异的表达形式，完全没有标准化的可能性。

如今通用的符号代数（symbolic algebra）以成体系的数学符号替代描述性的词汇，这无疑极大简化了问题的表述，并且，能够规范化分类问题，从而提高解决问题的效率。我们还可利用符号来体现不同类别问题的特征，这些问题曾在历史上引发过人们对另外的新数的探索。实际上，人们所需的符号十分简单。我们将使用四个运算符号＋、－、·（有时用 ×）、/（有时用 ÷）分别表征加法、减法、乘法、除法等四种运算过程；使用字母表最后几个字母指代那些我们试图解出的未知数；我们将以方程式作为待解问题的描述形式，方程式左侧的数值须与其右侧的数值相互平衡，用于区分并隔开方程左侧和右侧的便是等号（＝）；若再增加一些简化方

---

① 1 英亩合 4 046.86 平方米。

程式的规则，连同上述的运算符号和代表未知数的字母，我们日常需要的基本符号体系就齐备了。

那么，修辞代数究竟是如何转变为现代符号代数的呢？举个古埃及时代可能发生的例子。现有 7 名建筑工人，每名工人可获得 4 升麦酒，同时，他们的监工可得双倍分量，请问，总共需要准备多少麦酒？

首先，我们将这些描述性词语重新改换成方程式的形式：需要准备的麦酒总量等于 7 名工人的每人 4 升加上监工的双份 4 升。从修辞代数迈向符号代数的最重要一步是词中省略，它是由古希腊数学家丢番图（Diophantus）首先提出并使用的。在词中省略过程中，我们先对文段中的关键词汇进行缩写，可得：T.B（需准备麦酒总量）等于 7 个 W 每人 4 升加上 F 的双份 4 升；然后用等号替代"等于"这个词汇，于是可得：T.B ＝7 个 W 每人 4 升加上 F 的双份 4 升。

随着问题的描述逐渐简洁，我们也越来越趋近符号表示法。接下来，使用运算符号＋、－、·、／以及代表数词的数字转述问题，可得 T.B＝4 升·7W＋2·4F；而后，用大写字母 X 替换 T.B 这一未知量。在此基础上，我们还可将其余单词一并删去，因为我们十分清楚，答案是麦酒的升数。如此可得：

$$X＝4·7＋2·4$$

现在，没有了缭乱繁复的词汇的混淆，我们只需简单直接地完成两次乘法和一次加法便可解决这个问题，答案是 36 升麦酒。在我们看来，解决这类问题简直易如反掌，但是想象一下，当时的古人只能用大段的修辞性文字对整个问题的发生过程进行描述，当碰上分配财产、支付报酬或征收赋税等较为复杂的情况时，势必会频繁引起混乱和争端。

基本的代数问题，无论是以修辞形式还是符号形式进行表述，其最终目的其实都是为求出一个数字。为了算出这个数字，我们运用加、减、乘和除四则运算对其他相关数字加以处理。但是，只要对这些数字施行必要的操作，就一定能得到我们追寻的那个答案吗？这个难题一直困扰着当时的人们。由于他们的数系尚未发展成熟，局限太大，因此无法确保遇到任何实际问题都能给出有效的结果。

倘若我们能确认，对某一类数进行某种特定运算时总能输出与其同属一个类别的数，那么我们称在这种运算下，这类数是"封闭"的。

比如，自然数在加法运算下是封闭的。为什么呢？因为任意两个自然数相加，得出的结果永远是另一个自然数。但是，自然数在减法运算下则不然。因为两个自然数相减，常常会得出非自然数。举个简单例子，$3-7=-4$（或者说，三减去七等于负四）——这个奇怪的 -4 又是什么数字？我们暂且先不深究这个问题，反正我们清楚，不管它是什么，总归不是自然数。

> **封闭数系**：如果对某一集合里的数进行某一种运算后总能得出同一集合里的另一个数，那么我们说，该集合的数对这一种运算是封闭的。

我们可将这个简单的封闭概念与符号代数结合起来，以更深入地评估我们的祖先在数学领域所达到的水平，以及更好地探知为什么他们有时会难以理解某些抽象关系。倘若我们以符号代数的形式来考虑不同类型的问题，我们可以看到古埃及人和古巴比伦人的局限性。比如，他们对以下这些简单的方程束手无策：$x+7=4$，该方程的解为 -3，一个完全超出他们认知范围的数字；另一个方程是 $x+2=2$，今天我们一眼便能够看出该未知数 x 就是零，但彼时古人的数系里并无零的影迹。

指数是用于表示一个数自乘的符号，比如，$7 \cdot 7$ 可表示为 7^2，$7 \cdot 7 \cdot 7$ 则为 7^3。未知数也可使用指数符号。比如，早期的耕种者可能会遇到这样的问题：假如他拥有一块占地总计 100 英亩的正方形耕地，那么这块耕地的边长是多少呢？据此我们可列出方程式：$x^2=100$，每条边 $x=10$。这个答案很明显。但是，倘若这块正方形耕地的占地面积不是 100 英亩而是 93 英亩呢？相应地，方程式应更改为：$x^2=93$，其解为 $x=\sqrt{93}$。对于这道方程，古埃及人和古巴比伦人均可得出十分接近正确答案的近似解，但是，他们都没有意识到，其精确的解其实是另外一类数字。这层面纱还需留待古希腊人来揭开。

我们已走了多远

据前文可知，人类发现的第一类数字是自然数，主要用于计算集合基数以追踪记录财产数量。随着农耕业逐渐兴起、城市逐渐成形，我们的祖先遭遇了一系列全新的问题。日常生活的需求迫使他们必须开始计算日期以制定历法，必须懂得丈量土地面积以规范耕种，必须掌握计算大麦和麦酒产量的方法。同时，他们还得以某种方式记录下所有这些数据。于是，书写文字诞生了，分数出现了，数字系统也相应进化了，极具实用价值的代数学和几何学也首次登上了人类的历史舞台。至此，古代人类已掌握两类数字：自然数和分数。那么，他们还需要什么呢？

第五章

中国与新大陆的数

虽然现代数学以及现代数的概念是西方和中东社会的产物，但是了解中国和美洲土著的数学文化对我们也大有益处。这两种文明，特别是美洲原住民，均是独立发展，很少受其他文明的影响，这为我们打开了一扇回溯中国和美洲土著数的概念独立发展之路的窗口。同时，也让我们能够以抽离的姿态沉心思考一个问题：现代人秉持的数字观是否极度偏向于古巴比伦人、古埃及人和古希腊人所遵循的思想轨迹？换言之，各自独立成长的不同社会所发展出的数字体系是大同小异还是小同大异？

古代中国

中国古代文明与美索不达米亚以及古埃及文明属于同一个时代的产物（也有一些研究者认为前者稍晚于后者）。虽然古代中国与古印度，甚至与西方世界似乎都有过极有限的接触，但这些短时接触激起的微弱涟漪对水流流向所产生的具体影响我们尚无法确定。不过，就数学领域而言，目前掌握的信息表明，在极大程度上，中国早期数学是由其自身独立发展起来的，即便与外邦有少许双向影响，我们也可以十分合理地断定，中国数学在其历史上的大部分时间里都是与外邦文化相隔绝的。

一些中国学者声称，中国大地第一批统治者早在公元前 1.7 万年就已出现。虽然现代学术界（实际上就是西方学术界）肯定了中国古代文化呈现的丰富性与复杂性 [1]，但他们也认为这个如此久远的年代是被夸大了的 [2]。中国早期历史上还有一处含糊不清的地带，即研究者们很难厘清武王统治时期（公元前 1122 年）[①] 以前的各个历史事件发生的时间范围。引发这种混乱的原因之一在于，早期中国内战频发，这无疑会导致中国社会内部连续出现某种程度上的割裂。比如，公元前 213 年，秦始皇下令焚书，可以想见，有多少书稿从此难觅踪影。

一个较为合理的猜测是，中国文明发端于公元前 2852 年至前 2738 年伏羲时期。据传，伏羲是中国历史上第一位帝王，其统治时间大约是在上埃及与下埃及统一之后，与金字塔的修造时间以及美索不达米亚地区苏美尔帝国同处于一个时代。在伏羲的统治下，中国人进行了广泛的天文观测，可见，他们的数学已渐有雏形。公元前 2704 年，黄帝登上统治者的宝座，在他的大力支持下，中国人编制了一本天文学方面的书，并且建立了一个以 60 为基础（即六十进制）而非以 10 为基础（即十进制）的数字体系，虽然后来的中国数学是以十进制体系为基础的。在整个第三千年期间，中国数学未曾停下前进的步伐。

13 世纪是中国数学发展的鼎盛时期。据记载，当时中国活跃着 30 多个数学学派。总体而言，中国人达到的数学成就领先于古巴比伦人和古埃及人。

中国的数系

中国数字系统之所以有别于其他数系，部分根源在其语言结构。汉语系统包含 420 个单音节词（monosyllabic word），所有词汇均由这些单音节

---

① 目前认为是公元前 1046 年至前 1043 年在位。——编者注

词搭配组成，每个单音节词有四个声调，因此，汉语共有大约 1 700 个发音。然而，人类试图表达的概念成千上万，于是，这使得多数单音节词必须能够表达多种含义。汉语里既不存在时态（tense）、（名词、代词等的）性（gender）方面的区分，也没有冠词（article）。另外，中文的书面语言由超过 4.5 万个带有稍许象形意义的字符组成，每个字符各自相异，且能够表征一个完整概念[3]。汉语口语涉及的语音较少，但是存在许多特色各异、相差甚远的方言，书面语言却包含成千上万个独特字符。中国文字以象形而非语音为建构基础，这一点决定了，中国古代的读书人无论生于辽阔领土的何处，都能自如阅读由这种文字写成的文稿。这是一种伟大的力量，它把散布各处的中国人民融合成一个统一的整体，使中央政府可以对这个国家施行广泛而有效的集中控制，在其他社会我们很难见到这种强有力的能量。

中国逐步形成了以十进制为基本架构的数字体系，数字 1 至 9 均由独特的词汇表示，数字 10 则表示为"拾"，之后开始一个新的循环。指称 1 的词汇是"壹"、指称 2 的词汇是"贰"，表示 11、12 的词汇则由表示 10 的词汇"拾"搭配相应的小数词构成——11 是"拾壹"、12 是"拾贰"。对于"几十"这类数字，比如 20 至 90，则把大数和小数调换下位置，比如，表示 20 的数词是"贰拾"。此外，也有专门的词汇表示百、千、万等量级，分别为佰、仟、万。至于百万级的大数值，则由较大的数词组合表示。

比如，数 78 426 就是由指称个位数的词汇与指称十及以上量级的词汇组合而成的。数码"7"由代表数 7 的词汇"柒"与代表万的词汇"万"组成表示，如此类推可得：

7	8	4	2	6
柒万	捌仟	肆佰	贰拾	陆

这种适用于口语的数系与英语中的体系十分相似，这个数字在英语中表达为"七万八千四百二十六"（seventy-eight thousand four hundred twenty-six）"，只不过英语数系是对一百以内的数字进行组合，之后再加上诸如"百""千"这类表示大量级的数词。中国的数系并非位值制系统，因为合成数字的各个部分即便移动了位置也不会改变其表征的具体数值。英文中也是如此，调动各个数词的位置虽然违反了文体表达规则，但不会更改其蕴含的意义，比如，我们可以说六（six）、二十（twenty）、四百（four hundred）、七十八千（seventy-eight thousand）。

中国人把适用于口语的数词直接移植至书写体系，基本建构全数保留，口语数字体系中的每一个词汇都由一个独一无二的书写字符表示，大数字的组合原则及过程也同样维持不变。中国古代存在四种不同的书写体系（其中三种如图 16 所示）：基本数字、商用数字、官方数字和算筹数字。依据图 16 所展示的商用数字体系，数 78 426 可写成：

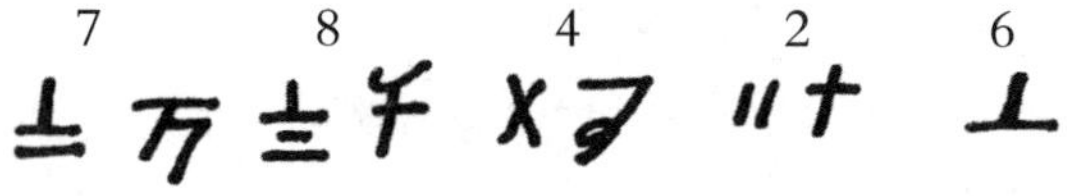

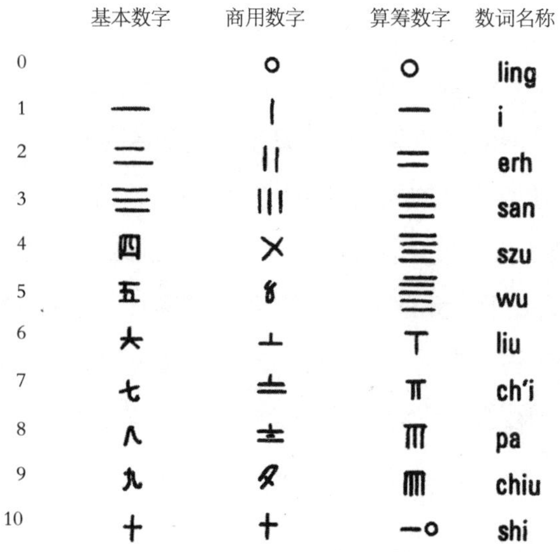

基本数字	商用数字	算筹数字	数词名称
0		○	○	ling
1	一	|	一	i
2	二	||	二	erh
3	三	|||	三	san
4	四	×	三	szu
5	五	8	三	wu
6	六	丄	⊤	liu
7	七	亠	⊤⊤	ch'i
8	八	圭	⊤⊤⊤	pa
9	九	夕	⊤⊤⊤⊤	chiu
10	十	十	一○	shi

图 16　中国古代三种数字体系以及与之对应的数词

在中国古代，数字自上而下书写，而非从左往右。当中国人把数词转换成书面数码时，他们仍旧缺乏像印度－阿拉伯数系那样的位值制。一个数中每一个数码由一对符号表示，其中一个符号指示数码，一个符号指示其位值。因此，在中国数系中，完全有可能做到改变符号对的位置而不丢失其原本的意义（只要你注意追踪其个位数字的变动）。若在印度－阿拉伯数系中移动数码，数就会由此发生改变。

中国人并不因没有零而烦恼，因为他们不需要零。就像英语中不必说"四百零十零七"一样，中国人的口头和书面语言均可以忽略零。直到 13 世纪，零的符号才开始出现在他们的书面文字中[4]，这比欧洲数码和美洲玛雅人数码中出现零的时间要迟一些。

史前人类使用的第一批数词不仅不那么抽象，反而更具体，用来修饰名词以描述物体。在英语中，仍有一对牛、一副手套这样的说法，在汉语中，大约有 100 个这类涉及数的原始修饰语。

中国数学

有四部经典著作可以帮助我们了解公元前 1000 年以前中国数学的发展。第一部著作是《书经》，又称《尚书》，相传为尧帝（前 2357—前 2258）所著。[①] 书中有这样一个故事，古时有两兄弟，名和、曦，同为天文学家，二人因未能准确预测日食的发生而遭皇帝降罪。这部中国古代著作所阐述的用于预测日食的天文计算已相当深奥，可与大约 1 500 年后古希腊的日食预测推算相媲美。第二部著作是最近颇受西方人追捧的《易经》，据传是周文王于公元前 12 世纪所写。实际上，《易经》不是一本数学专著，而是一本古代中国人用于占卜、为重要决策做参考的书，这本书从成书起，在中国社会一直沿用了 1 000 多年。这本书中提到了一种幻方，

---

① 《尚书》亦称《书》《书经》。儒家经典。"尚"即"上"，上代以来之书，故名。中国上古关于尧、舜和夏、商、周至秦穆公的历史文件和部分追述古代事迹着作的汇编。相传由孔子编选而成。——编注

由九个数排列组成方阵，每个水平行、垂直行、对角线上的三个数相加所得均为同一数值。《易经》中所说的占卜方法涉及 64 个卦象，这表明，古代中国人对排列和组合概念兴趣浓厚。这样的思想极有可能早在《易经》面世之前就已存在，或许在公元前 12 世纪之前的几个世纪里，它就已经是中国文化的组成部分了。

中国古代保存下来的数学手稿与古巴比伦、古埃及的著作类似，它们都向读者抛出了一系列问题。现存的第一本真正的数学著作是《周髀算经》，于公元前 1100 年前后成书，讲述了涉及历法的运算和关于分数的相关信息，这本书还提到将一段线段分别分割成三个、四个和五个单位长度，这极大可能与边长为三、四、五的直角三角形有关。据此可推测，中国人兴许在那个时候就已窥见毕达格拉斯定理的真容。

四部经典著作中的最后一部也是影响力最大的一部是《九章算术》[①]，于大约公元前 200 年由张苍所著。该书吸纳了许多早期著作的成果，有些甚至可回溯至公元前 1000 年前后。《九章算术》共分 9 个章节、246 个问题，涵盖税收、测量、百分比以及三角形、圆形和梯形面积计算等类项，涉及联立线性方程组、勾股三角形、平方根、立方根等运算，还出现了之前在古埃及数学中遇到过的试位法规则的应用。古代中国人不仅掌握解含有未知平方数和未知立方数的方程式的方法，而且还能解含有高达十次幂的未知数的简单方程式。

古代中国人已解决了不定方程的难题。他们把不定方程称为"大衍"问题。确定性方程总存在一个或有限数量的解，而不定方程具有无限多的解。以方程 $3x+4y=17$ 为例（用现代数学符号表示），当我们将一个具体值代入 y，可以求得一个相应的 x 值；当我们将另一个具体值代入 y，会求得另一个 x 值；反之亦然。可见，我们无法确定使得该方程成立的所有

---

① 一作《九章算经》，算经十书之一，9 卷，中国传统数学重要的著作。其主要内容在先秦已具备，秦火中散坏，经西汉张苍、耿寿昌先后删补而成。——编者注

解，这一特性使得方程具有了不确定性，也即"不定"。这类方程有许多实际用途。

或许，《九章算术》对数论最重要的贡献是它对负数的阐述。有了它，即有证据表明，中国人在很久以前，可能早在公元前 1000 年，就已碰上这类既不属于自然数也不包含于正分数中的全新的数。不过，他们也没有在第一时间欣然张开双手拥纳它们，他们在算术中使用负数，却不接受负数成为方程的解。

总的来说，古代中国的数学比古巴比伦和古埃及数学先进，但不如古希腊数学深奥。他们的研究大多是为了满足解决现实问题的需要，但也有涉猎纯理论证明的领域。在中国，学习和从事数学研究的人很有社会地位。事实上，数学家是古代中国朝廷必不可少的一股力量，因为每位登基的皇帝都会下令重修历法，这不仅是为了给宫廷确定举行重大仪式的日子，更重要的是，普通民众可以利用这部历法追踪河流涨落、明确耕作时令以及日食发生的日期。可见，皇帝通过天文学家和数学家的运算成果，向世人证明，他统治天下的权力是神授予的。

古代中国数学家展现了对 π（圆的周长与直径之比）的近似值的极大兴趣。从某种意义上说，对 π 的计算的精确程度是衡量一个社会数学发展水平的指标，对于早期社会而言，近似值 3 已足够日常使用，比如，古希伯来人在建造所罗门神庙时就以 3 作为 π 的值 [5]。古巴比伦人的近似值稍接近真值，有时采用 3，有时采用 3.125（误差为 0.52%），古埃及估算的 π 值为 256/81，也即 3.160 5，误差为 0.60%。

在古代中国，数学不仅在朝廷中扮演重要角色，普通商人也必须熟练掌握基本的算术运算，因为中国的数系不是位值制的，必须按照个、十、百、千等量级写出数值。然而，用这些量级进行计算实在太烦琐，因此，不能用书面数字直接进行计算。在这种情况下，中国人改用心算，并用算板记录心算结果。算板是算盘的前身，由一块扁平木板构成，表面画若干直线构成由许多方格组成的矩形，同时配备一些大约 4 英寸（10 厘米）长的小木棍，放置于不同方格中代表单位，方格本身则代表更大的数字，一共有两种木棍，红色的表示正数，黑色的表示负数。据说，古代中国数学家对算板的运用已达到炉火纯青的程度，有许多巧妙设计，就连十分复杂的运算也能迅速完成。

古代中国人也热衷于占星术、算命等预测未来的活动，完成这些活动的程序通常需要复杂的计算，因此，普罗大众对数学神秘主义有发自内心的兴趣。

中国的数学体系已经发展到相当高的水平，但遗憾的是，它对西方数学发展的影响微乎其微。当古老的中国终于打开国门允许现代技术进入时，她的数学家们不得不提起脚步、奋起直追。

新大陆的数学

或许有些学者依然认为古代中国和古印度，甚至中东地区之间可能有过短暂接触，但对于新大陆，至今没有任何证据表明，其数学体系曾受过来自旧世界社会的任何影响。与欧洲社会第一次碰面时，北美洲和南美洲的许多部落还停留在狩猎采集阶段，也有一些部落已经发展到原始农耕时代。这些部落尚未有成形的书面语言，因而也没有写成文字的数学，不过，他们有各种用于口头语言的数系，从纯二元计数法、新二元计数法、到五元、十元、二十元计数法，均有涉及。

北美洲的狩猎采集者和原始农耕者常用手指数数，然后借助小木棍或鹅卵石来记录结果；一些战士则通过刻槽和收集羽毛来记录他们在战场上的杀敌次数；有一个部落的美洲印第安人用打结来计数，与印加人的结绳记事十分相似。他们的算术多为加法，一般只加到二十，涉及少量减法运算，尚无证据说明存在乘法和除法[6]，这类更高级的算术能力或许只掌握在萨满巫师或部落智者手中。考古发现表明，在 15 世纪以前，那里曾散布着若干较大型的独立农耕社会，其中最著名的是位于密西西比河谷处的卡霍基亚（Cahokia）部落。不过，这些村落在欧洲人抵达这片新大陆之前就已消亡，因此，对于这些土著美洲人的数学发展水平究竟如何，我们目前尚不得而知。

大多数北美土著没有成文的历法，虽然他们可以借由过去发生的某些具体事件或依据未来预期将发生的事件来说明天数，但他们不具备用于追踪自然界中周期性事件的系统的程序，这使得他们既无法对过去发生的事情进行固定记录，也没有预测未来事件的能力。北美土著没有把日子累计归结为星期或月，也不以小时定义一天的时长。有证据显示，密西西比的卡霍基亚部落和西南地区的土著人曾使用一种小杆子和小线圈来标示太阳（大概还有月亮和主要恒星群）的天文位置，这表明一些北美土著居民也曾努力尝试指定历法以追踪预测季节变更。

中美洲和南美洲均有部落发展出较为先进的数学，为什么北美土著却停滞不前呢？最有可能的原因是他们无此需要。他们作为狩猎采集者和原始农耕者自在地延续生活了几千年，其间没有出现促使他们发展更先进的算术能力的环境压力。当新月沃地的农耕村庄正在扩张发展为城市、商人阶层和商品生产逐渐形成规模时，北美土著居民依然在其小型部落型社会形态中安然地过着自给自足的生活。不过，并非所有新大陆上的社会皆是如此，有两个社会的演化有了很大进展，那便是玛雅文明和印加帝国。

玛雅文明

玛雅人居住的范围包括现在的伯利兹、墨西哥的尤卡坦半岛、危地马拉，以及洪都拉斯和萨尔瓦多的西部地区。早在公元前 9000 年，狩猎采集者就已踏足并定居墨西哥的尤卡坦半岛和伯利兹的低地地区；大约在公元前 2000 年，伯利兹开始出现零星的农耕村落[7]；随着人口逐渐增长，公元前 400 年前后已建成了大型宗教布道坛，这说明彼时已演化形成新的神权政体，这些政权掌握在信奉太阳神的泛神论宗教的神父手中。这便是当时的玛雅文明。

玛雅人挖掘许多纵横交错的水渠用以排干沼泽地，同时，又囤积堆垒大量土壤来抬高周边的农田，这些举措使他们得以不间断地进行耕种，粮食产量因此大幅增加，这无疑促进了人口的增长。玛雅文明于公元700年前后达到鼎盛时期，据估算，在当时，四大宗教中心之一的提卡尔（Tikal）的人口总量在2万到8万人之间，另一个城市埃尔米拉多（El Mirador）供养的人口可能高达8万人之多[8]。玛雅社会一直繁荣发展着，直到公元800年，玛雅人突然停止建造纪念碑和神殿，人口增长也开始停滞，甚至减少。公元900年，玛雅社会已陷入崩溃的境地。最终，在公元1000年前后，其宗教中心被来自北方的托尔特克人入侵占领，玛雅社会宣告瓦解。

玛雅人发明了一种复杂的书写象形文字，用于撰写书籍、篆刻纪念性建筑。不过，书本中的文字比建筑物上的文字更加简单也更加抽象难懂。玛雅人缔造的璀璨文明令征服者自惭形秽，羞恼之下，他们竟下令焚毁书籍，仅余三册留存至今（现收藏保管于欧洲）[9]。1541年的某一天，尤卡坦半岛的曼尼市，方济会僧侣迭戈·德·兰达（Diego de Landa）放了一把大火，焚毁了玛雅人珍藏的所有书籍，永远地摧毁了一个伟大民族在漫长岁月中积攒下的无价记录。传闻，后来德·兰达意识到了自己对玛雅人犯下的罪行，于是，余生都在努力从那个社会残存下来的遗物中收集有关玛雅文明的记录。这个事件不由得令我们想起其他一些与此类似的愚蠢行径。公元前213年，秦始皇焚书坑儒；公元前48年，尤里乌斯·恺撒（Julius Caesar）率领军队败离亚历山大时，对珍藏有来自古罗马、古印度、古希腊和古埃及等地的珍贵书籍的亚历山大图书馆进行了大肆的毁坏，造成了不可挽回的巨大损失；公元391年，基督教狂热信徒、大主教西奥菲卢斯（Theophilus）在接到教皇特奥多修斯（Theodosius the Great）要他毁掉所有异教徒的神殿的命令后，率众烧毁了亚历山大图书馆在上次劫难中的幸存部分。这么几个人的决定，竟使如此多的古代世界遗产遭受灭顶之灾，这简直无法想象！

我们从120个散落各处的玛雅遗址中收集了大约800个篆刻在纪念碑

和古建筑上的象形文字，至今已破译了其中的 500 个。玛雅人并非中美洲首个创立文字的文明，有证据显示，生活于公元前 1200 年至公元 1 世纪的奥尔梅克人已在生活中使用象形文字。实际上，墨西哥和中美洲所有较发达的社会均采用这种象形文字以及 52 年双日历历法，而玛雅文明将二者推至顶峰。

迄今为止，人们尚未发现玛雅人讨论或处理纯粹数学问题的文字记录。因此，我们对玛雅数学的了解大部分来自纪念石碑上的数字，这些石碑往往用于记录重大事件的相关日期。对于玛雅人具体的数学思想，我们目前不得而知，我们只知道，他们的数学主要用于计算制定历法。

目前，我们所知的最古老的玛雅数字出现在一块大约公元 400 年玛雅人雕刻的纪念碑上。玛雅数系使用的是以 20 为基础的二十进位制，而非如今通用的十进制系统；玛雅数系是位值制体系，包含零；该数系采用竖向书写，数值较小的数码写在下方，较大的数码写在上方；在玛雅语言中，从 1 到 10 均有专门的数词表示，11 到 19 的数词则十分类似英语的用法，即个位数的数词与表示十的词相结合。值得注意的是，玛雅人的书写数字只涉及三个符号：一个小圆点用于代表"1"，一道短横杠用于代表"5"，一个小椭圆用于代表"零"。因此，数 1 到 19 的书写形式就是若干圆点和短横杠的组合。印度－阿拉伯位值制数系的前五个位值分别是：

$$10\,000＋1\,000＋100＋10＋1$$

玛雅数系的前五个位值则分别是：

$$144\,000＋7\,200＋360＋20＋1$$

上述这五个数值是以下乘法运算的结果：

$$20 \cdot 20 \cdot 20 \cdot 18＋20 \cdot 20 \cdot 18＋20 \cdot 18＋20＋1$$

为什么乘以 18，而非 20？按惯常逻辑，应当是每一步都乘以 20。不过，玛雅数系的主要用途是记录日期，他们把一年划分为 18 个月，每个月有 20 天，如此算来一年只有 360 天，于是他们又增加了 5 天以填补这个空隙，而这"多出来"的 5 天则被玛雅人视为禁忌日（uayeb）。因此，

图 17　玛雅石碑。从其上部边缘可以清晰看到由圆点和短横杠组合表示的玛雅数字
　　　（本图源引自布朗出版社，斯特灵市，宾夕法尼亚州）

正是玛雅历法对日期的划分决定了他们的位置体系中包含 18 这个要素。在玛雅象形文字中，数值不仅由其所在位置来表示，还伴随一个奇怪的象形符号（如图 17 所示）。

图 18 所示为数 46 783 在玛雅数系中的书写形式，同一水平方向表示同一位置，因此可得：

$$6 \cdot 7\,200 + 9 \cdot 360 + 17 \cdot 20 + 3 = 46\,783$$

也即

$$43\,200 + 3\,240 + 340 + 3 = 46\,783$$

图 18 所示的第二个数（即 4 326）中，其第二位使用了零。由图 18 可得：

$$12 \cdot (18 \cdot 20) + 0 \cdot 20 + 6 = 4\,326$$

这个以 20 为基础、却又在第三个位值处出现 18 的数系实在相当复杂，似乎没有必要做如此设计。实际上，这个数系不是给普通民众使用的，而是由玛雅祭司为制定复杂历法而专门设计的，普通民众在日常生活

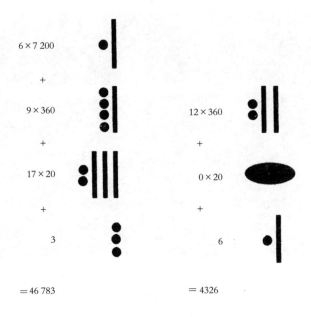

图 18　用玛雅数字表示的 46 783（左）和 4 326（右）

中很有可能只使用那 20 个基础的口语数词，只有识字的玛雅人才使用由圆点和短横杠构成的书面数字表示法。换言之，完整的数系是为统治阶层的神职祭司们所准备的。

　　玛雅的宗教体系催生了这个如此繁杂的数系。玛雅宗教崇拜多种神灵，包括太阳神、月亮女神，兴许还有金星女（男）神，因为玛雅人已经观测到了这个晨昏星。人们要想追踪心中天神的轨迹，必然需要一部可靠的历法。为了做到这一点，玛雅人创造了若干部历法。其中一部是世俗历法，称为哈伯历，用于追踪四季时节变迁。每年包括 18 个月，一个月 20 天，每年有额外的 5 天作为调整期，同时，根据对金星的观测结果还有其他调整。科潘地区的玛雅祭司计算出的年更加精确，他们明确指出，一年有 365.242 0 天，比格列高利历法的 365.242 5 天更接近准确值 365.242 2 天。

　　另一部历法以 20 个有各自明确名称的日子作为一个循环，循环 13

次，共计 260 天，这便是神圣的特左尔金（Tzolkin）历法。两部历法结合在一起，以特左尔金月内的号数加上哈伯月内的号数表示一个日期，需经过 52 年才完成一个特左尔金历和哈伯历的共同循环周期，这样一个周期称为"历法循环"。除了哈伯历、特左尔金历、历法循环，玛雅人还使用"长期纪日法"。这个系统以宇宙创世为计日起始点，以玛雅数系为构建骨架，以五个周期进行计日，分别是巴库屯（baktun，144 000 天）、卡顿（Katun，7 200 天）、顿（tun，360 天）、尤纳尔（unial，20 天）以及最基本的金（kin，1 天）。玛雅人认为，他们正生活于长期纪日法的第五个周期内，按今天的公历算，应当是在公元前 3133 年。若是由此便认为玛雅人在那么久远的时代就已开始使用历法，那便太草率了，实际上，他们极有可能只是根据部落的创世传说推测定下公元前 3133 年这一时期。公元 501 年 1 月 5 日距离玛雅人的创世之日已有 3 133＋501＝3 634 年，也即 1 326 410 天（忽略闰年多出的天数），而后再把 1 月份的 5 天加上，可以得出，用长期纪日法表示该日期应为：9 巴库屯、4 卡顿、4 顿、8 尤纳尔和 15 金。

除了已绵延 5000 多年（或称 13 个巴库屯）的长期纪日法，玛雅文明还很重视另一个很长的时间段，即阿拉乌屯（alautun），它由巴库屯相乘而得，一个周期历时 6300 万年。

总而言之，在玛雅文明之中，诞生了一个非凡的数系。如今我们使用的印度－阿拉伯数系虽然在公元 500 年就已开始高速演化，但是据目前考古证据推断，它最早在古印度源起的时间只能回溯至约公元 800 年 [10]。可见，早在现代通用的印度－阿拉伯数系出现的 400 年前、早在欧洲人接纳印度－阿拉伯数系的 1000 年前，包含零和位值制的玛雅数系就已发展至一定水平了。事实上，玛雅人只用了几百年就创造出并坦然接纳了零，而在旧大陆，人们早早将零拒之门外，历经几千年的商酌争论，才最终对它敞开大门 [11]。玛雅人制定的历法也比同时期欧洲大陆的历法更复杂精细，他们的科学和天文学很可能也已超越同时代的欧洲大陆，他们经过观测已发现，金星环绕太阳运行一周的时间是 584 天，他们记录的 500 年内金星运动数据的误差累加起来不超过两个小时[12]。人们还在一份现存的玛雅手稿（德累斯顿抄本）中发现了几张记录金星和月球运行轨迹的天文表，精确度颇高。至于玛雅人的数学宝藏，它们已在德·兰达的那把大火中付之一炬，我们再也无从研读它的内容。

后来的托尔特客人、米斯特克人和阿兹特克人均沿用了玛雅文明的书写和历法系统。不过，到阿兹特克人统治的时代，他们废止了 52 年这一漫长的历法周期，书写体系也不如往昔，他们不再使用短横杠代表 5，零也被束之高阁，不再使用。

印加帝国

大约在 1410 年，生活在秘鲁库斯科山谷的印加人开始逐步取得对其毗邻地区的控制权，之后，他们一直没有停下对外扩张的脚步，直到 1532 年弗朗西斯科·皮萨罗抵达这片大陆。呈现在这位西班牙人眼前的，是一个由北至南纵横 4 000 公里，从厄瓜多尔西北部延伸至智利中部，涵盖秘鲁、玻利维亚及阿根廷部分地区的庞大帝国。据估算，印加帝国总人口在600 万至 1 200 万人之间[13]，是新大陆规模最大的帝国。为弥补战争或农作物歉收造成的粮食供应短缺，印加人在帝国各处建立了巨大的储粮仓库，装满称为春果的经冷冻和干燥处理的土豆。印加帝国修建了总长度约三万公里的公路系统，称为"太阳之路"，把首都库斯科与帝国的边陲地区串联在一起。为了有效地管理这个庞大的帝国，印加人设计建立了名为查奎斯（chasquis）的分程传接体系，用于将每日的最新信息从各省传至首都库斯科，为了方便接力者，帝国在体系沿线设置了许多驿站，大约每隔 4.5 英里（约 7.2 公里）便有一处。

印加文明没有形成书面语言，但对于一个帝国而言，出于统治需要，又必须在官方档案中记录下一些信息。为此，他们发明了一种颇为复杂的结绳系统，名为基普，用于记录数据和相应的计数项目。许多社会在其社会发展中的某个特定阶段也曾将这种装置用于记录数据，包括古希腊、古代中国、夏威夷地区，甚至19世纪的非洲。印加人创建的基普记事系统十分复杂（具体可见第四章中的图10），尽管我们有许多基普记事的实物，而且能够轻松解读它们是如何记录数字的，但遗憾的是，由于缺乏书面记录的佐证，关于这种体系的应用细节，我们不得而知。

使用基普这种数据记录工具的多是官职为卡玛娅的官员，他们分布于政权机构的各个层级、各个部门，专职负责统治者感兴趣的各种事物。他们在只向社会精英群体开放的特殊学校接受培训，不仅要学习如何灵活使用基普体系，还要熟悉过去由基普体系记录的种种历史数据和事件。基普由一组长约40厘米的线绳构成，有些多达100余股绳，每一股线记录一个数，一般会给线绳涂上不同的颜色以代表记录的不同事项，有时会把一股线绳与其他几股线绳联结在一起表征一个总数额。

印加人使用的数系以10为基底，每个数码由绳结组合表示，并与相邻的数码均匀间隔开；零则由绳上的一个空位表示。共有3种不同类的绳结，分别为单结、双结和有2到9个圈的滑结。各个绳结由上往下在绳上纵列排开。举个例子，数475表示为：线绳顶部4个结，往下是一组共7个的结，最下方是5个单结或一个具有5个圈的滑结。

印加人不似玛雅人和阿兹特克人那样生活在城市里，他们大多聚居于总人口不多于1 000人的小村落里，首都和其他省级中心均设置于官僚居住的寺庙中。他们把十进制数系同五元计数法结合起来，将全国人口细分为10个、50个、100个、1 000个、5 000个、一万个家庭的族群。农田则划分为三个类属，农田一部分的产品须上供寺庙，一部分的产品归属各省中心的首领，仅有最后一部分的产品可供农民自主使用、自由支配。也就是说，每个印加帝国的公民（包括妇女和儿童）都需要向政府贡献一部分自己的劳动力。官员把上述这些信息记录在基普系统中，然后传输到帝国的权力中心库斯科。这可真是一项浩大的工程！

因此，与玛雅人一样，印加人也采用带有零的位值制数系。只是玛雅人将数系重点应用于制定历法以追随神迹，而印加人则运用数系来控制和管理庞大帝国的日常运作。基普体系不像算盘那样被用于实际计算过程，印加人或许是用手指、小卵石或其他辅助物品进行计算，基普体系只是用于记录计算的结果。若把印加人与苏美尔人做个平行对比，会有一些有趣的发现：苏美尔人首先发明了用于帮助管理商业、农田和税收等事务的符号体系，而后逐步发展成书面文字；印加人同样创立了用于管理人口和帝国财产的基普体系，却未能演化出真正的书写系统——其深层原因是什么呢？我们必须注意，从符号体系到书面文字的这条演化之路，西亚走了整整 5 500 年（从公元前 8500 年到前 3100 年），而印加帝国的统治仅持续了不到两百年！考虑到印加帝国的短暂寿命，它所取得的成就无论以任何标准衡量都是惊人的。

独立的发现

古代中国与新大陆的数系之间、苏美尔人和古埃及人的数系之间均有显著的相似之处。这些数系都包含 5、10 和 20 的组合，即便苏美尔人的数系是以 60 为基底，它也以 10 为基础进行细分。这些系统大多为位值制。虽然新月沃地的帝国和古代中国在接纳数字零方面进展缓慢，但最终也都敞开怀抱，让零融入数系。可以看到，在人类数系发展历程中重复出现的主题包括手指计数（5＝一只手，10＝一双手，20＝手指加上脚趾）、位值制和零。

本章开头提出一个问题：不同人类社会各自独立发展出的数系是否大体相似？至此，我们应当可以做出回答——是的，人类通往计数和计算的路径大致相同。

中国人和美洲土著居民的数系，无论是口语的还是书面的，都已发展到一定水平，不过，它们不像新月沃地的数系那样，以独特实体的形式进行演进。实际上，即便没有苏美尔文明和古埃及文明，人类社会依然会发展出数系和文字，因为我们可以看到，随着制造业和贸易的壮大，农耕村落逐步发展迈向城镇形态。无论在何处，只要社会发展到出现集权中央管理聚居农耕者的阶段，就必然涌现大批新问题，比如土地分配、赋税计算和征收、军队募集和粮草支持、货物运输、合同签订和履行等，而这些问题往往需要运用更先进的数学知识方能解决，数系就是在解决这些问题的过程中逐步定形成熟的。同时，这些问题催生了抄写员和祭司阶层，在他们的手中，原始农耕者纯粹用于计数的数系逐渐转变为管理帝国的工具。

早期希腊文明

前文，我们已经回顾了自史前时期到公元前 1000 年之间数字的演变进程。我们看到，在这期间，从最开始的自然数到古埃及人的单位分数（形式为 $1/n$），再到古巴比伦人的六十进位数制和中国人的负数，数的概念所涵盖的范围一直在不断扩大。现在让我们把目光投向古希腊文明。一直以来，总有许多人认为，是古希腊人定义了科学、哲学和数学，并为它们确立了屹立两千年不倒的学科标准。不过，也有一些人持不同意见，认为我们赋予了古希腊人过于耀眼的光环，使得其他文明社会所做的贡献被光辉之下的阴影所遮盖。

事实上，上述两种观点都有其道理。不可否认，确实是古希腊人把在早期文明社会中发挥重要作用的实用计数与测量手段，重新抽象定义为我们今日所熟知的科学和数学。他们在公元前 600 年至公元 300 年期间所取得的成就，令其后 1 500 年间的所有人文智力成果黯然失色。但即便如此，我们也不能盲目相信，他们是一路孤军奋战，未曾从更古老的那些文明中汲取营养。我们几乎可以断定，他们借鉴过古埃及人和古巴比伦人的成果。当然，古希腊人也对许多全新领域进行了先锋开拓，并在这些领地烙下了鲜明的古希腊刻印。

公元前 2000 年伊始，一群讲古希腊语但不识字的印欧人告别了世代定居的北巴尔干半岛，迁徙至古希腊与地中海东部沿岸地区 [1]。在那里，他们开始吸纳并内化克里特岛上的古老文明，并在随后的 1 400 年间，陆续分别移居至小亚细亚西部地区（现土耳其境内）、爱琴海众多岛屿以及古希腊全境。他们因定居地域的地形差异而形成了特色各异的管理组织形式。苏美尔人和其后的古巴比伦人聚居在一个辽阔的平原上，这样的地形使统治者能够快速调动军队，但统治者却很难在这里建立有效的防御屏障，这使得实力雄厚的苏美尔和古巴比伦君主们更容易开疆扩土；古埃及人占据的是一道狭长的山谷，同样是便于上层集中统治的地形。

古希腊人则不然。他们分散生活在不同的独立城邦中，这些城邦大多被群山环绕、且毗邻海洋，这为构筑防御工事提供了绝佳的天然条件。同时，这也使得任何一位试图进攻和征服其邻国的古希腊国王都很难得偿所愿。因此，当古巴比伦王国和古埃及王国早已出现单一的至上统治者时，古希腊依然维持着各城邦自治的联盟模式，而这也意味着，古希腊人无须受到祭司阶层已延续几千年的传统观念的强制性约束，不必恪守单一的世界观或宇宙观，每个城邦亦可遵循自己的法则和理念，形成独有的发展道路。这些聚居于地中海东部沿岸的古希腊人的旺盛好奇心和活跃思维逐渐发酵，人类世界终于迎来智慧集中爆发的时代。

共同的生活背景以及互通的语言表达将生活于不同城邦的古希腊人联结成一体，他们于公元前 776 年在古希腊南部半岛的伯罗奔尼撒举行了泛希腊运动会，公元前 775 年到前 750 年，他们开始了与腓尼基人的商业贸易往来。腓尼基人生活于地中海最东端，其国家位于现在的黎巴嫩境内，主要城市有推罗（Tyre）和西顿（Sidon），他们使用的字母体系由辅音和元音组成。古希腊人借鉴了这种字母表的模式，掌握了新的书写能力，并由此开始记录他们的恢宏史诗。及至公元前 600 年，在经历了 150 年的移民浪潮之后，古希腊人的生活足印遍布六七百个相对独立的城市，从黑海西岸一直延伸到意大利南部、利比亚和西班牙沿海地区。大约在这个时期，古希腊人开始在商业活动中使用硬币。

公元前 600 年至前 300 年，古希腊人步入其历史上的古典时期；公元前 300 年到公元 600 年则是古希腊历史上的第二个时期，称希腊化或亚历山大时期。牵动我们视线的是古典时期，因为正是在这个时期，古希腊人发展并确立了他们的数的概念。

在公元前 8 世纪，古希腊人才开始运用字母表时，他们缺乏做记录用的有效媒介。彼时羊皮纸尚未问世，泥板和蜡板体积庞大笨重，不易存放。好在，大约公元前 650 年，纸莎草纸进入古希腊，古希腊人终于拥有可以用于记录其深刻思想的媒介。现存历史最悠久的具有科学特质的著作出自公元前 4 世纪的柏拉图（Plato）时代。第一本实质意义上的数学著作则是欧几里得（Euclid）的《几何原本》（*Elements*），成书于公元前 300 年。事实上，那些极具价值的古希腊数学著作原稿无一留存至今，我们如今所见的，只有业已经历几番抄录誉写的副本，其中最古老的副本出自公元 200 年到 1200 年的拜占庭时代。

古希腊数系

古希腊人启用过两种数字体系：第一种称为雅典数系，自最初的书写时代起便投入使用，在公元前 100 年到前 50 年间逐步被淘汰停用；第二种称为亚历山大数系，在公元前 100 年前后逐渐成为人们使用的主流。

雅典数系以 10 为基础，包括 6 个主要符号：

$$1 = |, \ 5 = \Gamma, \ 10 = \Delta, \ 100 = H, \ 1\,000 = X, \ 10\,000 = M$$

数值"1"由简单的一竖表示，其他 5 个符号则为古希腊字母。所有数字均由这些符号组合表示，这一点与早期古埃及数系和晚期罗马数系高度相似。古希腊人不像古巴比伦人或者现代社会那样采用位值制，指称数值"5"的符号 Γ 可与其他符号组合在一起用作乘数，比如，$Γ^H$ 代表 5·100（或者 500）；若想获得 5 000，则只需把 Γ 和 X 结合组成 $Γ^X$。如下为雅典数系下一些数字的表示方式：

$$47 = ΔΔΔΔΓ||$$
$$374 = HHHΓ^ΔΔΔ||||$$
$$23\,521 = MMXXXΓ^HΔΔ|$$

各个符号的书写顺序通常按照其代表的数值大小递减排列，但也不乏例外。你应当可以觉察到，在这类非位值制数系中，符号书写并不必然依照固定次序。在这个数系中，我们没有寻见零的身影，分数也不见踪迹。

第二个数系，即亚历山大数系，也采用古希腊字母来指称数值（详见表 4）。可以看到，表示千位的字母与表示个位的字母一致无二，只是字母前面增加了重音符号。值得注意的是，古希腊字母表中仅有 24 个字母，而表 4 却包含 27 个不同符号，事实上，其中有 3 个符号是额外增补的，分别是：Ϝ（读作 digamma），代表 6；Ϙ（读作 koppa），代表 90；Ϡ（读作 sampi），代表 900。上述所有字母均为大写，古希腊在古典时期不使用小写字母。运用这套体系，最多仅用 4 个字母便可表示从 1 到 9 999 的所有数字，相比之前的雅典数系，这无疑是一个巨大的改进。对于更大的数字，则须采取另外的几种方式，包括沿用雅典数系中指称 1 万的符号 M（读作 myriad），再与表 4 所示的字母组合生成更大的数。

表 4　古希腊亚历山大数系

个位	十位	百位	千位
1＝A	10＝I	100＝P	1 000＝,A
2＝B	20＝K	200＝Σ	2 000＝,B
3＝Γ	30＝Λ	300＝T	3 000＝,Γ
4＝Δ	40＝M	400＝Y	4 000＝,Δ
5＝E	50＝N	500＝Φ	5 000＝,E
6＝F	60＝Ξ	600＝X	6 000＝,F
7＝Z	70＝O	700＝Ψ	7 000＝,Z
8＝H	80＝Π	800＝Ω	8 000＝,H
9＝Θ	90＝♀	900＝♌	9 000＝,Θ

与雅典数系相比，亚历山大数系可用更少的字母表征更大的数字，这使得它在货币使用中大受欢迎。不过，由于古希腊数字和古希腊词汇均由同一套字母组合表示，古希腊人总需要多费神分辨哪些是数字，哪些是词汇。为解决这个问题，他们常在数字上方多添一条细短横线以作为区分，有时则用小点将表示数字的字母括起来。

亚历山大数系中的分数要么是像古埃及人使用的单位分数，要么是真分数。真分数有如下几种表示方式：第一种是用普通数字表示分子，紧接着用标有重音符号的数字表示分母，比如，八分之三写成 HΓ′；第二种是在用普通数字表示的分子之后，把标有重音符号的表示分母的数字重复写两遍，比如，八分之三表示为 ΓH′H′；第三种方法则是如常书写分子，然后在其上方以较小的形状书写分母。

雅典数系和亚历山大数系都较容易读，但却不太适用于计算。因为数系在表达上涉及的符号众多，识别数或分数的惯例规则又各有差别，所以，相较我们现今惯用的印度－阿拉伯数系，古希腊数系就显得较易混淆。我们举一个简单例子。应用我们当下使用的数系，若要完成 3 乘以 90

的运算，只需拆解成两个简单步骤：第一步，用3乘以90中的0，得到0，然后我们把获得的这个结果记录下来，写上"0"；第二步，用3乘以90中的9，得到27，接下来，只需把"27"写在"0"的左侧便可得出最终的答案：270。若运用雅典数系来尝试解决这个简单的运算，又会是怎样一番情况呢？首先，我们不可用零乘以任何数，因为雅典数系中没有0，于是，我们只能将3直接乘以90，也即，Γ乘以♀等于ΣO。假若我们沿用前法，采取分解问题的方式进行运算，先用Γ（3）乘以Θ（9）得到KZ（27），我们是无法由KZ（27）获得ΣO（270）的。

在印度－阿拉伯数系中，我们可将较为复杂的运算拆分为若干可重复的简单步骤，这样的方式之所以可行，是因为该数系是一个位值制数系。使用亚历山大数系（以及更早期的雅典数系）的古希腊人必须记住一张内容庞大的乘法表，而我们的数系则仅需一张9乘以9、共81个元素的乘法表。事实上，在实践操作中，我们需要费心熟记的项更少，只有8乘以8，共64个元素，因为任何数乘以一都等于原来的数。亚历山大数系因为表征符号众多，而且是非位值制系统，所以它的乘法表必然类项繁多。有证据表明，古希腊人实际上是依据单词的口语发音而非其书写符号来记忆乘法表的。可见，"7乘以6等于42"这句口诀要比它相应的数学表征符号容易记住[2]。与早于他们的古埃及人和古巴比伦人一样，古希腊人同样依赖各种计算表进行日常运算。

现在我们已经几乎可以断定，古希腊人在实际运算中使用了算板，但遗憾的是，眼下尚无直接的考古证据可向我们呈现算板的具体使用方法。目前我们拥有的唯一一块古希腊时期的算板，是在萨拉米斯岛出土的一块白色大理石板[3]。好在，我们可以找到许多有关算板的文献资料。根据文献记载，算板在古希腊被称为"abakion"，大多由木材、大理石或黏土制成，板上画有若干直线以划分各区域，同时还有可以来回移动的算珠（称作psephoi）协助完成计算操作。然而，日常运算的细节流程目前我们依然不得而知。

哲学、科学和数学的诞生

在古希腊人之前，人们未曾尝试为哲学、科学和数学界定明确的研究范畴。公元前 600 年之前的古代思想家可以是祭司、统治者、抄写员或商人，但他们都不是数学家和科学家，是古希腊人定义了这些词语的含义，并由此推动了人类学术世界的构筑成形。

米利都（Miletus）城坐落在小亚细亚的西海岸，它是当地的贸易中心，富裕繁华。商船从此地出发可以轻松抵达古埃及的尼罗河，它内陆的商道则联通古巴比伦，米利都人还喜欢与古希腊的城邦通商，同腓尼基人也互有贸易往来。就是在这个连贯东西的十字要塞，诞生了古希腊第一位伟大的哲学家和数学家——泰勒斯（Thales）。

泰勒斯生活于公元前 634 年至前 548 年，年轻时经商，据传曾游访过古埃及和古巴比伦，并可能接触和研究过这两个已有千年历史的文明所积累的数学知识；晚年，他致力于知识疆域的探索，创立了第一个古希腊学派——爱奥尼亚学派，并奠定了古希腊各学派的一个传统，即不面向商人、儿童、奴隶或书记员，而是专门引领古希腊社会中的成年男性贵族走进迷人多彩的知识世界。有许多关于泰勒斯的故事流传至今，但无一例外皆是经过加工的二手资料，真实性存疑。不过，这些故事也并非全无用处，它们之所以引起我们的兴趣，是因为透过这些故事，我们可以大致了解泰勒斯的同胞及其直接继承人是如何看待他的贡献的。

后世的希腊人尊奉泰勒斯为希腊七贤之首，他因创立古希腊几何学、天文学和数论而备受赞誉。据传泰勒斯在公元前 585 年成功预测了日食的出现，令时人大为惊叹。不过，现代学者对此却持怀疑态度，因为古希腊天文学的知识积累在彼时还相当有限，可能无法完成这种程度的预测[4]。有记载称，他曾买下米利都城内以及米利都近郊的希厄斯（Chios）地区的所有榨橄榄机，然后再于橄榄丰收季节将囤积的机器以很高的利润租赁出去，从而积累了不少的财富。泰勒斯是历史上第一位取得具体数学发现的人。他开派立学，曾为阿那克西曼德（Anaximander）、阿那克西米尼（Anaximenes）等古希腊学者授课传教。据传，著名的毕达哥拉斯（Pythagoras）也曾是他的学生，不过，毕达哥拉斯更有可能是在泰勒斯停止指导学生以后才加入其学派的。

泰勒斯有许多数学发现[5]，其中四项如图 19 所示。从图 19a 可见，一个圆被其直径切分成相等的两半，也就是说，面积 A 等于面积 B；图 19b 揭示的是，倘若两个三角形拥有分别相等的两个角和一条边，那么这两个三角形的形状和大小均一致无二（即全等三角形）；图 19c 中有一个内接于半圆的角，泰勒斯证明了，所有像这样内接于半圆的角均为直角（90度）；图 19d 所示为第四项发现，即所有等腰三角形的两个底角 A 和 B 总是相等的。这些发现是否真的确切归功于泰勒斯其实并不重要，因为泰勒斯所做的最大贡献在于他的方法，而非最后得出的具体应用结果。他最具

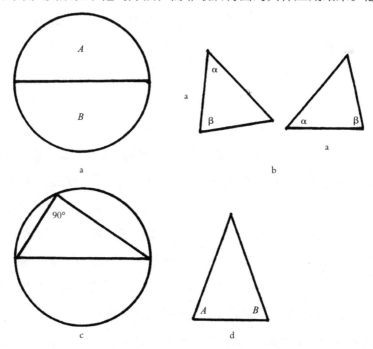

图 19　归功于泰勒斯的四项发现：（a）圆的直径将圆切分成两个面积相等的部分；（b）一条边和两个角全等的两个三角形形状相同；（c）内接于半圆内的三角形是直角三角形；（d）等腰三角形有两个相等的角

价值的成就在逻辑推理和抽象领域。

古埃及人和古巴比伦人研究几何主要是用于测量一些实体对象，比如地面的距离、绳索交叉的角度等，彼时的所谓线条指的只是画在沙地或地面上的物理标记，是泰勒斯以纯粹抽象的方法总结出了直线、圆以及其他形状的基本性质。自此，线条不再只是人们在沙地上看到的实在事物，而是可以存在于我们思维想象中的虚构对象，这意味着，抽象了的线条可以是完全笔直的，抽象了的圆也可以是正圆形的。在泰勒斯的推动下，物体形状开始由实物迈步走入人的头脑思维中。完成初步抽象后，泰勒斯迈出了最了不起的一步——他开始进行逻辑推理，这使得他能够以一个物体的抽象形状为起点，去挖掘与之相关的更多真理。这种由一些几何现象出发、通过逻辑演绎推导得出新的结论的方法，对其他古希腊思想家产生了深远的影响，他们也开始运用这种方法去思考探寻几何学以外的其他领域的奥秘。古希腊的科学演绎法由此确立，直至今日仍对西方世界产生影响。

古希腊人自我要求严格，他们追求真理的绝对正确，不容忍任何细微错误。对此，他们采取的方法是，只把那些不证自明的现象作为前提条件，然后通过严格的逻辑演绎得出推论，如此得出的结论必然绝对正确可靠。因此，假若他们推导出的结论与实践经验有出入，他们势必舍弃经验而采纳推导结果。另外，现代科学以经验为依据，因为经验被认为是法则定律的外在表现（这些表现称为假设），然后，我们遵循逻辑的指引，对未来的经验做出预测，并设法验证这些预测。数学模型在出现伊始或许的确只是单纯的逻辑造物，但若想在科学研究中发挥作用，它必须与实践经验相结合。在现代科学中，一旦理论假设或数学模型与经验相悖，我们首先放弃的必然是假设，之后再另寻更好的前置假设。

逻辑演绎法在纯数学研究中效果显著，但若孤立使用，它就会对科学发展造成灾难性后果。这就是为什么古希腊人运用这种方法在几何关系方面取得了许多亮眼成就，但其科学领域却在某种程度上遭受了严重的阻滞。同时，这使得他们在实际生活和数的基本性质方面得出了一些奇怪的结论。至此，或许我们可以总结认为，泰勒斯在挖掘几何真理时所运用的逻辑演绎法给予了当时的人们深刻的启示，但是，受其影响的古希腊人错误地将这种方法广泛应用于一切追求真理的领域，结果反受其碍，延滞了科学的进步。幸运的是，在古希腊尚有一些思想家愿意遵循实际经验的指引。公元前 4 世纪，亚里士多德（Aristotle）通过解剖收集了许多宝贵的生物信息；活跃于公元前 3 世纪的阿基米德（Archimedes）在探索物理规律时也进行了一些基本实验。不过，这种倚重实验的研究思路在当时并没有成为主流，它还须经历几个世纪的摸索，方能够在现代科学中绽放异彩。

伟大的毕达哥拉斯

现在让我们把所有目光聚焦在毕达哥拉斯（如图 20 所示）——人类历史上最伟大的数学家之一——身上。关于他的生卒年月人们众说纷纭，至今未有定论，综合各方说法，我们认为，他活跃的时代可能在公元前580 年至前 500 年之间。这位哲人出生于米利都邻近的萨摩斯岛（Island of Samos）。由于他与泰勒斯的生活轨迹存在重叠部分，因此有些学者提出，毕达哥拉斯早年直接师从泰勒斯；不过，也有研究者认为，鉴于两者的年龄差，上述观点不太可能成立[6]。毕达哥拉斯年轻时喜欢游历各地，曾到访过古埃及和古巴比伦，因此，泰勒斯在世时，毕达哥拉斯有可能正好在米利都，也有可能不在，目前我们尚无从确认。不管怎样，他的确可能拜入过爱奥尼亚学派，并在泰勒斯的教诲下领会逻辑演绎法的思想精髓。

晚年，毕达哥拉斯效仿泰勒斯，在大希腊（Magna Graecia）的克罗顿（位于今意大利南部）创立了一个学派。在他带领下的这个团队已远远超出学院门徒的范畴，实际上，它是一个近 300 人的宗教团体，成员大多来自周围半岛，年轻力壮，家庭富裕且有权势。由于毕达哥拉斯笃信人有灵魂，且灵魂在人身故之后不会随之消失，而是会转附于别的躯体（甚至可能是动物的躯体）中，因此，他时常率众举行各类据称能够净

图 20 毕达哥拉斯，约前 580—前 500 年（本图源引自布朗出版社，斯特灵市，宾夕法尼亚州）

化灵魂的宗教仪式，这些仪式也涉及数学内容。毕达哥拉斯学派的弟子分为两类，一类是核心成员，也称 mathematikoi（mathematics 一词便来源于此），他们有权参加导师的非公开授课；另一类则是外围成员，称为 akousmatikoi（意为"旁听者"），他们之所以被吸纳入学派，仅是因为他们自愿服从遵守该宗教团体的种种清规戒律。所有人都必须先成为旁听者，然后通过导师设立的考核，方才有资格成为核心成员。门派所有成员都必须宣誓保密，而这也大大阻碍了门派思想的传播。毕达哥拉斯本人没有留下任何文稿或著作，所以，我们只能从别处间接了解他所取得的成就。

毕达哥拉斯具体是在什么境况下逝世的，目前学界依然存在分歧；不过，可以确定的是，毕达哥拉斯离世时年岁已高。后来，由于当地政治动乱，学派无奈解散，核心成员们散居各地，有的到塔伦特姆（Tarentum）落脚，有的依然留在大希腊；许多旁听者也从此流浪各处，成为神秘主义者。

虽然毕达哥拉斯一手创建的门派已然废止，但其思想理念的种子却一直在希腊大陆广泛撒播。后来，他的追随者们重拾他的事业，恢复学派，继续向一批又一批的新学生传授知识，毕达哥拉斯学派对古希腊思想所产生的重大影响由此延续了几个世纪。柏拉图（如图 21 所示），这位最伟

大的哲学家（这种说法实际上
备受争论）也深受当时的毕达
哥拉斯学派的影响。他对数学
的重要性深信不疑，他还写下
"只有精通几何学之人方能入
内"的语句，高挂在柏拉图学
院（Academy）的入口，警示
来者[7]。

数学之外，毕达哥拉斯行
事怪诞，常信奉一些古怪的规
矩，比如坚决不吃豆子、在火
熄灭后必须搅拌几下灰烬等。
不过，他的一些观点相当超前，
比如，据传他坚信，人类生活
的陆地实则是一个球状体[8]。

图 21　柏拉图，前 427—前 347（本图源引自
布朗出版社，斯特灵市，宾夕法尼亚州）

毕达哥拉斯学派关于数的概念

当我们开始审视毕达哥拉斯思想中有关数的概念，我们会猛然发觉自
己正置身于一个错综复杂的思维网络，周遭不时闪现璀璨的灵感火花。早
在公元前 8 世纪与腓尼基人广泛开展贸易往来时，古希腊人就已掌握基本
的计算能力。这些技能在当时统称为逻辑斯蒂（logistic），是商人和抄写员
们必须具备的能力。逻辑斯蒂包括加、减、乘、除四种操作，其中，乘法
运算既涉及整数，也涉及分数。此外，在实际生活中，古希腊人能够解决
一些涉及我们今日所说的初级线性代数（elementary linear algebra）的货物
清点及分配问题。对于必须跟踪货物流向的商人和负责管理政府事务的抄
写员而言，上文所述均为其必备技能。按照现在的说法，所谓逻辑斯蒂其
实就是算术（arithmetic）。不过，在当时的人们看来，逻辑斯蒂只是一项

技能或者一门手艺，与捕鱼、木工活无异，而非一种知识追求。

另外，古希腊人在算术上倾注了许多学术热情。需要注意的是，当时所说的算术与我们今日所说的算术不尽相同，它指的是对数的理论研究，更类似如今数论的概念。古希腊人认为，算术才是真正值得学者潜心探索的课题。

古希腊人这种把数的研究泾渭分明地划分为两类——算术（即逻辑斯蒂）和数论（即算术）——的做法弊端重重，因为这意味着，算术已被全然抛却脑后，唯有数论独揽所有关注。在此前的几千年间，推动人类在数的发展之路上步步向前的，正是那些日常生活里遇到的实际问题，是这些问题启发人类发明了自然数和分数，但现在，古希腊人竟决意不再重视它们，而把注意力聚焦于其他领域。

古希腊学者们执着地研究数论，冲在最前线的当数毕达哥拉斯学派。毕达哥拉斯学派对数论的痴迷可能源自毕达哥拉斯本人的一项发现。他敏锐地察觉到，绷紧的琴弦的长度与弹拨琴弦发出的乐音之间存在某种特定关系。首先，假若把琴弦的长度切短至原长的一半，它发出的乐音会比原来高一个八度，这两个相差八度的乐音可相和为一个"和声"，而这个和声可令听者产生愉悦之感；之后，他又相继发现了其他能够产生和音的弦长，分别是长度为原长的四分之三的琴弦发出的第四音，以及长度为原长的三分之二的琴弦发出的第五音。毕达哥拉斯的好奇心愈加强烈，为什么这些特定长度的琴弦发出的声音可以形成悦耳的和声？他给出的回答全然不涉及物理学原理，既无关琴弦在空气中的振动，也无关人耳的声学结构。他总结认为，这些美妙的和声纯粹归功于某些数字之间的特定比率，比如，$1:2$、$3:4$、$2:3$等。据此结论，毕达哥拉斯进一步大胆推测，世间事物均取决于数与数之间的比率。

毕达哥拉斯学派的学者对于数与数之间关系的研究呈爆炸式激增，他们将这些研究成果应用于几乎一切事物：数学、科学、天文学、宗教、政治……无所不包，似乎万事万物皆仰赖数的关系。然而，令人讶异的是，在毕达哥拉斯眼中，只有自然数才算得上是真正的数，分数则被拒之门外，因为它们只表明比率，即两个整数之间的关系。读到这里，你可能会心生疑惑："等一等，等一等，这难道不是倒退吗？明明古埃及人和古巴比伦人都已经开始使用分数了呀。"是的，你的怀疑是正确的，老毕达哥拉斯完全无视了人类经历几个世纪方才取得的喜人进步。既然毕达哥拉斯摒弃分数，只专注钻研整数，那么后世为何依旧赞誉他为一位伟大卓绝的数学家呢？别急，故事才刚刚开始。

如前文所述，毕达哥拉斯认为世间一切事物均取决于数。现在，就让我们来一同探析这一主张与古希腊特有的逻辑演绎法之间的密切关联。倘若数之间的关系的确能够决定事物的表现与发展，那么，我们只要科学演绎出关于数的真理，就可以通晓世间一切真相。为此，我们首先精心筛选出那些有关数的不证自明的定理，然后通过极其严谨的逻辑演绎，得到大量同样为真的推论，而这些推论将为我们一一揭示我们身处的这个物质世界的真容。这个过程意味着，有了科学演绎这个研究武器，我们便无须探索自然，也可忽略一切通过实验揭露的信息，我们只需关注数以及它们具备的有趣特性（即数论），便可洞悉这个世界的真谛。

毕达哥拉斯学派的学者一直试图弥合数字理论与现实世界之间的割裂，搭建一道连通彼此的桥梁，为此，他们提出了一些相当怪诞诡秘的观点。实际上，他们建构了一套数字神秘主义理论，时至今日，我们还能在数字命理学中清晰看到它的遗痕。比如，奇数代表男性，偶数则代表女性；诸如4、9等完全平方数是正义的象征；5标志着婚姻，即奇数（男性）与偶数（女性）的结合；6是灵魂之数，7则象征通达理解与健康平安[9]；各天体之间的距离遵循一定比例，并且这些比例所对应的琴弦长度可弹拨合奏出悦人和声，这也是天上众星可以和谐运转、不相碰撞的原因所在。根据毕达哥拉斯学派的理论，可以说，物质本身就是由数构成的；就连宇宙的诞生也源自数，由"一"，也即单子开始，在无限原理的作用下分裂为"二"，也即对子。

回顾一下毕达哥拉斯学派学者处理"数"的方式，有助于我们厘清数字神秘主义的发展脉络。他们将卵石摆弄成不同的形状，从中汲取灵感，揭露各类有关数的真理。这种研究方法可能是受古人用卵石在算板上进行计算的启发而来，毕竟，英语中计算一词便是源自古希腊语中的卵石一词。毕达哥拉斯学派的一些发现成为日后现代数论发展的基石。比如，能够摆放成三角形的卵石总数是特定的，其中最小的数量是3，所以，"3"便是一个三角形数（如图22所示）。还有其他一些数量的卵石也可摆放成三角形，如6、10、15。紧接着，他们注意到，这些三角形数（3、6、10和15）均是自然数的连续和：

$$1 + 2 = 3$$
$$1 + 2 + 3 = 6$$
$$1 + 2 + 3 + 4 = 10$$
$$1 + 2 + 3 + 4 + 5 = 15$$

因此，数论的早期成果之一便是，连续自然数之和是一个三角形数。

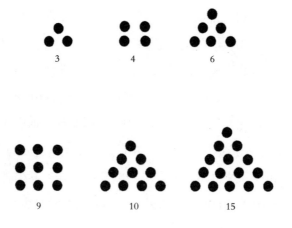

图22　卵石堆的若干种排列，展示了四个三角形数3、6、10和15，以及两个完全平方数4和9

如果是连续奇数之和，则可得平方数。

$$1 + 3 = 4 = 2 \cdot 2$$
$$1 + 3 + 5 = 9 = 3 \cdot 3$$
$$1 + 3 + 5 + 7 = 16 = 4 \cdot 4$$

质数是只能被 1 及其本身整除的自然数，如 2、3、5、7 等均为质数；合数则是能被除 1 以及本身之外的数整除的自然数，比如，4 就是合数，因为它能被 2 整除。一切大于 1 的自然数要么是质数，要么是合数。这种特性区分为人们在数论领域开拓圈画出一片完整的研究空间。毕达哥拉斯学派的门人十分清楚质数和合数的区别，并且，据称毕达哥拉斯一直在探求一种可以便捷判断某个大数是质数还是合数的方法。他们还发现了完全数的存在。完全数是指所有除数之和恰好等于其自身的自然数，比如，6 是第一个完全数，因为 6 等于 1+2+3 之和；下一个完全数是 28，因为它正好等于 1+2+4+7+14。正是这些具体的研究结论搭建起了数论这门学科的雏形。

通过把卵石或几何圆点同数字建立等同关系，毕达哥拉斯学派得以将实体形状与具体数字联系在一起。因此，最简单的二维图形三角形等同于数 "3"，最简单的三维图形四面体等同于数 "4"。沿用这种方法，毕达哥拉斯学派建构出许多可以用于解释物质实体的几何模型。亚里士多德在《形而上学》（*Metaphysics*）一书中阐释称，依据毕达哥拉斯学派的理念，数就是构成物质世界的原子。

> 他们（指毕达哥拉斯学派的学者）将数视为决定万物的要素，在他们眼中，宇宙星辰就是漫天的音阶以及数字……显然，这些思想家笃定地认为，事物或发生变化，或保持不变，数是它们依循的原则……[10]

同样是在《形而上学》一书，亚里士多德又写道：

> 此外，毕达哥拉斯学派的学者看到了许多属于可感知主体的数字特性，因此他们将真实物质推想为数——不是独立分离的数，而是构成那些真实物质的数。但是，为什么呢？因为数的特质隐含在音阶里，嵌刻在天空中，存在于其他许多事物里。[11]

读及此，我们能感受到，毕达哥拉斯学派的思想里潜隐着原子理论的身影。原子理论认为，原子由空间中的点构成，毕达哥拉斯学派认为，这些空间中的点便是数。这就难怪毕达哥拉斯学派以及受毕达哥拉斯学派影响的众多古希腊人都笃信，研究数本身就足以揭示宇宙的奥秘。这种将数视为原子的主张如今看来似乎有些荒谬，但不要忘了，现代观点认为，物质由原子组成，而这些原子几乎不占任何空间！而且，当我们试图明确原子的其他构成部分——电子、质子和中子——时，它们随即消解成大量异乎寻常的物质，而这些物质似乎违背了我们关于空间与时间的固有观念。

我们心头可能盘桓着一个疑问：假如数是点的集合并且占据一定空间，那么各个点之间的间隔有多远呢？举个具体例子，假如空间中有一个四面体（它代表数字"4"），那么它的各个顶点之间相距多远？毕达哥拉斯学派对此给出的回答是，各点之间的距离长度关系必须呈现为整数之比；换言之，几何数的各条边长之比必然可以表示为整数比的形式。这是一个相当重要的观点，早期毕达哥拉斯学派的学者对此深信不疑，但是，在毕达哥拉斯身故后不久，他们对这一观点的质疑悄然渐生，且萦绕多年。

毕达哥拉斯学派的学者将数与几何结合为有机整体进行探究是数字演化进程上的一个关键节点。在他们眼中，一个个数字跳动着组构成各色几何图案，或是直线，或是圆形。事实上，毕达哥拉斯学派在数论领域做出的证明几乎都是几何证明，而非代数证明。接下来，让我们一起来看看几个具体实例。

毕达哥拉斯学派的贡献

有人可能会说，毕达哥拉斯学派的信徒们绝对称不上是古代伟大的思想家；相反，他们只不过是一群荒唐幼稚的神秘主义者，他们不但没有推动数学的发展，反而阻碍了数学的进步。但是，我们必须退一步考量这个问题，并以更开放的思维来看待他们取得的成就。首先，他们的确贡献了大量数学发现，比如研究何种几何图形会具有相等的面积，为比例理论（the theory of proportions）奠定根基；比如推导出许多关于三角形、圆形、平行线以及球体的定理；比如数论的早期探索。

不过，若要论重要性，我们的目光自然而然地会落在那条有关直角三角形的定理上——毕达哥拉斯定理。这条定理理解起来十分简单，这种简单与它后继引发的思考浪潮的重要性完全不成正比。该定理阐明，直角三角形的两条直角边长的平方和等于其斜边长的平方（见第 4 章图 14）。

定理这个概念是构筑数学这幢恢宏大厦的重要基石。我们可能知道某条一般规则可以用于计算，但是并没有证据可以证明，这条规则在任何情况下均有效。当我们从其他业已证明为真的定理或公理出发推导出某条规则，这条规则也便成了定理，此时，我们知道，这条规则将永远有效。定理这一概念源自古希腊，现代许多从事理论研究的数学家认为，他们的工作就是从一组公理出发，演绎推导出相应的定理。

根据流传下来的文献资料可知，其实早在毕达哥拉斯之前，人们就已知晓毕达哥拉斯数（三个恰好可以构成直角三角形三边的长度）的存在。古埃及的测量员（使用绳索丈量土地的专职工作人员）知道，将一根绳索分割成长度分别为三、四、五个单位的三段，可以组成一个直角三角形（因为 $3^2+4^2=5^2$），不过他们不知晓其中蕴含的普遍规律；古巴比伦人可能察觉到了，但没有最终做出证明；中国人也先一步发现了这个定理，但并未给出演绎证明。也就是说，其他古文明虽然掌握了毕达哥拉斯定理的一般规律，但它们无法论证这个规律在一切情况下均成立。

古希腊人的天才恰是在于，他们既能洞察规律，又能证明规律，从而将一般规律提升至定理的高级地位。目前我们可以肯定的是，毕达哥拉斯学派给出过毕达哥拉斯定理的证明；也有人提出，毕达哥拉斯本人就已成功证明过这个定理。接下来，我们将大略介绍欧几里得在《几何原本》一书中给出的一个证明方法，不过，细节部分我们将不一一阐明，因为在大部分数学历史书籍中都能找到相关叙述[12]。着重阐述该证明过程的原因有二：一是因为这个定理对古希腊数字概念的演变起着至关重要的作用；二是该证明过程能够清晰展现古希腊人是如何进行几何证明的。图23中有一个直角三角形，以其三条边为边长分别画出三个正方形，三个正方形的面积分别标记为 A、B 和 C。显而易见，我们想要论证的便是面积

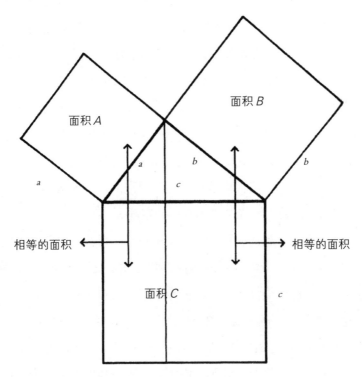

图 23　毕达哥拉斯定理的证明。正方形面积 C 为 c^2，其中正方形面积 A 等于 a^2，正方形面积 B 等于 b^2，因此可证明 $a^2+b^2=c^2$

A 与面积 B 之和等于面积 C，因为这将令定理所述的 $a^2+b^2=c^2$ 成立。欧几里得采取的方法是，以直角为顶点，画一条垂直于斜边的直线，延伸穿过正方形 C，将其划分为左右两个矩形，然后证明面积 A 等于左侧矩形的面积，面积 B 等于右侧矩形的面积，从而得出面积 A＋面积 B＝面积 C 的结论。

图 24 所示为第二种证明方式，逻辑严谨且直观易懂。图中左侧画有一个正方形，内里又套有一个更小的正方形，分散四角的四个三角形均为直角三角形，且边长分别为 a、b、c。较小正方形的面积等于直角三角形斜边的平方，也即 c^2。现在，我们将四个直角三角形取出，重新拼接组构成图中右侧所示的图案。由于左右两图无阴影部分的面积必然完全相同，因此有 $a^2+b^2=c^2$。

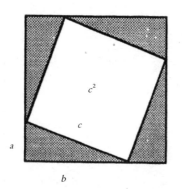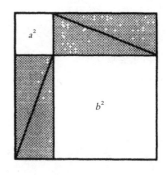

图 24　毕达哥拉斯定理的直观证明。通过重新排列四个阴影三角形（左侧），将面积 c^2 转换为面积 a^2 与 b^2（右侧）

欧几里得几何作为标准几何学在西方世界通行传授了两千年，而毕达哥拉斯定理无疑是欧式几何这顶皇冠上最耀眼璀璨的明珠之一。不过，毕达哥拉斯学派在这个定理上所做的贡献，甚至他们在几何领域取得的所有成就，都远不足以概括其重要性。他们影响最深远的功绩，是吸引了古希腊众多富裕阶层的子弟开始对科学研究，特别是数学研究产生兴趣，使得权势强大的家族自愿把年轻人送进精英学派听询泰勒斯和毕达哥拉斯的教诲。这种潮流使得当时的科学和哲学新思想呈爆炸式喷发，古希腊文明也迎来了属于它的黄金时代。毕达哥拉斯学派秉持的数学和哲学理念深刻影响了后来的许多思想家，其中就包括理想主义之父柏拉图。

现在让我们来审视毕达哥拉斯学派关于数的另一项发现。只不过，这项发现不仅没有拔高数的研究的层次，反而在之后的数个世纪里成为数学发展的阻碍。

不可通约

毕达哥拉斯学派笃信，各几何数（也即各点）之间的距离必须可以表示为整数之比，正是这一坚持让毕达哥拉斯学派陷入恼人的困境，并在无意中发现了一类全新的数。请看图 25。现假设两条直角边 a、b 均为 1 单位长，那么其斜边 c 应为多长呢？依据毕达哥拉斯学派的主张，边 c 的长度必然可呈现为两个整数之比的形式，那么，这个比值是多少呢？我们可用毕达哥拉斯定理求得这个数的值（也即边 c 的长度）。

$$c^2 = a^2 + b^2$$
$$c^2 = 1^2 + 1^2 = 2$$
$$因此有 c = \sqrt{2}$$

以上求得的这个奇怪的 2 的平方根究竟是多长呢？按道理，它应该就是一个普通无奇的数值，毕竟，它不就是一个边长为 1 的正方形的对角线吗？（如图 26 所示）

毕达哥拉斯自然相信自己最终肯定能够找出其比值正好等于这个数值的两个自然数。然而，就在他亡故后不久，他的一位具体身份已不可考的追随者就证明了，这样的自然数是不存在的！换言之，c 的长度与 a 或 b 的长度是不可通约的（incommensurable），c 与 a（或 b）之间的比值无

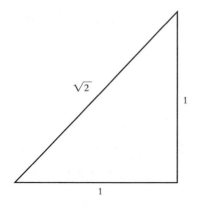

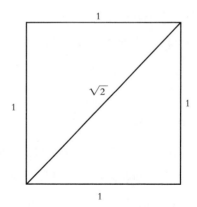

图 25　两条直角边长均为 1 的直
　　　角三角形。斜边长为 $\sqrt{2}$，
　　　无法表示为任何整数之比
　　　的形式，因此它与直角边
　　　的长度不可通约

图 26　边长为 1 的正方形，其
　　　对角线长度为 $\sqrt{2}$，与各
　　　边长度不可通约

论如何不可能表示为真分数的形式。古希腊人把这样的长度称为 alogos 或 arratos[13]。这个发现以及其背后传递的思想彻底推翻了毕达哥拉斯宇宙观所提倡的一个关键观点。倘若这类不可通约的长度确实存在，我们还如何相信宇宙万物的运转均取决于自然数以及自然数之比呢？这些长度显然不符合毕达哥拉斯学派对数的定义。

　　若用"丑闻"来形容这个发现对毕达哥拉斯学派的影响，显然是过于轻描淡写了。至于当时究竟发生了什么，后世众说纷纭，流传的众多故事真假难辨。一些古人把这个发现归功于一位名叫希帕索斯（Hippasus）的毕达哥拉斯学派成员，他生活在公元 5 世纪的梅塔蓬图姆[14]。有一种说法称，希帕索斯擅自向外人泄露了不可通约之长度的存在，此举无疑违背了学派成员必须严守学派机密的规定，这种背叛行为彻底惹恼了毕达哥拉斯。盛怒之下，毕达哥拉斯溺死了希帕索斯。不过，这个故事可信度很低，因为不可通约数露出真容之时，毕达哥拉斯极有可能已经不在人世。还有一些更具传奇色彩的故事版本，比如把希帕索斯处死的是天上神明，因为这个发现触怒了众神 [15]。也有一些人认为，其实是毕达哥拉斯学派中的其他成员把希帕索斯从船上丢进水里的。总而言之，不管事情的本来面目如何，这些故事无一不在说明，这个发现对于毕达哥拉斯学派的数字观是一个灾难性的打击，人们心中从此栽下怀疑的种子——数是否真的是空间中具有延展性的有形存在？

要想证明 2 的平方根的不可通约性并非难事，考虑到这个发现的重要性，我们将在此简述欧几里得对它的论证过程。现假设存在两个自然数 p、q，其比值恰好等于 2 的平方根，也即 p/q 等于 $\sqrt{2}$。接着，把 p、q 分解成质数因子的乘积，并消去相同的因子。此时，两数不可能同时是偶数，因为若同为偶数，必然存在相同的质数因子 2，由此可知，若其中一个数为偶数，则另一个数百分之百为奇数。

先前我们已假定 $p/q = \sqrt{2}$，等式两端取平方则可得 $p^2/q^2 = 2$；然后，再将等式两边同乘以 q^2，则有 $p^2 = 2q^2$。此等式说明，p^2 是 q^2 的两倍，所以，p^2 肯定是偶数，并且由此可推出，p 也必定是偶数，因为假如 2 是 p^2 的因子，那它也必定是 p 的因子。既然 p 为偶数，q 则一定是奇数，因为根据上文推论，两数不可能同为偶数。

如果 p 是偶数，我们便可将它表示为 $2r$。将 $2r$ 代入可得（$2r$）$^2 = 2q^2$，也即 $4r^2 = 2q^2$；两边同除以 2，则有 $2r^2 = q^2$。由此等式可知，q^2 为偶数，因为它是另一个数的两倍，如此一来，q 也必然为偶数，但是这就与上文 q 为奇数的结论产生了矛盾。换句话说，我们由最初假定 p、q 存在的假设推导出了自相矛盾的结论，所以，该假设不成立，也即 p、q 实际并不存在。至此，我们可以说，不存在比值为 2 的平方根的两个自然数。

古希腊人十分钟爱这种预先设立一个与需要证明的结论完全相反的假设，然后设法论证这种假设会导致明显的逻辑矛盾的方法，他们把这种方法称为反证法或归谬法。

这位不为人知的毕达哥斯拉学派成员发现了一个不可通约长度。但是，这还远未到最糟糕的境地。约在公元前 400 年，柏拉图的得意弟子特埃特图斯（Theaetetus，前 420？—前 369）完成了一项一般性证明。他演绎论证出，除了诸如 4、9 等完全平方数，其他所有自然数的平方根都是不可通约的，换句话说，一切由 $\sqrt{3}$、$\sqrt{5}$、$\sqrt{6}$、$\sqrt{7}$ 等表示的数值均是不可通约的。毕达哥拉斯发现了琴弦长度的整数比与其对应的和声音阶之间的密切关联，进而树立并坚定了世间万物均建构于整数比例之上的观点，并在此基础上，构筑了整个毕达哥拉斯学派长久信奉的宇宙观。但是，人们终究发现，某些几何长度无论如何也不可能呈现为两个整数之比的形式。这样的事实宛若一把利剑，精准凶狠地刺向毕达哥拉斯学派的心脏，同时，它也使古希腊人隐约察觉到一类全新的数的存在，那就是我们今日所说的无理数。但是，这个发现背后所蕴含的深意把古希腊人吓坏了，他们不仅不敢向前一步，揭开那层十分轻飘的面纱，而且还接连退步，几乎全盘否定了毕达哥拉斯学派提出的一切有关数与几何量相统一的内容。自此，他们思考问题时，不再把数与长度结合看待，这也不幸导致了研究点、线（具有延展性）的几何学与探索数的性质的代数学之间的割裂。这种割裂持续了两千年都未曾弥合，直到勒内·笛卡儿（Rene Descartes）将它们重新结合组构成为解析几何。这种割裂从毕达哥拉斯学派的阿尔希塔斯（Archytas）对数学研究领域的分类中可见一斑，他把数学细分为四类：音乐、几何学、天文学和数论——代数呢？显然，代数被忽略了。后来，该分类方案被亚里士多德采纳，作为数学学科的标准课程设置一直沿用至文艺复兴时代。

亚历山大时期

在古典时代（公元前 600 年至前 300 年），古希腊人看待及处理数的方式基本确立。不过，我们也不能因此便想当然地认为，重要的古希腊数学家均出自这个时代。实际上，古希腊几何学的主体部分要到第二阶段，也即亚历山大时期，方才最终成形。

公元前 323 年亚历山大大帝去世后，他手下的将军们各自为政，分据四地，其中，一名叫托勒密（Ptolemy）的将军占领并统治了古埃及。若干年前，亚历山大大帝率军在尼罗河三角洲建立了亚历山大新城，托勒密则在城内修建了图书馆和学院，并以此诚邀被赞誉为世界上最伟大的数学家之一的欧几里得到访授课。后来，又有许多杰出的数学家追随欧几里得来到亚历山大新城从事研究工作，并取得了丰硕的成果，为几何学增添了许多新的定理，其中大部分成果被收录在欧几里得的伟大著作《几何原本》中。即便是在被人忽略了的代数领域，在之后的公元3世纪，丢番图（Diophantus）也做出了相当大的贡献，出版了闻名于世的著作《算术》（*Arithmetika*）。欧几里得、阿基米德、阿波罗尼奥斯（Apollonius）和丢番图在代数和几何方面均为古希腊数学做出了卓越贡献，遗憾的是，这些进步并未从本质上拓宽数论研究的疆域，在这方面，我们必须把目光转向东方和古印度。

至此，我们该如何总结古希腊文明对数的贡献呢？毫无疑问，泰勒斯、毕达哥拉斯以及毕达哥拉斯学派的研究成果并不能完全代表古希腊演绎数学的巨大规模，但是，我们可以听见，逻辑演绎推理的基调已在古典时代高昂奏响。而最令人叹惋的是，人们竟把那扇业已解锁的大门再次轰然关闭，将无理数推拒在外。

最后，我们应当对古希腊文明取得的成就予以高度赞赏，包括对数和几何图形的抽象归纳、运用逻辑演绎的方法推导论证定理，以及在几何学领域的许多重要发现。不过，为公正起见，我们还须指出他们的不足之处。他们对逻辑演绎法推崇至极，认定依凭它便能揭示世间一切真理，包括那些需靠实践经验方能获得的真理。而且，他们不将分数视为真正的数看待，还人为地在代数（或者说是数的符号运算）与几何之间筑起了无法逾越的鸿沟。

第七章

负数

本章我们将漫溯四千年的时光，重点审视几个由来已久的论题。正如前文所述，古希腊古典时代末期，数的概念的发展遭遇阻遏，尤其分数的发展更是出现了显著倒退。为摆脱僵局，我们将转而探寻零、负数以及印度－阿拉伯数系的演化轨迹，它们是构筑现代数论大厦不可或缺的基石。

数线

在我们的探索之旅正式启程之前，我们先来讨论一个有助于我们理解各类即将遇到的数字的话题。前文提到，毕达哥拉斯学派曾试图在数与几何图形之间建立直接联系，但以失败遗憾告终。现在，我们也要进行相同的尝试：在一条直线上为各个数字指定一个唯一固定的位置。此时，你很有可能会提出质疑："这不就是毕达哥拉斯学派的人做过的事情吗？他们后来遇到了怎样的困境，你难道忘了吗？"你的犹疑不无道理，但请你相信，我们绝不会把数同几何点混为一谈，我们十分清楚它们之间的本质区别。通过建立数与几何点的关联，我们可以更清晰明了地区分各类数以及阐释它们之间的关系。

我们将从零和自然数入手。首先画出一条普通直线（如图 27a 所示），然后在脑海中想象它正朝两端无限延伸，我们眼中所见只是该直线的有限局部。现在，我们在这条直线上随意选择一个点，指定它为数"零"所在的位置（如图 27a 所示）。

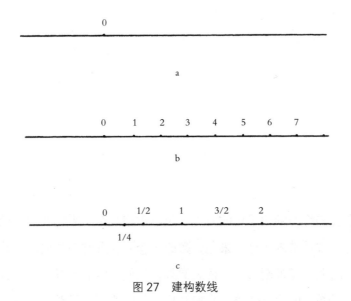

图 27　建构数线

在继续往下操作之前，让我们先就直线和点的确切定义达成共识。图 27a 展示的那条我们肉眼可见的线并非眼下讨论的直线，我们所说的直线仅存在于我们的想象之中，我们之所以画下图 27a 中的线，是因为它能够帮助我们具象化脑海里那道虚拟不可见的直线。有形的线具有一定宽度（否则我们无法看见它），而想象中的直线没有；有形的线的长度受印刷书页的大小所限，而想象中的直线可在我们的思维里无尽延展。图 27a 中的点亦是如此。存在于我们想象中的点既无高度也无宽度，仅代表直线上的某个位置。同样地，图 27a 中画出的有形的点也只是为了在我们的思维想象与视觉具象之间搭建沟通的桥梁，让我们更清楚地了解心中所想。总而言之，抽象的直线无宽度，抽象的点既无宽度也无高度，它们仅标识位置。

现在我们可以继续构建数线了。先前我们已明确 0 的位置，自 0 的位置稍许往右移动，指定一点为数"1"的所在（如图 27b 所示）。实际上，我们往右移动了多远的距离对数线的构建并不产生任何影响，不过，为方便增添更多数字，我们将往右移动的距离设定为半英寸。接下来，我们继续往右移动相同的距离，然后停下，此时所在的这个点便是数"2"所在的位置。以此类推，可分别确定 3 到 8 的位置。现在是发挥想象的时候了，我们在脑海中以相同的方式在数线上为所有自然数一一指定位置，相邻各点之间的距离均为一个单位距离。

0 和所有自然数的位置现已分配完毕。据前文可知，古巴比伦人和古埃及人把分数也纳入数的范畴，我们不能疏漏了它们。把图 27b 中的线放大成为图 27c，仅可见 0、1、2。由 0 开始朝右移动与 1 的距离的一半，所到之点便是二分之一的位置；然后朝左移动与 0 的距离的一半，所到之点即为四分之一的位置。这就是明确所有分数所在位置的方法：从 0 出发，移动相应的距离，抵达之处便是该分数在数线上的指定位置。每一个自然数都有一个与其对应的单分数，我们可以直观地看到，数线上，所有单分数均落在零与二分之一之间。古埃及人总是使用单分数，他们将全部分数都表示为若干单分数之和——三分之二除外，可能是它的使用频率较高，所以他们用特殊符号指称它。

数线承载着所有自然数向右无尽延伸，同样无穷多的单分数却全数集中在 0 与二分之一之间，不过我们完全无须担心过于拥挤抑或空间不够的问题，因为我们在上文已强调过，这些指定给相应分数的点实际上是没有宽度的。

接下来应该在数线上确定其他分数的位置了。仅以二分之三为例：首先把零到一之间的距离等分成两段，然后以 0 为起点，向右移动等分后所得距离的 3 倍，所达之处恰好位于 1 和 2 的正中间（如图 27c 所示）。依循该格式流程，我们可将所有真分数妥当安排于数线各处，此时，自 0 向右的数线上已然繁密地落满了分数。事实上，自 0 向右望去，我们的想象所能抵达的任意一个地方都能窥见分数的影迹。换句话说，无论多短的线段区间内都分布着分数。假若我们现在手持一个效力无敌的放大镜，将它对准数线，我们将看到数线上密不透风地排满了分数，放大镜放大倍数越大，能见的分数也就越多，我们根本找不到没有分数的区间。数的密度之高由此可见，意识到这一点至关重要，它将在此后数的发展中发挥关键作用。

上文所述均只涉及 0 的右侧，那么 0 的左侧呢？我们可以往那里指派数字吗？可以，那里正属负数统辖之域。

古印度的数

发生在印度次大陆上的早期数学历史事件如今几乎都已无迹可考，不过，我们依旧确然地知道，在那片大地上曾兴起过一个伟大的土著文明，它发明了文字，创造了数的艺术。对此最久远的证据来自印度河流域的摩亨朱·达罗（Mohenjo Daro）考古遗址区（位于今巴基斯坦境内）[1]。这个文明的历史至少可回溯至公元前 3000 年中叶，与古埃及兴建金字塔大致同期。摩亨朱达罗的居民发展了书写文字以及十进制计数系统，但遗憾的是，我们目前尚无从知晓他们具体掌握的数学知识。

公元前 1500 年前后，一群印欧语系的雅利安人往东南方迁移，入侵古印度，建立了一个社会等级严明的印度教国家，其中以婆罗门为最高等级。婆罗门人以梵文写作，在当时，知识被视为一种特权，只有上层阶级方有权享有。这种严防死守的学习方式从很大程度上扼杀了数学思想的记录和传播。直到乔达摩·悉达多（也即后世尊称的释迦牟尼佛，前 560—前 483，与毕达哥拉斯生活于同一个时代）登上历史舞台，创立了佛教，婆罗门阶级的垄断方才受到挑战。及此，文学开始萌芽、繁荣，但可惜的是，那个时代的数学著作手稿均已失传。留存至今的最古老的古印度数学著作成书于公元 5 世纪，但从一些古印度文学作品里仔细搜寻得来的线索综合表明，其中许多知识内容在上个千年就已为时人所掌握。

公元前 800 年至公元 200 年期间，有许多关于印度教的宗教书籍问世，被后世统称为《绳法经》。《绳法经》中规定了家族大家长修筑家族祭坛的制式方法²，最常见的形状是圆形、方形和半圆形，每种形状有各自相应的固定尺寸，这其中涉及包括面积计算在内的众多几何问题，从而推动了几何学的起步。比如，早在公元前 5 世纪至前 4 世纪就出现了 的近似量，只不过我们尚无法确认当时的人们是否知道这只是一个近似值。《绳法经》中也出现了有关毕达哥拉斯定理的信息，比如 3、4、5 这样的数组。遗憾的是，我们对这一时期数的发展的了解目前仅限于此。

公元 200 年，《绳法经》渐渐式微，古印度迎来悉檀多（Siddhāntas）时代，就是在这一时期，古印度史上第一部天文学著作《太阳系》面世，此时的许多数学研究都是为解决天文学问题服务，许多重要的数学家被指派担任宫廷天文师一职。古印度第一位闻名世界的数学家阿耶波多（Āryabhata）于公元 476 年出生，他的论著是体现古印度采用十进制计数系统的最早证据，他一生取得了许多重大成果，比如运用三角学成功测量出球体的表面积、估算出 π 的近似值为 62 832/20 000，也即 3.141 6，等等。同时代还有一位杰出的学者，那就是同样提出过地球是一个球体的天文学家瓦拉哈米希拉（Varāhamihira，生于公元 505 年前后），为找寻并确定天上行星的位置，他进行了大量数学运算工作。

公元 7 世纪，古印度又有一位卓越的数学家横空出世，他叫婆罗摩笈多（Brahmagupta，生于公元 628 年前后），在许多领域均有重要贡献，包括（但不限于）数列或级数、利率、几何面积和体积的测定、用于天文计算的代数³。其中最令人瞩目的当数他对零和负数的启蒙性探索，他写出了古印度首部有关零和负数的运算规则的著作。事实上，历史书籍对婆罗摩笈多在负数方面的研究成就着墨极少，即便有记载也是草草略过，这有可能是因为在婆罗摩笈多之前，有一些古印度数学家已经觉察到负数的存在，甚至已经制定了一些处理负数的规则。但是，即便这个可能性为真，我们也不能就此抹杀婆罗摩笈多的辉煌成就。古希腊数学界（包括毕达哥拉斯在内）将分数与负数通通拒之门外，亲手封堵了数的概念的演进之道；古印度的境况则截然不同，在婆罗摩笈多的大力普及下，这个古老文明欣然接受了这两个概念。遗憾的是，欧洲人还要再跋涉几个世纪方能抵达这条通往负数的旅程的终点。

马哈维拉（Mahāvīra，生于公元 850 年前后）也接受负数和零的概念，并重审了它们的运算准则。古印度最后一位称得上伟大的数学家应属婆什迦罗（Bhāskara，1114—1185），他对负数又做了新的诠释，他将负数量视为债务及损失，正数量则被视为资产，这为负数引入了一项日常的新用途，且应用至今。事实上，或许正是古印度数学家把负数当作债务来解释促使社会接受了这一全新概念。因为若某个数学概念可以向世人展示它应用于实际的效能，那人们也会自我说服，而后安然适应它的存在。婆什迦罗甚至还指出，负数同样可以成为方程式的根（或解）。

零与负数的应用，推动了古印度数学从完全不涉及符号的修辞代数逐渐走向几近完全意义上的符号代数，古印度数学的符号化抽象水平确已超过代表古希腊最高水准的数学家丢番图。

古印度人对零的接受历程与他们对负数的应用开发过程几乎趋于平行。不过，也有一些权威人士[4]认为，古印度人实际上是从古希腊人处获取了零的概念。公元 2 世纪上半叶，古希腊数学家托勒密（Ptolemy）在亚历山大城撰写了一套共含 13 册的数学书稿，其中阐述的部分内容为后来现代三角学的发展奠定了坚实的知识基础。在书中，他使用符号"o"表示缺失的值，"o"是古希腊单词 orden 的第一个字母，该单词意为"无"。这些专家猜想，古印度人兴许是采用了托勒密的这个说法，由此引发了人们对古印度数学是否受外部文明影响的讨论。

外部影响

外部文明，特别是古希腊文明对古印度数学的发展究竟有何影响？古印度的众多数学发现中究竟有多少是本土研究取得的成果？对此，学界众说纷纭，各执一词，至今仍难达成共识。其中，维多利亚大学（位于加拿大不列颠哥伦比亚省）的终身名誉教授约翰·麦克利什（John Mcleish）提出："目前尚无明确证据表明古希腊文明对古印度数学有任何影响。"[5] 纽约大学库郎数学科学研究所的名誉教授莫里斯·克莱因（Morris Kline）则持不同观点：

> 公元 200 年至 1200 年，古印度数学迎来第二个发展时期，也即高峰时期。在这一时期的第一阶段，亚历山大城的文明肯定对古印度有所影响……古印度的几何学无疑带有古希腊的深重烙印……[6]

毫无疑问，古印度人知道古希腊文明的存在，毕竟亚历山大大帝征服了波斯帝国，并于公元前 327 年至前 325 年期间一直行军至印度河流域方才回撤。因此，可以想见，两个文明的学者应当有机会碰面和交流学术思想。同时，来自古巴比伦和中国的影响也不能忽视。不过，外部影响虽然可能存在，但这并不能掩去古印度数学闪耀的光辉。况且，至今还没有直接证据表明，古印度人对零的概念源自托勒密学派。其实，玛雅人也是在毫无外来助力的情况下独立探索出零的概念，而且它们的零与古印度的零相差无几。这说明，用小圆圈表示零，兴许是人类思维将"无"这一概念符号化的最自然且通用的方式。

印度 - 阿拉伯数系

古印度人对人类最伟大的贡献其实不是他们对零和负数的应用，而是前无古人地创构了一个至今仍在全世界范围内通用的数系。这个数系有四个基本特征：以十为计数基础，用九个各不相同的符号表示数一至数九，采用位值制，具备数"零"。以上这些特征若单独来看，均不能说是古印度独有的发明，我们在其他文明中也能寻见其中的一项或几项。比如，玛雅人也采用位值制计数，数系中也有零；古希腊文明的亚历山大数系同样以十为基础，也用各异的特殊符号分别表征数一至数九，不过他们不使用位值制，也不用零。换言之，没有哪个文明的数系同时具备以上四项特征，它们的统一结合赋予了古印度数系独一无二的珍贵品质。

早在公元前 3 世纪，一些石刻铭文上就已出现了表征数一至数九的系统性符号[7]，不过，此时的符号是用婆罗米文书写的，尚未演化成为我们今日惯用的形式，而且零仍未出现（如图 28 所示）。最初人们仅用婆罗米数码做简单的加法运算，十分类似古希腊和古埃及数码的使用方式。而且，那时还没有所谓的位值概念，直到公元 600 年前后，位值制才开始进入人们的日常应用。也是在这一时期，或是稍晚一些时候，零也正式加入，至此，数系逐渐成形。这个体系经细微演化后，由阿拉伯人誊写转录，并传入欧洲大陆。

古印度人的贡献主要在两个方面：一是欣然接受了负数和零的概念；二是统一结合了四个独立的要素，最终形成至今依旧高效的数系。对于这

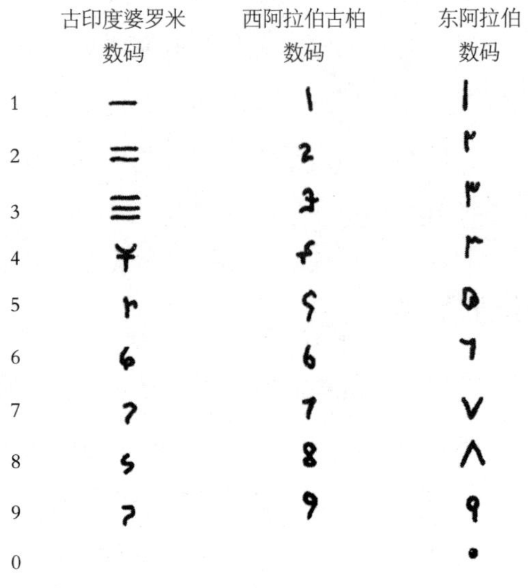

图 28　现代印度 – 阿拉伯数码的前身。最左侧一栏为古印度的婆罗米数码（公元前 3 世纪），中间一栏和右侧一栏分别为两种阿拉伯数码（公元 9 世纪）

两者，西方世界均挣扎踌躇了漫长的时间才最终接纳它们，但其中对世界影响更深远的无疑是后者。把抽象的负数同可以具体感知的日常债务联系在一起也是古印度数学为人称道的一项奇思。

此后，印度再没有出过堪称伟大的数学家，直到 20 世纪初期，一位名叫斯里尼瓦萨·拉马努金（Srinivasa Ramanujan，1887—1920）的数学天才翩然登场。

数系向欧洲进发

我们现在通用的这个数系之所以称为印度 – 阿拉伯数系，是因为古印度人创造了它，而阿拉伯人仔细抄录了手稿，并妥善保存、引入欧洲，两者缺一不可。

公元 7 世纪，先知穆罕默德统一了阿拉伯半岛上长期过着游牧生活的阿拉伯人，在此后的一个世纪里，阿拉伯人不断征伐，最终建立了一个包括西班牙在内的横跨印度、北非的庞大帝国，帝国分为东西两部分，西部王国建都西班牙的科尔多瓦，东部王国建都巴格达，由哈里发曼苏尔（Caliph Al' Mansur）于公元 766 年创立 [8]。曼苏尔颁下政令，大开学识之门，无论种族或宗教信仰，欢迎所有杰出学者到巴格达投身研究、游学授课，巴格达一时成为人才云集的学术交流中心和思想汇聚的知识聚宝盆，其中更大量收集了古希腊和古印度的各类著作。

有几位阿拉伯数学家翻译了有关古印度数系的古印度手稿，穆罕默德·伊本·穆萨·花喇子米（Mohammad Ibn Musa al-Khwārizmi）便是其中之一，他从中捕获灵感，开始撰写一本介绍古印度算术理论的书稿，该书于公元 830 年问世。后来，阿拉伯人又把古印度数字稍做修改，转化为两套数码，一套是西阿拉伯数码，也即所谓的古柏数码（Gobar 或者 Gubar），另一套是东阿拉伯数码（如图 28 所示）。

随着古希腊帝国和罗马帝国相继覆灭，欧洲大陆的学术星火也摇曳欲灭。从公元 4 世纪末到文艺复兴之前，数学领域几乎没有任何实质性的进步。欧洲人沿用古希腊的亚历山大数系，直到 10 世纪才转投向罗马数码；商人们继续使用算板和算盘应付日常计算需求。这幢缺乏知识基奠的大厦渐渐出现了裂缝。10 世纪，教皇西尔维斯特二世（Pope Sylvester Ⅱ）曾试图将印度 – 阿拉伯数系引进欧洲，但最终没有成功。

虽然人们有充分的理由采用新的数码，但是社会上仍有强大的势力希望保留旧制。运用罗马数码记录数字也很周全和方便，不过，印度 – 阿拉伯数码最大的优势在于，它能为实际运算带来极大便利，抄写员再也无须依赖算板或算盘，他们可以写下数字，然后分别对各个数码进行加、减、乘等运算。相反，应用旧数系，抄写员必须在算板或算盘上堆叠拨弄若干算珠，完成后再在纸上或牛皮纸上写下结果。

甩掉算板、只在纸上便完成所有解题步骤的好处是，除解题者以外的其他人也能看到获得最终结果的全部过程，虽然有时会稍许滞后。所以，新的数码为审计人员打开了一条通道，让他们可以深入运算过程的内部，检查核对运算正确与否，这对管控欺诈、偷窃等问题大有助益。不过，它同时也带来一个问题：急速拉动纸张消耗。要知道，那时的纸张可是昂贵稀罕之物；除纸张以外，在欧洲最流行的记录媒介是牛皮纸，同样成本不菲。也就是说，中世纪的欧洲没有那么多廉价纸张供寻常百姓做记录、运算，纸张和牛皮纸只能用于运算过程中最重要的那个环节，也即记录最终结果，其余流程也只能靠算板或算盘完成了。欧洲第一家造纸厂落成于 1154 年的西班牙，而巴格拉早在公元 794 年就已拥有第一家造纸厂，造纸技术在数学发展进程中所扮演的角色不言自明。

印度 – 阿拉伯数系向欧洲大陆的第二次"进攻"将由中世纪黑暗时代（the Dark Ages）的一位杰出数学家吹响冲锋号角。这位数学家便是来自比萨的莱昂纳多，他的名字更加响亮，即大名鼎鼎的斐波那契（Fibnacci，约 1180—1250）[9]。1202 年，莱昂纳多着手撰写《算术之书》（*Liber Abaci*），此书包含大量涉及新数码的内容，并作为有关算术的原始资料被人们使用了好几个世纪。任职于巴黎大学的约翰内斯·德·萨克罗博斯科

（Johannes de Sacrobosco）同样是新数码的坚定支持者及推广者，他于 1240 年专门写了一本如何应用印度 - 阿拉伯数字进行运算的专业指导手册，该书被后人广泛使用了几百年。

然而，这些努力依然难以说服整个社会认同并使用这套新符号。那些固守旧制，紧抓着算盘与罗马数码始终不肯放手的人被称为算盘主义者（abacists）；那些大力提倡引进印度数码的人则被称为算法主义者（algorithmicists）[10]，两方势力争执不休，这是一场持续了几百年的漫长斗争，一直到 16 世纪才堪堪画下句点（13 世纪，文艺复兴就已在意大利萌芽）。当时，德国统编出版了一套名为《算术教科书》（*Rechenbucher*）的书籍，并将其作为标准教材大举推广，获得了热烈反响，至此，算板和算盘终于在欧洲大陆败下阵，纸和笔登上舞台，成为主角。当然，此时的欧洲已具备足够的纸笔产能，其制造成本也大幅降低，这一点至关重要。

欧洲对印度 - 阿拉伯数系的抵触情绪为何长时间难以消散？最初几个世纪欧洲纸张短缺固然是一个原因，但它显然不是这个问题的全部答案。这样一个优势显著的数系居然没有受到热烈的欢迎，实在叫人费解。算板和算盘同样以位值概念为运作基础，十进制数系也早已在欧洲流行，甚至欧洲口语里的数词也采用位值制表达，比如，英语里会说"七千、四百、九"，若调换"七""四""九"等几个数码的位置，便会得到完全不同的数字，此处的"千""百"便是占位符。口语的表达习惯、算板、以十为基础的数系，这些因素均是现代位值制系统在欧洲普及的助力，但是，新数系却在欧洲大陆行走得异常艰难，这段看似并不太崎岖的路程，自莱昂纳多尝试引入该数系直到 16 世纪末期——竟历时整整 400 年。

零和负数走入欧洲之路同样艰难迟缓，有些人甚至把零视作魔鬼的造物[11]。巴黎一位博士尼古拉斯·丘奎特（Nicolas Chuquet）于 1484 年撰写了一本有关算术和代数的著作，其中，负数首次出现在欧洲人笔下的方程式中。以下是他使用负数的一个例子：$4.^1 \text{egaux a } \bar{m}.2.^0$，用现代符号表示是 $4x = -2$；那个头顶着一个小横条的小写 m 代表负号。由此可见，仅仅 500

多年前的数学符号竟与今日的截然不同!

1489 年，也即邱奎特著作问世五年之后，来自莱比锡城的约翰·魏德曼（Johann Widman）出版了一本算术著作，其中使用了我们今日十分熟悉的正号和负号。不过，人们还需一段时日，方能普遍接受使用这些改进后的新符号。据传，最早使用正负号的普通行业是船运业，该行业从业人员在箱子上标画正负号以显示该箱货物是超重抑或重量不足。

16 世纪，许多代数学家深陷这场与旧数系的鏖战当中，这个传承自古希腊的数系仅包含正数，相对他们的研究需求而言，这显然远远不够。渐渐地，越来越多数学家使用负数进行运算，但同时，否认负数可作为方程的解的呼声依旧不见消解，这种困阻在许多数学家的著作里均可寻见。迈克尔·施蒂费尔（Michael Stifel，约 1487—1567）在其方程式中使用了负数，却迫于压力，不得不称它们为"怪诞之数"[12]。

终于，来自佛兰德的数学家阿尔伯特·吉拉德（Albert Girard，1590—1633）在其 1629 年出版的《代数新发现》（*Invention nouvelle enl'algebre*）一书中旗帜鲜明地郑重提出，负数应当享有与正数同等的地位。他不仅认为负数可以作为方程的数和解（或根），他甚至主张负数是正数的相反数，而这与我们借助数线理解负数的方式如出一辙。总而言之，经历旷日持久的争辩，负数终于在数的领域里寻得一席之地。

不过，即使在 16 世纪末，依然有一小部分极度顽固的人坚决不接受负数和零。到了 18 世纪，这种反对声音也未能全然消散，尚有少量教科书仍拒绝将两个负数的乘法列入编写内容。这种毕达哥拉斯思想的最极端体现当数德国数学家利奥波德·克罗内克（Leopold Kronecker，1823—1891），他声称："上帝创造了整数，其余都是人做的工作。"[13] 这句话此后也常为人引用。他笃信，除自然数以外的其他所有数都该被驱逐出数的疆域，因为把数学大厦建构在虚无之上必将导致不可弥合的自相矛盾。此时已是 19 世纪中叶，作为一位享有名望的数学家，克罗内克提出如此见解未免叫人觉得荒谬，这也从侧面说明了毕达哥拉斯学派在此两千年间对欧洲数学的影响之深。

回到数线

　　至此，我们已掌握了自然数、分数、负数和零，现在就用这些数来补充我们的数线吧。前文已详细阐述如何在 0 的右侧分配各正数的相应位置，现在我们用相同的方式为负数在 0 的左侧指派位置（如图 29 所示）。如此一来，每一个正数——包括整数和分数——都有一个与其对应的负数，两者与 0 的距离完全一致，只不过一个在 0 的左侧，一个在 0 的右侧。所有这些在数线上有唯一指定位置的数，也即所有的正负整数和正负分数，构成了我们今日所说的有理数。所谓有理数，指的是可以表示成一个自然数与另一个自然数之比的数。直至公元 7 世纪，人类才发现并掌握了所有种类的有理数，而为这项宏大工作画上圆满句点的是古印度数学家婆罗摩笈多。但遗憾的是，他的贡献以及与他同时代的人们的贡献都已湮没在历史车轮卷起的烟尘中，为人遗忘。直到 16 世纪末，欧洲大陆才普遍接受了所有有理数，但是仍有小部分执拗的毕达哥拉斯主义者坚持着旧有思想，到 20 世纪仍然发出反对的声音。

　　不过，目前我们所见的这个数系还不完美，因为数线上还存在众多与有理数毫不相关的点。故事还在继续。

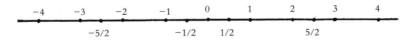

图 29　分布着正整数、负整数和分数的数线

第八章

直面无穷

不同类型的无穷

任何有关数的讨论都必须涉及无穷，否则就没有意义。在探索自然数序列时，我们稍有触及这个概念，但只是在其最外围打转，既没有使用这个术语，也未曾试图明确它的含义。关于"自然数"的概念，我们之前绕过了这个术语，没有试图去定义它的含义。人们在深入了解自然数时，必定会对无穷有所察觉，毕竟无穷是数的本质之一——数是无尽延续的。数学的发展始于人们对数的探索，如若无法领会无穷这个看似怪诞、实则潜藏奥妙的概念，我们将难以领略数及数学之美。

领会无穷的奥秘是人类最伟大的成就之一。无穷这个概念曾如惊雷般在整个社会激起恐慌惊愕，使各个阶层的人们感到焦虑失措，我们的心智思维永远不可能将它完全裹绕，它总能寻得一个角落成功突围，然后急速朝前狂奔，把我们狠狠甩在身后。对于无穷，有的人迟疑徘徊，经过长久的凝思依旧忧虑重重，仿佛患有重度的知识恐高症；有些人则敞开胸怀欣然接纳了它，仿佛患有幽闭恐惧症，一旦踏入完全有限、闭塞的世界，心底便焦灼不安。于是，人类陷入了困境，思虑不定，左右摇摆，一面害怕跌入无垠空间深不见底的旋涡，一面又抗拒令人窒息的封闭幽禁。其实，就具体单个人对无穷概念的感受而言，其自身心理因素所带来的影响可能大大超过了无穷本身的性质特征。

自然数里潜隐着无穷的身影，我们的祖先或许正是在自然数的演进里第一次感知到这个概念。史前人类尚未掌握完全抽象的数，无法割裂地看待数与计数的对象，从他们的角度看，计数的对象都是有限多的，因此他们极可能自然而然地推想，数也是有限的。但是，就在遥远过去的某个时刻，竟然有人幡然顿悟，认识到数本身是可以无限延续的——着实令人惊叹！

现在，让我们先把个人情绪放在一边，开始试着理解无穷到底是什么。首先，我们必须区分两种类型的无穷：一是存在于宇宙中的无穷，也即物质上的无穷；二是纯粹智力上的无穷，也即思维上的无穷。换言之，我们要把物质世界和思想世界区分开来。这样做的原因很简单：探寻不同类型的无穷的本质特征，需要用不同的方法。若要研究物质方面的无穷，我们要依凭经验主义，也即，深入宇宙中去观察探究，这种方法也是现代科学研究的核心要领。一旦推理结果与我们的真实感知相悖，我们就要反思我们的推理过程，并及时做出修正。这种理念显然不受古希腊人青睐，古希腊人认为，宇宙间的一切真理均可由那些最基本的、不言自明的真理推导得出，人们感官所接受的信息只能作为参考，不足以贴上珍贵的真理标签。

另外，探索思维的无穷则需通过逻辑演绎的途径，经验主义不再是首选，因为思维的对象从来都是依循逻辑严谨行事的，所以古希腊的特色——演绎推理，十分适合探究我们思维上的无穷。人类历史上，众多数学家终其一生奉献智慧，就是为了在思维领域建筑一条可通往无穷概念的逻辑坦途，这场伟大而艰辛的斗争直到 19 世纪末才胜利结束。

其次需要加以分辨的是无穷大和无穷小的概念。提及"无穷"，可能大部分人首先想到的是"大"。但实际上，无穷是个双向概念，它不仅包含无穷大，也包含无穷小，而且两者均会引发有关宇宙论和逻辑学的问题。倾向无穷大的问题称为无穷大量问题，倾向无穷小的问题则大多是所谓的无限可分性或连续性问题。在回顾这些问题时，古希腊人的身影将频繁出现，因为他们发现了许多与无穷息息相关的难题，他们费尽心力尝试破解这些难题，却无奈陷入困境。而后世的思想家大多直接采纳了古希腊人给出的定义和观点，于是同样深陷泥潭，无力开辟出全新的天地。

无穷大量

事实上，我们几乎无从知晓有形的物质世界是否存在无穷大量。宇宙是无边无垠的吗？我们不知道。"但是，宇宙怎么可能是有限的呢？"幽闭恐惧症患者如是说道，"它势必永无止境，否则，当我们抵临边界，尽头的那一边又是什么呢？"

恐高症患者即刻反应道："宇宙或许确实不存在有形边界，但是它可能延伸至某处便折回，它依然是有限的。"

幽闭恐惧症患者自然不会就此折服："怎么可能呢？你能想象出一个不存在边界的有限宇宙吗？"

在时间维度上同样有类似争论。宇宙如何停止存在？它必须永远运转下去吗？时间是永恒存在的，还是如大爆炸理论所主张的那样，有一个明确的起点？

漫长的拉锯战由此展开，双方各自精心选择适用的逻辑以支撑阐释其观点。论战之中，时不时从两方阵营听到同一声质问："你能想象出这个概念吗？"此情形下所说的"想象"主要意指一种在脑海中具象化某个概念或想法的能力，比如，你能否想象宇宙一直延伸、永无止境？抑或，你能否在心里描绘出宇宙延伸至一个没有边界的尽头的画面？实际上，这种诘问隐含了一个前提，即证明某样事物实际存在的先决条件是，人们能够构想出它的样子，若再苛刻些，还要求人们必须能够用"心中的眼睛看清它"。细思之下，我们发觉这种论证方式似乎有些怪异，按照它的逻辑，当地球上还没有智人的时候，因为动物无法感知和领略宇宙的广袤，所以在此之外的宇宙也便不复存在。后来，人类出现了，随着智力的进化，人类开始观测恒星，开始想象思考视力范围之外究竟还有些什么。于是，就在这个时刻，仿佛上帝施了魔法一般，宇宙瞬间扩张。由此可见这种论证手段的荒谬。物质事物存在与否并不取决于人类能否在思维中勾画它们。

上述这种认为现实世界由思维支撑的观点还隐含着更深一层的意思，它暗示世间存在一种无所不能的精神力量，这种力量时刻不停地构想塑造着宇宙的形态，从而使宇宙一直存在，不至于在某一刻骤然消失。然而，事实是，人类的思维并不是物质世界的由来。对于我们而言，存在即存在，本来不存在的也不可能凭空出现。我们应当警惕这种要求我们必须以内在之眼"看到"所讨论事物的行为，即便是那些我们难以完全想象其全貌的概念，我们也可以去思考、探讨。

从此番哲学思辨式的讨论中，我们可以得到一个结论：我们无从知晓有形的、物质性的无穷大量是否真的确然存在——我们只是不知道罢了，这也不是一件多么糟糕的事情。因为，它为我们敞开了自由思考、自由猜测的大门，它允许我们以各色各样的有趣方式来构想我们的现实世界。

古希腊人开创了研讨无穷课题的学术传统，这也是人类的第一次。古希腊语用 apeiron 一词表达"无穷"这一概念。在古希腊的宇宙学领域，这一概念常常搅起争端。锡罗斯的费雷西底（Pherecydes of Syros，公元前 7 世纪或前 6 世纪）在一篇手稿中写道："宙斯和时间将永恒存在……"[1] 这表明费雷西底坚信时间维度是无尽延续的。米利都的阿那克西曼德（约公元前 560 年）也提到了时间的无穷性，"它是永恒不朽的存在"[2]。

亚里士多德当之无愧是整个古希腊时代对无穷概念做出过最全面剖析的学者，他所著的《物理学》（*Physics*）第三卷几乎全篇都在探讨

图 30　亚里士多德，前 384—前 322
　　（本图源引自布朗出版社，斯
　　特灵市，宾夕法尼亚州）

无穷的本质属性。亚里士多德在书中批判了柏拉图和毕达哥拉斯的主张，后者认为无穷是一种"独立存在的实体"，而非其他物质的属性。亚里士多德完全无法接受这种观点。他意识到无穷可以应用于各种领域，比如无尽延续的时间、无限可分割性和无穷大量。不过，亚里士多德拒绝了无穷大量。

作为物理学家，我们只能质询，在一切感官对象中，是否存在可无限膨胀增大的物体。从辩证的角度看，这样的物体是不存在的。[3]

关于无穷大的见解

前文已经讨论了物质的无限扩张，也即物质世界的无穷，那么，思维世界里又是否存在抽象的无穷呢？这次，我们的回答更加有底气——是的，我们生出无限多的想法，天马行空，无拘无束。自然数这个概念就是最好的例证，毕竟本书旨在追溯数的演进路程，探寻数的本质特征，自然数正在主旨范围内，而且被大家普遍接受，自然数是无尽延续的，而数本身也是一个无穷的集合。

现在，让我们将目光投向自然数，审视其中彰显的无穷大概念。人们可以自由地从各种角度构想整数。孩提时代，我"眼中"的自然数是这样的：数字"1"端立在正中央，在它的右边稍远一些是数字"2"，向右再远一些则是数字"3"，以此类推；数字朝右不断延伸再延伸，直至消隐在一团浓烈的迷雾中。那时，天真的我想当然地以为其他人眼中看到的整数也应当是这般模样。后来某一天，我心血来潮，询问妈妈她所见的自然数是什么样子的，没想到她竟这样解释："数字 1 站在高高的峰顶，其他数字以环形阶梯状依次向下排列，越往下数字越大。"这个描述完全超乎我的意料。我举这个例子只是想说明，经历和背景的差异会导致人们以不同的方式来想象数。

　　大多数人脑海中描画的自然数可能都是以数字"1"为开端，而后以某种特定轨迹向前发展出六七个数，最后在我们的思维视野之外悄然消失——我们并没有"亲眼看见"自然数的无穷，我们又如何能明确它真实存在呢？是这样的，每当我们竭尽全力在脑海中构想出一个尽可能大的数，只要再往前多迈出一步，加上 1，即刻就能产生一个更大的数，如此往复，永无尽头。可见，并不存在所谓的最大的数。以上这段思辨虽然简短，但它反映了一种十分常用的逻辑推理模式——间接证明法，也称反证法，正如前文所说，这种方式深受古希腊人喜爱。

　　现在我们已明确，自然数是无穷大的，但是，此处的"无穷大"究竟有何含义？它的意思是，不存在最大的自然数，换言之，自然数的疆域是无边无界的。明确这一点至关重要，它清楚表明，在此意义下的无穷大并非某个实在的数，而是一个属性——全体自然数集合的一个属性。

　　长久以来，从古希腊时代直至 19 世纪，数的无穷性仿若一个泥潭，将众多杰出思想家困顿其中（甚至到今天，也有人深受其困扰），他们无法"一眼望尽"所有数，所以他们觉得，那些存在于想象之外的数应该比日常使用的数少一些。这是毕达哥拉斯学派的典型思路，他们从骨子里抗拒自然数的无穷性，他们尊崇"10"这个数，因此取前 10 个数作为一切数的基础。塔兰托的菲洛劳斯（Philolaus of Tarentum）是毕达哥拉斯学派的成员，活跃于公元前 5 世纪下半叶，据传，柏拉图的哲学思想受其影响颇深。他的理念与毕达哥拉斯学派一脉相承，其著作中着重阐述了 10 在数的生成中所扮演的特殊角色：

　　研究者必须参透由前 10 个数字组成的数组（the Decad）所蕴藏

的力量，并在这股力量的指引下，进一步开展对数的行为及性质的研究。这个数组堪称伟大，它包罗万象，神圣非凡，既是人类生活的缘起，也规束、引导着人类的生活……若没有它，世间万物将失去控制，真理也将变得晦涩难明。[4]

这样的信念所隐含的潜台词是，所有大于 10 的数都是依据从 1 到 10 这个基本数组仿造而成的，它们的存在也归功于该数组。数 1 到 10 每重复其自身若干次（有限次数），就会出现相应的更大数，如此一来，数的无穷性也便无从谈起。

柏拉图也采信了这个观点，认为这个关于"10"的原理限制着数往无穷大的方向发展。"……增长的方向并非无穷无垠，因为组构的框架基底仅到 10。"[5]

亚里士多德同样难以接受存在无穷多个数的可能性。"我们不能纯粹从抽象层面将数取为无穷多，因为数本身或被数的物件应当是可计数的。"[6] 不过，他的超群智慧使他敏锐地意识到，全盘否定一切无穷会动摇他精心建构的哲学大厦。为避免陷入这种困境，他阐释称，无穷大是"潜在的"，而非"实在的"。这种说法否定了无穷大的充分存在，但同时也从某种程度上保全了无穷概念的活力。

> 一般而言，无穷大的存在模式是这样呈现的：一件事物之后总有另一件事物接踵而至，每件事物都是有限的，但它们总有差别……无穷大就是以这样潜在的且逐渐减少的方式存在着。[7]

总而言之，亚里士多德承认自然数可以一直往上数，但他不认为这是无穷大。

无限可分性

古希腊人还沉迷于探究空间可否无限分割的问题，这使得他们长久地陷入了对运动和空间连续性的迷思之中。埃利亚的巴门尼德（Parmenides of Elea，出生于约公元前 475 年）创立的埃利亚学派一直对毕达哥拉斯学派的思想不以为然，后者主张空间由不可分割的线段构成。埃利亚学派不仅剖析了"不可分割之线段"这一概念所引发的重重矛盾，还指出了"空间由无穷多个点构成"这一观点所产生的种种问题。

巴门尼德的形而上学充分反映了古希腊人对演绎推理的推崇，以及相对地对感官知觉的漠视。巴门尼德论述称，任何事物均有来处，不可能无中生有，因此，任何事物一旦存在就永恒不变；存在是一，是恒常的。由此他得出一个非凡的结论，世间的所有变化都是幻象，因为真实的存在是不动不变的。不过，真正左右了古希腊数学前进道路的并非巴门尼德以及他的这一著名思想，而是他的得意弟子芝诺（Zeno，出生于约公元前 450 年，如图 31 所示）。芝诺依循埃利亚学派思想的指引，几番论证说明世界并非处于变化状态，驳斥了毕达哥拉斯学派关于数（也即单子）和数量在空间中运动的理论主张。他最著名的观点论述经亚里士多德重述包装为阿基里斯（Achilles）与乌龟的故事：

> 第二个（论证）便是阿基里斯的故事。故事大致是这样的：赛跑中，即便是速度最快的飞毛腿也永远无法追上前方领先的竞争对手——无论对方速度多慢，因为追赶者必须首先到达被追赶者的出发点，如此一来，领先之人始终领先一步。此论证所遵循的逻辑路径与二分法如出一辙……[8]

芝诺关于二分法的阐释同样旨在论证运动是不可能真实发生的。简要来说，他指出，物体在走完某一段路程、抵达终点之前，必须先到达其中点；而在到达这个中点之前，物体又必须先走到起点与中点之间的一半

图 31　埃利亚的芝诺，前 489—？（本图源引自斑鸠图书册，纽约市，纽约州）

距离处，如此反复类推，该物体永远移动不了分毫。芝诺论证的假定前提是，物体运动的起点与终点之间的距离可被无限次分割，而物体之所以无法切实发生位移，是因为物体无法在有限的时间内穿越无限多的点。无限可分性这一概念是无穷小思想的核心基点所在，我们可借助前文提及的数线及数线上的点来理解其内涵。

　　图 32 所示为数线上 0 至 1 之间的区间。此处我们将步伐再放慢一些，以更小的步幅从 0 迈向 1。从 0 出发，我们必须途经 1/2 处，然后经过一小段距离抵达 3/4 处，下一个中点则是 7/8 的位置。照此逻辑推演，此分割过程可无止境地重复下去，在有限的步数下，我们永远抵达不了 "1" 所在的位置，它与我们始终隔着一段迈不过去的距离。为了真正走到 1（实践经验告诉我们，在现实世界要做到这一点其实很轻松，我们总能从一个地点出发并顺利抵达另一个地点），我们必须穿越无数个点。这种认知令古希腊人慌乱不安，也使此后的众多数学家深陷迷惘的泥沼。为这个问题反复纠结争辩似乎显得有点荒唐，因为我们只需抬一抬眼环望四周，就能

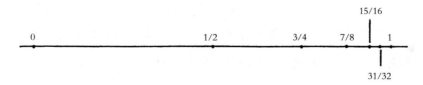

图 32　要穿越无穷多个点才能由 0 移动至 1

看到许多正在运动的事物——但是，它们的运动具体是如何发生的呢？我们开始叩问自己，逼迫自己认真审视这个问题，而这正是芝诺论证的意义所在。假如点没有大小，那么我们就可以把无穷多的点塞进任意的狭小空间里，物体要实现位移，就必须在某个时间里将无穷多个点全部占据，但即便能做到这样，也无法到达终点，因为倘若点没有大小，物体穿越再多的点实际上也没有向前移动分毫。这个有关位置和运动的难题就此困住了古希腊人以及后来的许多哲学家。

无限可分性之所以令人不安，是因为人们在思及 0 与 1 之间竟密密麻麻拥塞着数也数不清的点时，令人窒息的挤迫感便如潮水涌上心头。事实上，观察图 32，我们发现，图上大部分点都堆积在"1"的一侧，这又是如何办到的呢？——别忘了，点既无长度，也无宽度，它们不占据任何空间，所以，再多的点也不真正占据从 0 至 1 这条线段上的任何空间，但与此相对的是，我们的"感觉"却无时无刻不在提醒我们，直线是由点组成的。正是这种感觉让我们本能地抗拒无穷个点的思想。此处仍有两个悬而未决的问题：物质空间可否无限分割？概念空间可否无限分割？

许多古希腊哲学家，包括毕达哥拉斯学派的人，都曾提到物质世界是由无穷多的元素或其他事物遵循一定原则混合组构而成的。理想主义之父柏拉图提出，处于变化之中的事物不是真正的存在，而且，他也赞同毕达哥拉斯学派的主张，以空间的无限分割性为基础构筑其宇宙学理论。在著作《蒂迈欧篇》（*Timeaus*）一书中，他如是阐释宇宙的起源：

神从不可分割、永恒不变的理型世界和可分割、作为事物材料来源的物质世界中造出一个世界灵魂……这个物质世界即空间，它永远存在，不会毁灭，为神创造的栖息之所……[9]

柏拉图也把空间称为"形成的容器"，它以某种不可思议的方式与各类理型融合生成一个可感知的世界。融合过程玄而又玄，柏拉图坚信，形式或理念本身从不真正涉足物质世界。在毕达哥拉斯学派看来，有限（即数）与无限相糅合而诞生宇宙，数如同原子微粒，不可分割，无限指的则是可无限分割的混沌空间；无限遵循某种神秘的方式，从单子（即"1"）中分离出各类数，进而产生有形的物体。受此理念影响，柏拉图提出，神把理型与形成的容器（也即空间）结合在一起，最终创造了宇宙。无论是毕达哥拉斯学派理论中的无限，抑或是柏拉图思想中的形成容器，都有一层负面隐义，两人理论的精髓均蕴藏在与它们相反的理念里——有限及理型。对于柏拉图而言，理型完美无缺，不可割裂，容器则可无限分割。柏拉图的宇宙理论需要无限可分割原理的支撑，但显然他并不喜欢这个概念，他只在《蒂迈欧篇》中探讨过它。他勉为其难地将无限可分性和时间维度上的无穷量纳入其思想版图，但他始终难以接受空间的无限延伸性，也即空间维度上的无穷大量。

在亚里士多德看来，无限可分性这一概念比无穷大量更为棘手。他认为，无限分割与无穷大量一样，只能潜在性地达成，而不能真实地达成。伦道夫－梅肯女子学院数学教授鲁迪·鲁克（Rudy Rucker）在其杰出著作《无穷与心智》（*Infinity and the Mind*）[10]中指出，亚里士多德对于真实性和潜在性的区分是"有问题的"，因为实际上他是重新创造了一个二级现实来容纳其无穷概念。从逻辑上讲，在思维世界中，单自然数就蕴含了无穷多个概念，把它们的无穷性阐释为"潜在性的"而非"真实性的"，这对我们深入理解数的本质其实并无助益。

将无穷大变成无穷小

有一些古希腊人始终无法接受无穷大量，这完全可以理解，毕竟一般来说，我们很难在头脑中一眼"看清"所有自然数。当我们尝试想象更多数时，可能会讶异地发现，它们正马不停蹄地往空间里（朝我们右侧）狂奔，无论我们如何努力张望，都无法跟上它们的脚步——它们飞越了木星、冥王星，甚至跨过了太阳系。我们可结合数线与射影几何的一些原理来帮助具象化呈现自然数的无穷大。图 33 底部为由 0 至 10 的数线，0 的正上方画有一个圆；现在，自 0 和其他自然数分别引申出直线，连接圆上代表北极的那个点，如此便可获得所有自然数在圆上的投影，而每条直线与圆的交接点就是每个自然数在圆上的对应点。从图上几个自然数的情况可看出，自然数越大，其在圆上的投射对应点就越靠近北极点。

然而，无论这些数字往右走多远，它们在圆上的对应点永远抵达不了北极点。倘若要使一个数精准地投影至北极点，就必须确保从该数引出的直线与数线平行，但这显然不可能实现，因为所有自然数引出的直线均始于数线。换言之，投射于圆上的自然数只能无限逼近顶点，却永远无法真正走到那个位置。假设所有自然数均已投影到圆上，便可得到无数多个圆上的对应点，而且，越循着圆往上移动，自然数的对应点越密集。倘若此时我们手边恰有一个放大镜，把它对准圆的顶部，便可看

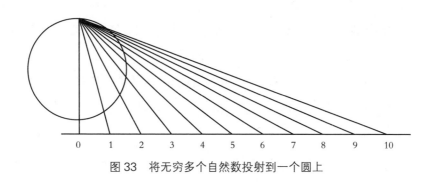

图 33　将无穷多个自然数投射到一个圆上

到有数不清的数的对应点正朝北极点有序迈进，同时我们还可观察到，点与点之间的圆弧长度也越来越短。这个点集与芝诺运动论证中涉及的无穷多的点十分相似。

我们上述的论证充其量只算得上触及皮毛，因为我们并没有真正构建出一种能让我们"看到"无穷多个点的途径——但是这是不可能做到的。我们所做的，仅是把无限长的数线投射到有限长的圆弧上，使得无穷多的点可集中呈现于有限长度上。不过，我们至少可以借由这个圆阐明：无穷多的自然数可由有限空间中的一个点集来表示。总而言之，我们已把数线的无穷大量成功转换为无限可分的无穷小量。

陷入泥潭

无穷布成的重重迷阵彻底困住了古希腊人，而且，他们无法绕开它，因为无穷这一概念从来都是数学和数论大厦不可或缺的奠基柱石。为了对付无穷，亚里士多德提出一种说法：没有真实存在的无穷，只有潜在的无穷。此后的数学家和哲学家大多采纳了这种观点，以"潜在的无穷"为框架进行研究。唯一的例外是西方宗教里的上帝——上帝必定是无止境的，不过这一点并没有造成混淆和困惑，因为上帝的全知全能本来就不可能为区区凡人的智慧所理解。

直到 19 世纪，亚里士多德逝世 200 多年以后，无穷概念荡卷起的迷雾——包括无穷大量、无限可分性、运动和连续性等问题——还深深笼罩着西方思想界。在这段漫长的岁月里，有许多灵气横溢的智者东突西闯，试图破解这个迷局，但始终未能成功。下述一段引文深刻说明了，此 2 000 年间有多少杰出人物深陷无穷这个泥潭。

托马斯·霍布斯（Thomas Hobbes，1588—1679）这位英国早期经验主义者率先舍弃了无穷的概念，因为他认为人无法拥有无限的思维：

    一切我们所能想象的事物都是有限的，可见，所谓的无穷概念实

际并不存在。无人能够在其头脑里构想出无穷大量的具象，也无人能够设想出无限的速度、无尽的时间和无穷的力量具体是什么样子。[11]

这种"无法想象即不存在"的论证逻辑在前文已粗略提及；在这个具体情境中，它所仰仗的理据是，对"无穷"这一概念的思考本身必须是无穷的。霍布斯的一些观点还反映了芝诺悖论对运动和连续性这两个概念所造成的混乱。

> 运动就是连续性地从一个地点离开，而后占据另一个地点……我之所以强调这是一个连续过程，是因为不管两个地点间隔多小，任何物体都不可能由原来的位置完整地瞬时抵达另一个位置，但其身体的一部分会在某个时刻处于离开位置和终点位置的交接地带。[12]

勒内·笛卡儿（René Descartes，1596—1650）是法国一位著名哲学家和数学家，其名句"我思故我在"深入人心。他想效仿欧几里得建立几何学的方法，以最基础的原理为支柱搭建理性科学的框架。剖析其理性主义可发现，笛卡儿仍未摆脱古希腊演绎科学的影响与束缚。他以无穷为切入点，演绎论证了上帝的存在。他提出，由于他自己只是一介凡人，只是一个有限的存在实体，因此，他只能进行有限的思维活动。但同时，他又很肯定自己知晓无穷这个概念，那么，一定是某个无限的存在赋予了他这个概念——这个无限的存在无疑只能是上帝，换言之，是上帝把无穷这一概念植入了笛卡儿的思想。

> 我先前的层层论证必然指向一个结论——上帝是确然存在的。我头脑里之所以存在"实体"这一概念，是因为我本身就是一个实体，但是，我作为一个有限的存在，却怀有"无限"的概念，这显然说不通，除非是某个切实存在的无限实体将这个概念赋予了我。[13]

被赞誉为人类史上最伟大数学家之一的卡尔·弗里德里希·高斯（Carl Friedrich Gauss，1777—1855）也无法彻底摆脱对无穷的偏见。他在给同事的书信中写道：

> 你的证明过程涉及无穷大量，而且，你把它当成一个已臻完善的概念来使用，对此我强烈反对，在数学领域这是行不通的。无穷只不过是一种比喻……[14]

可见，直到 19 世纪，即便是最聪慧的头脑也依然难以直面无穷的冲击，甚至到 20 世纪，被誉为数学巨匠的库尔特·戈德尔（Kurt Godel）同样无法摆脱"空间可由无穷个点组成"这一观点所引发的不安。"依据这种直觉概念，把所有的点堆加起来也无法得到一条直线，充其量只能组成直线的某种骨架。"[15]

穷竭法与限制

虽然古希腊人及其大多数追随者在研究中都有意无意地选择绕开无穷这潭泥沼，但总有一些情况下他们避无可避，须得直面无穷。比如，对于古希腊或其之前的文明而言，计算正方形的面积相当简单，只需求出正方形边长的平方即可。同样地，矩形甚至三角形的面积计算规则也绝不难懂，因为这些几何图形的边无一例外均为直线。那么，对于处处弯折的圆形，其面积又当如何计算呢？

对于圆弧围成的几何图形，古希腊人运用穷竭法求取其面积，这一思路为现代微积分的兴起指明了方向。图 34a 所示是一个内嵌了一个正方形的圆形。显然，圆的面积大于正方形的面积，但我们依然可以将正方形的面积作为逼近圆形真实面积的首个步骤。我们不妨假设圆的直径长为一个单位长度（可以是 1 英尺、1 厘米等）。此时我们首要解决的问题是：若将正方形面积视为圆形面积的近似值，其中的误差有多大？圆形面积等

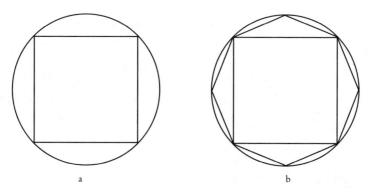

图34　用穷竭法求取圆的面积。a 中，以正方形的面积估算圆的面积准确度较低；b 中，在正方形的基础上再添加四个三角形，以它们的总面积估算圆的面积准确度较高

于 πr^2，也即 π 乘以圆的半径的平方，此时，圆的半径为 0.5（因为其直径是 1），取 π 的近似值 3.141 6，可得圆的近似面积为 $3.141\,6 \cdot (0.5)^2$ ＝0.785 4。由于圆的直径即为正方形的对角线，我们可运用毕达哥拉斯定理求得正方形的边长 a，并据此计算正方形的面积。由毕达哥拉斯定理可知：$a^2 + a^2 = 1^2$，可得 $a^2 = 0.5$，也即正方形的面积为 0.5。由此可见，正方形的面积与圆的面积存在明显的差距。

　　我们继续寻求更精确的方法。我们注意到，图 34a 中共有四个弓形区域不在正方形内，此时，我们可通过在此弓形区域内嵌三角形，将其大部分面积纳入可计算的范围（如图 34b 所示）。每个三角形的面积计算如下：

$$三角形的面积 = \frac{1}{2}(2r - a) \cdot \left(\frac{1}{2}a\right) = \frac{1}{2}a\left(r - \frac{1}{2}a\right)$$

　　把上述式子乘以四可得：

$$四个三角形的面积 = a(2r - a) = (1/\sqrt{2}) \cdot (1 - 1/\sqrt{2}) = 0.207\,1$$

　　把这个结果与 0.5（正方形的面积）相加可得圆形的另一个近似面积 0.707 1。相较第一个估值（0.5），这个数字无疑又朝 0.785 4 迈进了一大步。再观察图 34b，可见仍有八个小弓形未纳入估算，对此，我们可以沿用之前的方法求得它们的面积，以此进一步接近圆的真实面积。然而，不管我们多少次重复这项操作，我们都无法由此途径真正获得圆的精确面积，因为无论如何总会出现新的、未被计算在内的弓形区域。我们把古希腊人这套计算曲形图形的面积或体积的方法称为穷竭法。欧几里得在《几何原本》中展示了穷竭法严格的推算过程，不过，学界一般认为，欧多克索斯（Eudoxus）在此之前就已较为成熟地创立了这套体系。

欧几里得给出了一个阐述穷竭法的命题：

从任意某个量中减去不小于其一半的量，再从剩余的量中减去不小于其一半的量，此减法过程反复操作，最终将留下一个比任何事先指定量都小的同类量。[16]

这个命题想强调的是，对于估值面积与实际面积之间的误差，倘若每一次新作的三角形组都可以至少缩小原来的一半，那么最终我们可以将其减少至任意小的量。这个论断与芝诺悖论有异曲同工之处，后者提出，物体在到达某个目的地之前，它必须先抵达其全程的一半，而这个要求可以无限持续，所以在有限步数内，物体永远无法真正到达目的地，不过，它可以无限接近目的地。这个无限逼近所求值的理念便是现代极限理论（limit theory）的核心所在，之后演化为微积分的基础。极限理论为我们在数线上定义一类新的数奠定了坚实的根基。

为了更透彻地理解极限概念，我们需先厘清一些简单定义。首先，我们把数的序列（亦可简称为数列）定义为一种特殊的数字集合。

定义： 若一组数字 $A_1, A_2, A_3, \cdots, A_n, \cdots$（数字下标以自然数排列）以确定顺序有序排列，那么我们称这组数字构成一个数的序列。

比如，2，3，6，8，这组数字可构成一个有限项数的数列。不过，真正勾起我们的探究欲望的是无限项数数列。

定义：倘若数列中的每一项都有一个后继项，那么该数列是无限的。

我们最熟悉的无穷数列当属自然数数列：1, 2, 3, 4, 5, 6, …如前所述，这是一个无穷数列，最后的三个点"…"说明了这一点。数学家设立了一个简单规则以构建自然数数列中的每一个连续项，即每一项加1得到后续项。假如有人询问自然数数列的项最终能有多大，我们清楚我们无法给出确切回答，因为它的潜在规模是无穷无尽、没有极限的。

不过，有些无穷数列的项永远不会超过某个常数值。比如，数列 $\frac{1}{2}$，$\frac{3}{4}$，$\frac{7}{8}$，$\frac{15}{16}$，…中的单个项永远不会超过1，因为经仔细观察，我们可得出一道公式，即该数列的第 n 项应为 $(2^n-1)/2^n$，其分子总是小于其分母，因此该数列绝对不会出现一个等于或大于1的项。由于该数列中各项的大小不趋于无穷，因此我们说该数列是有界的，也就是说，该数列中的项的大小增长是有限的。对于上述这个具体数列，1以及所有比1大的数都是它的界限，它的所有项都永远不会越过这些边界。

至此，我们已做好充分准备来面对数学中的一个基本问题：对于某数列的项的所有界限，其中是否存在一个最小界限？也即，是否存在一个界限，它在小于其他所有界限的同时大于数列中的任意一项？对于上述数列 $\frac{1}{2}$，$\frac{3}{4}$，$\frac{7}{8}$，$\frac{15}{16}$，…，答案无疑是肯定的，因为1就是所求的那个最小界限，我们称1是该数列的极限。在 $\frac{1}{2}$ 与1之间任选出一个数，我们总能在数列中找出一个比这个数大的项。极限概念是构筑现代高等数学大厦的必备构件。众所周知，科学和数学专业的大学生在正式学习高等数学之前，得先过微积分这道大坎，而他们在微积分课程中首先接触的便是有关极限的知识。

前文我们说，极限即最小边界，这句话的真正含义究竟是什么？为充分理解极限概念，我们必须厘清这个问题。若称数 L 是某个数列的极限，其含义是，该数列将一直逐渐趋近 L，但同时又永远不到达 L。任意取一个极小值 ϵ，那么我们总能在数列中找到一个与 L 之间的差值小于 ϵ 的项。明确了这些概念，现在我们可为极限下一个正式的定义了。

> **定义**：若数列 A_1，A_2，A_3，…，A_n，…的极限是 L，那么，对于任何正值 ϵ，总有 $L-A_n$ 的绝对值小于 ϵ（其中所有的 n 大于任意给定的数值 N）。

不熟悉数学定义的惯用表达方式的读者，可能会觉得上述表述既拗口生硬又复杂累赘。极限概念贯穿现代数学分析发展的始终，重要性不言而喻。它的基本内核其实不难理解，可用更通俗的语言这样表述：数列中 A_1，A_2，A_3 等项的数值不停地逐渐逼近 L。比如，任意取一个极小值 ϵ，那么，我们一定可以从数列中找到一个项（将其命名为第 N 项），使得该项之后的所有项都比 $(L-\epsilon)$ 更接近 L。图示可见图 35。图 35 以我们已十分熟悉的数列 $\frac{1}{2}$，$\frac{3}{4}$，$\frac{7}{8}$，$\frac{15}{16}$，…为例，该数列中的项越来越接近 1。现将极小值 ϵ 假定为 1/10 000，如上文所述，接下来我们需在数列中找出一个确定项，使得在它之后的所有项均比（1-1/10 000）更接近 1，那么，到底是数列中的哪一项呢？自 22 开始，连续取 2 的更高幂次值，可得 $2^{14}=16\,384$，因此，该数列中的第 14 项为 16 383/16 384，这个分数已然十分逼近 1，而且，它比（1-1/10 000）（等于 9 999/10 000，也即 $L-\epsilon$）更接近 1。我们由此还可得出，该数列第 14 项之后的所有项与 1 之间的差值均小于 ϵ。可见，不管我们所取的 ϵ 值有多小，我们可以在数列中找到一个与极限 1 之间的差值小于 ϵ 的项，这意味着，前文所述的无限逼近 1 得到了满足。这个数列只能不停逐渐接近 1，但不能真正达到 1（正如芝诺悖论所阐述的那样）。换言之，此数列中没有一个项等于或大于 1。在此情况下，我们称该数列收敛于 1。

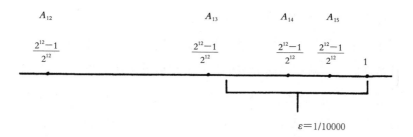

图35　求极限点。即使 ϵ 取很小的值，比如令 $\epsilon=1/10000$，数列中 A_{14} 之后的项与 1 之间的距离均小于 ϵ

定义：一个具有极限的数列，它要么是收敛的，要么是发散的。

在上文对极限的定义中，之所以强调（$L-\epsilon$）的绝对值，是为了适应我们从两个方向趋近极限的需求。比如，数列 $\frac{1}{2}$，$\frac{3}{4}$，$\frac{7}{8}$，$\frac{15}{16}$，…是从下方趋近 1（以及所有项的数值都小于 1）；数列 $\frac{3}{2}$，$\frac{5}{4}$，$\frac{9}{8}$，$\frac{17}{16}$，…则是从上方趋近 1。不过，不是所有数列的极限都符合我们的定义。比如，数列 $\frac{1}{2}$，$\frac{1}{4}$，$\frac{3}{4}$，$\frac{1}{8}$，$\frac{7}{8}$，$\frac{1}{16}$，$\frac{15}{16}$，…就有不止一个极限，它有两个极限（有时我们将它称为聚点），因为数列中的奇数项和偶数项分别收敛于 0 和 1。可见，上述的极限定义属简略版定义，不能涵盖这种拥有两个不同极限的数列。

我们还可用下列方式表示数列的极限 L：

$$\lim_{n\to\infty}(A_n)=L$$

此处，"lim"代表极限（limit），其下方的符号"$n\to\infty$"代表数列的项数 n 可无限增加；"A_n"则代表数列本身，是数列的缩写形式。上述符号合在一处即表示，随着数列的项数趋向无穷，数列的极限为 L。若是发散数列，则相应表示为：

$$\lim_{n\to\infty}(A_n)=\infty$$

这表示该数列的项持续无限增大。

接下来介绍的这个数列曾在数学史上留下浓墨重彩的一笔，它所具备的独特性质深深吸引着研究者们为其前仆后继长达千年之久。还记得前文提到过的比萨的莱昂纳多吗？就是他在 1202 年撰写了著作《算术书》，将印度－阿拉伯数字体系引入欧洲。而他还有另一个更响亮的名字——斐波那契（Fibonacci）。他发现了一个奇妙的数列，后人以他之名将此数列命名为斐波那契数列。这个数列并不复杂：1，1，2，3，5，8，13，21，…斐波那契数列中的每一项都是其前面两项的和。不难看出，这个数列是发散数列，因此可将该数列等于无穷并表示如下：

$$\lim_{n \to \infty} (1, 1, 2, 3, 5, 8, 13, 21, \cdots) = \infty$$

我们还可把斐波那契数列中每相邻两项组合成一个分数，从而获得新的数列：$\frac{1}{1}$，$\frac{2}{2}$，$\frac{3}{2}$，$\frac{5}{3}$，$\frac{8}{5}$，…可见，新数列的每一项都由斐波那契数列中的相邻两项构成，其中较大的一项作为分子。这个数列收敛得很好看。

$$\lim_{n \to \infty} \left(\frac{1}{1}, \frac{2}{2}, \frac{3}{2}, \frac{5}{3}, \frac{8}{5}, \cdots \right) = (\sqrt{5} + 1) / 2$$

除非你是古希腊数学家或建筑家，不然你可能很难感受等式右端的极限数值所蕴含的深厚意义。古希腊人把 $(\sqrt{5} + 1)/2$ 这个数值称为黄金分割或黄金比例，并赋予了它独特的表示符号 Φ。因为古希腊没有分数，所以古希腊人只能把这个数值视为两段长度之比，也就是说，他们只把这个数值看作长度（$\sqrt{5} + 1$）与长度 2 的比值。图 36 所示为一个两条直角边的边长分别为 1 和 2 的直角三角形，根据毕达哥拉斯定理计算可得其斜边长为 $\sqrt{5}$；将斜边

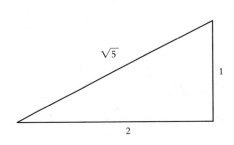

图 36　黄金分割或黄金比例为（1+$\sqrt{5}$）
与 2 之比，用符号 Φ 表示

长（$\sqrt{5}$）与较短的直角边长（1）相加，再除以较长的直角边长，便可获得黄金分割（$\sqrt{5}+1$）/2。古希腊人发觉，长边长度为（$\sqrt{5}+1$）、短边长度为 2 的矩形看起来格外赏心悦目，因此，他们将该比率大量应用于建筑上，其中就包括举世闻名的雅典帕农神庙。后世许多艺术家，比如莱昂纳多·达·芬奇，也喜欢在他们的作品中融入黄金分割的要素；毕达哥拉斯学派的标志——五角星中也有好几处体现了黄金分割（如图 37 所示）。

通过上述这个例子，我们可以了解到，令数学们欲罢不能的正是数学对象之间的互联性。斐波那契发现的美妙数列以黄金分割为极限，黄金分割又以意想不到的各种形式出现在各色几何结构中。

极限这一概念所展露的优雅精妙着实叫人着迷。在它的照拂下，我们在无穷（即无穷多的项）与有限之间架起了紧密联系的桥梁，并以极限为利器，刺破罩在数系上的厚重幕帘，揭露掩隐其中的奥秘，发现更多性质奇特的新数字。

数列作为一组数字，有时人们很难将它整合到数学公式中，因为它

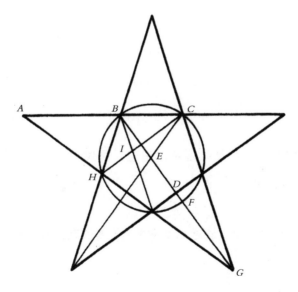

图 37　毕达哥拉斯学派的团体标志，五角星形。其中多处彰显黄金分割，
$\Phi=AB/BC=CH/BC=IC/HI=2DE/EF=EG/2DE=\sqrt{EG/EF}$

实质上是一组数的集合，而非通常算术中所用到的单个数值。为了实现这种整合，最简单的方法是用另一个数学概念——级数——来替代数列。

数列 $\frac{1}{2}$，$\frac{3}{4}$，$\frac{7}{8}$，$\frac{15}{16}$，…中，每一项都通过增加一个小量获得下一项，从而逐步逼近 1。据此，我们可将数列改写成以下形式：$\frac{1}{2}$，$\frac{1}{2}+\frac{1}{4}$，$\frac{1}{2}+\frac{1}{4}+\frac{1}{8}$，$\frac{1}{2}+\frac{1}{4}+\frac{1}{8}+\frac{1}{16}$，…可以看出，通过增加本项的 $\frac{1}{2}$ 量可获得数列的下一项，因此，该数列的每一个项都可视为一系列加法运算的结果，也即级数。

> **定义**：级数是一组数的总和。

如果说数列是许多不同数字的集合，那么级数作为一个"和"，就只是一个数字。和数列一样，级数既可以有有限个项，也可以有无穷个项。

> **定义**：倘若级数 $A_1+A_2+A_3+\cdots+A_n+\cdots$ 有无穷多个项，那么我们称它为无穷级数。

以下这个级数则是有限级数：$3+9+27$。假如我们不甘心就此止步，也可以一直不停地写下去，构成一个无穷级数：

$$3+9+27+81+\cdots$$

上述这个级数的值将持续增长，超过任何我们施予的上限。毋庸置疑，这个级数是发散的。

> **定义**：倘若无穷级数之和是有限的，那么该级数是收敛级数，否则就是发散级数。

现在让我们回过头来分析一下芝诺悖论。芝诺悖论提出，在抵达终点之前，必须先抵达整段距离的 $\frac{1}{2}$ 处，然后再抵达余下 $\frac{1}{2}$ 距离的 $\frac{1}{2}$ 处，如此反复，无穷无尽。若以级数的形式对此进行表述，则应以 $\frac{1}{2}$ 为开端，写成：$\frac{1}{2}+\frac{1}{4}+\frac{1}{8}+\frac{1}{16}+\cdots$ 如今数学界已发展出一套级数的简写规则，数学家们以希腊大写字母 Σ 附带一道公式来表示级数的具体构建。上述级数应表示为：

$$\sum_{n=1}^{\infty}(1/2^n)$$

其中 n 的取值可为任意自然数；Σ 下方的 $n=1$ 代表该级数起始于 $n=1$，Σ 上方的符号代表 n 将取遍所有自然数；符号 Σ 则表示将对所有项求和以获得一个数值。有时我们会把上述式子再简写成 $\Sigma(1/2^n)$。普通级数一般简写为 ΣA^n。

定义：级数 $A_1+A_2+A_3+\cdots+A_n\cdots$ 可表示为以下形式：

$$\sum_{n=1}^{\infty}(A_n)$$

其中 A_n 意为第 n 项。

级数与数列一样，也有极限。不妨设想一下，倘若我们可以将级数 $\Sigma(1/2^n)$ 的无穷多个项快速相加，得到的结果会是多少？结果会是 1；也就是说，该级数的极限是 1。然而，这种说法很难令数学家信服，因为在他们看来，"把无穷多个项快速相加"这种说法实在太过含糊不明确。因此，在对级数的极限下定义时，我们尽量回避"无穷多个"这样的用词，我们说，假如 $\Sigma A_n=L$，那么级数 ΣA_n 有极限。

定义：倘若存在一个数 L 可令 $\Sigma A_n = L$，那么级数 ΣA_n 有极限。

为理解 L 是极限，我们必须清晰认识到，L 是一个明确的数值或数，它等于无穷级数中所有项相加之和。

通常情况下，我们以级数的第 n 项来表示级数的建构方式，比如，可将级数 $\frac{1}{2}+\frac{1}{4}+\frac{1}{8}+\cdots$ 写为 Σ（$1/2n$），这种表示方式十分简便，也可直截清晰地向读者呈现级数是如何构成的。有一些为人熟知的收敛无穷级数的极限值得我们注意。

$$\frac{1}{2}+\frac{1}{3}+\frac{1}{5}+\frac{1}{7}+\frac{1}{11}+\cdots=\Sigma（1/prime）=\infty$$

$$\frac{1}{12}+\frac{1}{22}+\frac{1}{32}+\frac{1}{42}+\cdots=\Sigma（1/n^2）=\pi^2/6$$

$$1-\frac{1}{3}+\frac{1}{5}-\frac{1}{7}+\frac{1}{9}-\cdots=\pi/4$$

第一个级数是所有素数的倒数之和，与所有自然数的倒数之和的级数一样，这个级数也是发散的。第二个级数是所有自然数平方的倒数之和，它的极限归功于卓越数学家莱昂哈德·欧拉（Leonhard Euler，1707—1783）；注意，该极限数值中出现了 π，这样一个简单的级数究竟是如何同圆的周长与直径之比产生联系的？第三个级数称为交错级数，因为该级数中各项之前的符号以正负交替出现，其极限中同样出现了 π 的身影。事实上，π 总会在各种意想不到的场合翩然现身，这再次体现了数学奇妙的互联性。

掌握了级数、数列、极限等概念，我们方可从更深刻的角度探讨所谓连续变化的特质，在高等数学中，极限概念赋予了我们研究那些持续变化的事物的能力，而不再局限于类似自然数那样的间断式递增变化。由此，我们拥有了叩开曲线、加速度、运动等几扇大门的钥匙。没有极限概念，现代数学和现代科学将寸步难行；有了数列、级数以及与之相伴的极限，数字体系的下一步伟大扩张才得以最终完成——迎来无理数！

无理数

前文中我们已探究了几种由自然数演进而来的数，包括分数、负数和零。以上这些数字一并合称为有理数，它们在日常生活中用途广泛，从商业行为里的交易结算到娱乐活动中的二十一点纸牌游戏，处处可见它们的影迹。现在，是时候将目光转向那些不为人熟知，甚至只出现在高等代数课本里的数了。不过，这些新数字确有一些奇诡特质，令数学家们眼花缭乱、晕头转向。

我们且以代数方程为例，尝试找寻出自古希腊时代以来，数学家们总是被一些看似简单的问题困住的原因。负数足以解决 $x+5=0$ 这样的初等方程，只要接受了负数这类数的存在，不难得出该方程的解为 -5。$x^2-2=0$ 这道方程的解又是什么呢？换言之，什么数乘以其自身会等于 2？在毕达哥拉斯思想盛行的年代，数学家们发现 2 的平方根无法以分数形式呈现，因此它绝非有理数，可见，仅依靠有理数远不足以破解所有代数方程问题。那么，是否存在其他数——非有理数——可解决这类方程呢？我们再来看看数线。图 38 所示为 0 到 2 之间的数线区段。假设有一个两条直角边长均为 1 的直角三角形，现将其斜边左端点正对准数线上的 0，而后把整条斜边置于数线上，此时，斜边的右端点将位于数线的哪个位置呢？依据毕达哥拉斯定理可知，该斜边的几何长度应当为 $\sqrt{2}$，若遵照上述做法，此线段右端落在数线上的对应点必然不代表某个有理数，于是，我们把这个点所代表的数称为无理数。无理数是一种什么样的数呢？

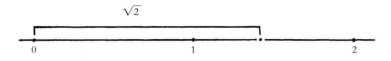

图 38　长度为 $\sqrt{2}$ 的线段的右端点下方对应的数线上的点，与任何有理数无关（有理数均可表示为两个整数之比的形式）

　　自古时起，人们就已达成共识，$\sqrt{2}$ 属于无理数。那么，还有其他无理数的例子吗？由于我们已证明 $\sqrt{2}$ 是无理数，自然可以类似方式轻松论证 $\sqrt{3}$、$\sqrt{5}$、$\sqrt{6}$，以及所有非平方数的自然数的平方根也都是无理数，换言之，$\sqrt{4}$、$\sqrt{9}$、$\sqrt{16}$ 这类平方根属于有理数范畴，其他所有非平方数的平方根则是无理数，这意味着，无理数坐拥的疆域是浩瀚无垠的。我们还可以构建出许多其他形式的无理数。比如，（$2+\sqrt{2}$）这一数值所对应的数也是无理数，我们可以通过反证法证明这一点：我们首先假设（$2+\sqrt{2}$）是一个有理数，如此一来，势必存在两个自然数 a 和 b，其比值正好等于（$2+\sqrt{2}$），也即 $2+\sqrt{2}=a/b$；现将上述等式两边同时减去 2，可得 $\sqrt{2}=a/b-2$；此时，等式右边的代数式无疑代表一个有理数，因为 a/b 和 2 均为有理数，这便意味着，等式左端的 $\sqrt{2}$ 也是一个有理数，这显然有悖于我们已有的认知。这一明显矛盾说明，（$2+\sqrt{2}$）应是无理数。我们可沿用这个方法证明，其他有理数与无理数的复合形式也是无理数。有理数与无理数有无穷多种组合形式，由此可产生更多的无理数。

　　目前我们只考虑了自然数的平方根，但实际上，无理数还有其他众多可能的形式。比如，$x^3-5=0$ 这道方程式，其解为 $x=\sqrt[3]{5}$，其含义为数 x 乘以其自身两次等于 5。此解是一个立方根，同样是无理数。我们可用上述方法定义其他 n 次方根（n 取自然数），而且，几乎所有方根都属无理数范畴。事实上，我们可以梳理出一个小定理，帮助我们判别哪些整数的根可能是无理数。

定理：当且仅当 a 是另一个自然数的 n 次幂时（n 和 a 均为自然数），a 的 n 次方根为有理数；否则，a 的 n 次方根为无理数。

比如，9 的平方根是有理数还是无理数？由于 9 是 3 的平方，3 为自然数，因此，9 的平方根是有理数。那么，9 的立方根是有理数吗？我们清楚，9 的立方根不是自然数，因为 2 的立方根是 8，而 3 的立方根是 27，因此，9 的立方根必然介于 2 和 3 之间，无论其具体数值是多少，都必定不是自然数。由于它不是自然数，那么依照上述定理，9 的立方根肯定是无理数。同样道理，8 的立方根为有理数，因为 8 是 2 的立方（2 为自然数）；8 的平方根则是无理数，因为它并非自然数。

对于所得的每一个无理数，我们都可以构建出一个与之对应的几何量，然后将其置于数线上，其中一端正对着零，另一端落下的位置所对应的点必然不是有理数。如此操作可令"无理之点"缀满整条数线。

我们将这些新数字统称为无理数，但是这只是一个称呼。为了更透彻地了解无理数，我们先从有理数的两个特征入手。首先，有理数是有序的。

定义：倘若以下两个条件成立，则称某集合中的数是有序的：

（1）对于集合中的任意两个数字 A 和 B，以下情况有且仅有一个成立：$A>B$、$B>A$ 或者 $A=B$；

（2）A、B、C 为集合中任意三个数，若有 $A>B$ 且 $B>C$，则 $A>C$。[1]

对于自然数而言，以上两个条件似乎是不言而喻的，因为我们在计算过程中已然默认运用这两条规则，在此再次强调"两个整数要么相等，要么互有大小"似乎有些多此一举。不过，对于这些陌生的无理数，我们目前尚不清楚它们是否同样具备这种有序性。观察有理数时，我们之所以能够"一眼"辨明它们的顺序，实则是运用的数字系统使然，我们可以看到 27 991 大于 3 990、0.199 987 小于 0.199 999 8，也就是说，我们所用的数字体系本身已经明确了自然数的大小次序。但是，我们能仅凭数系判断 $\sqrt{2} \cdot \sqrt{3} = \sqrt{6}$ 是否成立吗？如果不能，其中哪个更大呢？这个简单例子表明，现行数系并不能揭示所有无理数的次序。那么，我们不禁要问：无理数也同有理数一样具备有序性吗？

第二个问题与封闭性有关。前文我们已对封闭性作过定义：倘若某个集合在一种特定操作下是封闭的，那么该集合中的元素经此种操作所得的结果仍在该集合内。比如，自然数在加法和乘法运算下都是封闭的；换言之，任意两个自然数相加，得到的结果依旧是自然数，同样地，任意两个自然数相乘，我们获得的只会是另一个自然数。

但是，加法和乘法的逆运算——减法和除法则不然，自然数对它们不封闭。举个例子，$7 - 12 = -5$，两个自然数相减，所得结果是一个负数；两个自然数相除，我们通常会得到一个真分数而非整数。另外，一切有理数（包括自然数、负数、分数和零）在四则运算下都是封闭的（除了零不能做除数以外）。因此，我们可以认为，有理数实质上是封闭的。至此我们应当可以理解为何封闭性如此重要，因为它意味着，我们在进行有理数的代数四则运算时，十分清楚我们最后也将获得一个有理数。

若把无理数与有理数相结合，又会发生什么呢？上述提及的封闭性是否依然存在？不难发现，对于无理数本身而言，它不具备封闭性，一个简单例子便可以证明这一点：$(\sqrt{2}) \cdot (\sqrt{2}) = 2$——两个无理数相乘获得一个有理数。真正棘手的问题是，当有理数中混入了无理数，其封闭性是否也会随之失去？无理数进行四则运算，是否会得出一些超出数的范畴的答案？

无理数给数学界带来的远不只封闭性和有序性的问题。现代数学分析以微积分为基础，微积分又以极限理论为基础，最初的极限理论的核心思想部分借鉴了几何学，比如，"逐渐逼近一个极限点的一系列点"的概念。但是，我们能否保证所有的极限点都能合法代表一个数？倘若有关无理数的理论无法牢固建立于已知的有理数概念之上，现代高等数学的大厦会否就此轰然崩塌？

欧多克索斯的比例

在以现代眼光审视无理数之前，让我们暂且停下脚步，先回头看一看古希腊人是如何尝试处理无理数的。如前文所述，$\sqrt{2}$ 的横空出现令古希腊数学家惶惑失措，因为他们发现，竟有一道线段长度无法以自然数的比例进行表示，而彼时，人们唯一接受的数必须可以两个自然数之比的形式呈现。由此，当时的数学家们断定，不是所有的几何对象都能用代数来表示，而这直接导致了几何学与代数之间的割裂。两者虽然已经切割，几何上的疑题却未因此消弭。欧几里得几何遵循的推导过程均隐含一个前提条件，即各几何量（包括长度、面积、体积）之间是可以相互比较的。然而，在这些几何量中有一部分是不可通约长度，那么，这些不可通约的几何量之间可以相互比较吗？为解决这个问题，古希腊几何学家必须建立一套针对不可通约量的理论。

出生于克尼得岛的欧多克索斯（Eudoxus of Cnidus，前 408—前 355）是柏拉图的得意门生，后来成为一名伟大的数学家。同时，他也是一名医生和天文学家，创立了用于解释天体运动的同心球理论。欧多克索斯提出了一个比例理论，旨在阐释如何于几何学中运用不可通约量，该理论被欧几里得收录于《几何原本》第五卷中。这个理论阐述晦涩，十分难懂，直到 19 世纪被新的理论替代之前，数学家们都还在琢磨其中的内涵。欧几里得著作中对比例的定义反映了古希腊人在处理此问题上的艰难挣扎与犹疑彷徨。

现有四个量，如果第一个量与第二个量的比值等于第三个量与第四个量的比值，那么当第一个量和第三个量取任意同等倍数，第二个量与第四个量也取任意（另一个）同等倍数，前两个量之间的倍数关系（大于、等于或小于）与后两个量之间的倍数关系相对应。[2]

上述这段艰涩难明的陈述到底是什么意思？为了弄清它的含义，我们必须注意两点：第一，欧多克索斯所谈论的不是数，而是量，两者本质不同，不能相互关联；第二，古希腊没有分数，古希腊人只论数之间的比例和量之间的比例，因此，我们现在所说的分数 2/3 在他们眼中是比例 2：3。他们在几何学中也用到比例，只不过是几何量之间的比，而非数之间的比，比如，他们知道，两个圆之间的面积之比等于两个圆的半径平方之比，我们可将其表示为：

圆 A 面积：圆 B 面积＝（圆 A 半径）^{2}：（圆 B 半径）^{2}

古希腊人必须确保，当量的比例涉及不可通约长度时，它们之间的次序关系依旧成立。换言之，古希腊人需要给出明确答案的问题是：当几何证明过程涉及不可通约几何量之间的比值时，该证明过程是否依然正当有效？欧多克索斯之所以苦思冥想、反复琢磨之后才提出上述比例定义，正是为了保证几何证明的有效性。我们将比例定义中出现的量的关系标记如下：第一个：第二个＝第三个：第四个。

欧多克索斯阐述称，如果当第一个与第二个之间的比例跟第三个与第四个之间的比例相等，那么当第一个与第三个同乘以一个量、第二个与第四个也同乘以另一个量，此时所得的第一个与第二个之间的比例关系也在第三个与第四个之间得以保留。

这个说明或许比欧几里得的转述原文明晰一些，但仍然没有完全解释清楚，在关系式中代入一些实际数值可能有助于我们弄懂它的意思。现假定四个几何量的长度分别为：3：6＝7：14，由此可得到以下不等式：

3<6 和 7<14。根据欧多克索斯所言，若把 3 和 7 同乘以一个任意量 A，再把 6 和 14 同乘以另一个量 B，那么，3 和 6 之间经变更后的比例应与 7 和 14 之间经变更后的比例相同。假定 $A=5$、$B=2$，与四个量分别相乘可得：

$$（A \cdot 3）:（B \cdot 6）=（A \cdot 7）:（B \cdot 14）$$
$$也即 15:12=35:28$$

显然有 15>12 和 35>28，可见，3 与 7 同乘以 5 且 6 与 14 同乘以 2 之后，两个比例仍然相等。依据欧多克索斯的定义，对于两个相等的比例，所有数值的 A 和 B 都不会改变对应量之间的关系。这为依据比例关系推进证明过程的古希腊几何学提供了比例之间大小关系的定义。然而，几何量并不等同于数，而且，定义中明确要求必须是"所有数值的 A 和 B"，这无疑为无穷概念的"乘虚而入"开了方便之门。欧多克索斯所做的工作满足了几何学家的需求，但不足以应付代数研究中遇到的问题，其稍显单薄的理论内容也无力稳固和支撑无理数这座庞然大厦。

在给出无理数的最终解决方案之前，我们必须多花些笔墨赞扬那些最早接纳无理数进入数字大家族的数学家们。古印度人，特别是婆罗摩笈多欣然认可无理数作为方程解的合理性，因此，他们毫无犹疑地给出 $\sqrt{2}$ 和 $\sqrt{3}$ 作为某问题的解。还有奥马·海亚姆（Omar Khayyam, 约 1050—1123），他以诗歌闻名西方，但实际上，当古希腊人以几何手段阐释方程式、以长度作为解时，他已尝试将方程解视为数，同时，他也为定义无理数做出了贡献。

几乎整个中世纪，欧洲数学界只接受自然数和分数作为方程式的解。好在，代数的符号化进程取得了实质性突破，旧有的修辞性表示方法也随之被弃用。当简略的符号逐渐替代烦琐的文字，负数和无理数（以整数的平方根形式呈现）也开始作为方程的解悄然走入人们的视线。举个例子，若以修辞代数的形式称，现在 7 只大鹅中去掉 11 只大鹅，于是剩下负 −4 只大鹅——"−4 只大鹅"是个什么情景？实在难以想象。符号表征法则可

图 39　卡尔·弗里德里希·高斯，1777—1855（本图引自布朗出版社，斯特灵市，宾夕法尼亚州）

以轻松消除这个难题，以上情形可简化为 7−11＝−4。虽然彼时对于负数和无理数的本质与特征尚未有明确的统一定义，但是代数的抽象符号化使数学家们渐渐抛弃成见，开始使用负数和无理数。

阿基米德、艾萨克·牛顿爵士、卡尔·弗里德里希·高斯，这三位是人类史上最常被冠以"伟大"名号的数学家，而推动无理数走向大众的正是高斯（如图 39 所示）。高斯（1777—1855）出生于一个普通的工人家庭，自小便是邻近公认的神童，早在学生时期他就已经独立写出了一本重要学术著作《算术研究》（*Disquisitions Arithmeticae*）作为其博士毕业论文，遗憾的是，这册手稿被搁置了三年才得以最终出版，其间，为了按时完成博士毕业要求，他只能再写一篇小论文去投稿，彼时为 1799 年，高斯仅有 22 岁。高斯在这篇小论文中聚焦论证的内容被后世称为代数基本定理——如此沉甸甸的名头，其重要性可见一斑！该定理指出，含有一个未知数的多项式方程[①]至少有一个解（或称为根）。该定理的一个关键推论是，方程解的个数与方程中未知数的最高幂次相等。以下述方程为例：

$$A_0X^n+A_1X^{n-1}+\cdots+A_{n-3}X^3+A_{n-2}X^2+A_{n-1}X+A_n=0$$

该方程中未知数 X 的最高次幂为 n，因此该方程有 n 个解。某些情况下会得到相等的解，比如方程 $x^2-10x+25=0$，把方程分解为 $(x-5)$

[①] 多项式方程的左侧包含一个或多个乘以系数且幂次为整数的未知数（常以 x、y 等表示），右侧则通常为 0。比如，$5x^2+3x-4=0$ 就是一个含有一个未知数（x），系数分别为 5、3、−4 的多项式方程。

$(x-5)=0$，可知它的两个解均为 $x=5$。事实上，我们关切的重点在于，该定理认为形如 $x^2-2=0$ 的方程式应当有两个解：$\sqrt{2}$ 与 $-\sqrt{2}$，两者均为无理数，而高斯既已证明代数基本定理确然成立，因此他势必接纳无理数作为方程式的解，否则他将自相矛盾。之后我们还将看到，高斯还为另一类全新的数——复数——顺利走入公众认知铺平了道路。

高斯在 19 世纪初奠定了无理数存在的合理性，之后的研究者便开始启程找寻无理数的定义。

美妙的狄德金分割

探索无理数现代定义的这条路我们走得不算艰难。有理数的发现历程早已掩埋在十分久远的过去，如今我们已经无法确认究竟是谁在哪个时间节点掰着手指头倏然顿悟："啊！这就是自然数！"同样地，我们也无从进入数学家的脑海中窥探他们到底是如何发现分数和负数的。无理数则不同，它的逻辑根基在新近才构建成立并最终成形，我们可以轻松购买并读到那些与之相关的精妙文章，一窥究竟。无理数的定义蕴藏在 19 世纪德国数学家理查德·狄德金（Richard Dedekind，1831—1916）的一份题为《连续性与无理数》（*Continuity and Irrational Numbers*）的手稿中[3]，这份手稿仅薄薄数页，任何人只要安坐下来，集中精神，几分钟就能通读全篇。该论文行文准确凝练，精悍短小却蕴含着震撼人心的力量。

理查德·狄德金出生于德国的布伦瑞克（Brunswick），17 岁时升入大学，21 岁，也即 1852 年，就获得了哥廷根大学颁发的博士学位，其导师便是举世闻名的高斯。

狄德金的理论早在 1858 年就已成形，但他直到 1872 年才将其公开发表。他在《连续性与无理数》开篇就指出，微积分中现行使用的连续性概念脱胎于几何学理论，对此他不甚认同；经过长期思考，终于在 1858 年 11 月 24 日这一天，他寻到了自己的解决之道。

狄德金做的第一件事就是把所有有理数组成的集合定义为系统 R

（system R）；接着，他提出，以下法则对系统 R 中的所有数字均成立：

Ⅰ．若 $a>b$ 且 $b>c$，则必有 $a>c$。若 a 和 c 是两个不同（或不相等）的数，且 b 大于其中的一个且小于另一个，根据几何思想的启示，我们将毫不犹豫地将此情况简述为：b 处于数 a 和数 c 之间。

Ⅱ．若 a 和 c 是两个不同的数，那么在 a 和 c 之间必然存在无穷多个数。

Ⅲ．假定 a 是任一给定的数。将系统 R 中的所有数字分为两类：A_1 和 A_2，每一类都包含无穷多的个体；其中，第一类 A_1 中的所有数 a_1 均小于数 a，第二类 A_2 中的所有数 a_2 则均大于数 a。同时，数 a 可被随意指派给第一类数或第二类数，它或为第一类中的最大数，或为第二类中的最小数，此时，无论是上述哪种情况，系统 R 中第一类 A_1 中的所有数均小于第二类 A_2 中的所有数。[4]

显然，要想进一步阐释清楚狄德金的想法是有些困难。第一条法则在前文我们已经遇到过，它讲述的是有理数的有序性。第二条法则说明，任何两个相异有理数之间都存在无穷多的数。而阐明狄德金思想精髓实质的则是第三条法则，它表明，每一个有理数都可将全部有理数划分为两类，并使得其中一类的每一个数都小于另一类中的每一个数，而且，做出此分类的这个有理数可归为两类中的任一类，要么是第一类 A_1 中的最大数，要么是第二类 A_2 中的最小数。

至此为止，我所引用的只是狄德金文章中有关有理数的片段。当他做好准备，正式朝无理数进发时，他仅对上述第三条法则做了简单修改，去掉了其中"有理数的类别分割需由一个有理数定义"的要求。他这样做究竟是对是错？其具体阐述如下：

现将系统 R 任意划分为两类：A_1 和 A_2。若这种分类有且仅有以下特性：A_1 中的每一个数 a_1 均小于 A_2 中的每一个数 a_2，那么，为简洁起见，我们将此分类称为分割，并以（A_1，A_2）来表示。[5]

读及此，我们心中可能会有疑惑，为什么狄德金认为有必要定义一个新术语"分割"，而不沿用原来"以点划分数线上的有理数"的思路？大家应该还记得，狄德金一直意图剥离无理数概念与几何概念（如点和线）之间的捆绑，而从上述狄德金对分割的定义中可见，他已圆满地达成了这一愿望，他是通过两类大小迥异的数（其中，第一类数中的每一个数均小于第二类数中的每一个数）来定义分割的。

他定义了分割，却没有具体说明应当如何进行分割。据前文可知，任意一个有理数都可完成分割，那么，现在的问题是，若没有有理数，分割可否进行？对于这个问题，狄德金回答如下：

> 我们可轻松证明存在无数多个不是由有理数产生的分割，下述这个例子便是典例。
>
> 现假设 D 为正整数且不为某个整数的平方，那么则存在一个正整数 λ 使得如下关系成立：
>
> $$\lambda^2 < D < (\lambda + 1)^2$$
>
> 此时，我们若指定第二类 A_2 中的数 a_2 为平方大于 D 的正有理数，其他所有有理数则为第一类 A_1 中的数 a_1，如此可得到分割（A_1，A_2），其中每一个 a_1 均小于每一个 a_2……这一个分割不是由有理数产生的[6]。

这是什么意思呢？首先，狄德金指出，每一个非某个自然数平方的整数 D，必然介于两个相差为 1 的整数的平方之间，比如，5 介于 4（2 的平方）和 9（3 的平方）之间。基于此，他机敏地将所有平方大于 5 的正有理数划归组成 A_2，如此一来，一个可用于定义无理数 $\sqrt{5}$ 的分割诞生了。

值得一提的是，此番定义只涉及有理数，换言之，狄德金巧妙避过了以无理数定义无理数的逻辑陷阱。

再来看第二个例子。我们可用以下方式为无理数 $\sqrt{2}$ 定义一个分割：令 A_2 包含一切其平方大于 2 的有理数，其他有理数则归到 A_1。此处只需稍加思考便能理解，正如狄德金在 1858 年 11 月 24 日那天的恍然顿悟。在图 40 中标示了 2 与 $\sqrt{2}$ 在数线上的位置，所有大于 $\sqrt{2}$ 的有理数都应当落于 $\sqrt{2}$ 的右侧，我们都清楚，这些有理数的平方均大于 2。

狄德金设计之巧妙令人叫绝，他以有理数创建一个用于分类有理数的分割定义了无理数。

> 每当我们不得不处理一个由非有理数产生的分割 $(A_1，A_2)$，就会产生一个全新的无理数 a，并且这个无理数完全由分割 $(A_1，A_2)$ 定义；甚至我们可以说，数 a 对应于分割 $(A_1，A_2)$ 或数 a 产生了这个分割。因此，自此刻起，每一个确定的分割都对应有一个确定的有理数或无理数，我们认为这两类数完全不同且不相等，因为它们对应的分割具有本质区别。[7]

我们将集合所有有理数和无理数的数集称为实数集。狄德金以分割——无穷多个有理数数集——定义实数。从本质上讲，他已然完成了用无穷集定义数的突破壮举，因为自此我们可认为，无穷这一概念是数系构建的根基——对于古希腊人而言，这是万万无法接受的"荒谬之谈"。

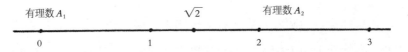

图 40　狄德金分割。所有平方值小于 2 的有理数构成 A_1，均位于数线上 $\sqrt{2}$ 的左侧；所有平方值大于 2 的有理数构成 A_2，均位于数线上 $\sqrt{2}$ 的右侧。这两个有理数的集合，即 A_1 与 A_2，定义了无理数 $\sqrt{2}$

狄德金不仅定义了有理数，而且他进一步利用分割定义了实数的加法运算，一旦踏出这一步，要定义实数的其他三种算术运算就不难了。在其定义的基础上，狄德金断言，实数（无论是有理数还是无理数）进行四则运算得到的结果总为实数（除以零除外）。这显示了实数系统的封闭性，同时，这也为狄德金判断等式 $\sqrt{2} \cdot \sqrt{3} = \sqrt{6}$ 成立提供了理据。狄德金已确保了无理数存在的正当性，那么下一步我们探询的应是：无理数到底是什么？

小数系统的趣味

小数系统采用一个小点将一个数的整数部分同分数部分区分开来，这极大地便利了计算的发展。在十进制发明之前，分数之间的加减运算杂乱无章，就连区分大小都是个难题，比如，人们很难看出 $\frac{21}{73}$ 和 $\frac{143}{517}$ 哪个更大。但是，若以小数形制表示它们（也即以小数形式表示），我们只需看到小数点后的几位数字就能断定它们的大小顺序：$\frac{21}{73} = 0.287\,7$，而 $\frac{143}{517} = 0.276\,6$，显而易见，$\frac{21}{73}$ 更大。

早在文艺复兴时期，十进制小数就出现了。1492 年，弗朗切斯科·佩洛斯（Francesco Pellos，1450—1500）出版了著作《算术概要》（*Compendio de lo abaco*），其中详细介绍了如何使用圆点来标示分母为 10 的幂次的分数[8]。古巴比伦人使用的是以 60 为基础的六十进制分数，西方世界也一直沿用该数制作为天文学研究的标准，并在中世纪黑暗时代（the Dark Ages）广泛应用于一般运算。在佩洛斯著作问世之后的一段时间里，六十进制分数依然是人们的首选。之后，法国数学家弗朗索瓦·维耶特（Francois Viete，1540—1603）、约翰·纳皮尔（John Napier，1550—1617）相继力推十进制小数体系，最终，在后者引入小数点用于分隔一个数字的整数部分和分数部分之后，小数系统得以普及[9]。

现代十进制小数系统实质上是一种简写法，它将分数（数的小数部分）表示为若干分母为 10 的幂次的分数之和。比如，834.572 可写成：

$$834.572 = 8 \cdot 10^2 + 3 \cdot 10^1 + 4 \cdot 10^0 + 5/10^1 + 7/10^2 + 2/10^3$$

$$或者 \ 834.572 = 800 + 30 + 4 + \frac{5}{10} + \frac{7}{100} + \frac{2}{1\,000}$$

十进制的实用性体现在：只要很小的空间就可以完整表示一个数，十分便于计算。

此种小数表示法有一个特点：若想将分数写成小数形式，一般需要用分数的分子（分数线上方数字）除以分数的分母（分数线下方数字），比如，分数 $\frac{2}{5}$ 即用 2 除以 5，得 0.4。我们称这种类型的小数为有限小数，因为其小数点右侧的数码是有限的，也就是说，它们是自然结束的。

现在我们再试着把分数 $\frac{1}{3}$ 改写为小数形式。进行 1 除以 3 这一运算的方式如下：3 无法直接去除 1，因此我们需先写下一个小数点，然后在 1 后面加一个零使其变成 10；现在用 10 除以 3，得到 3 余 1，于是我们在小数点右侧写下 3，得到 0.3；此时仍有余数 1 未处理，为此我们在余数 1 之后加一个 0，使其变成 10，然后再重复以上过程。然而，我们发现，每次用 10 除以 3 得到的答案都是 3 且余 1，这个过程循环往复，没有尽头。看起来，我们似乎必须写下一串无限多的 3 才能精确呈现 $\frac{1}{3}$ 的数值，为了避免这种麻烦，我们在最右侧的 3 后面加三个小圆点以标示其后仍有无穷多个 3，因此有 $\frac{1}{3} = 0.333\cdots$ 因为我们清楚，无论我们写出多少个数量有限的 3，它永远都只是 $\frac{1}{3}$ 的近似值。有些文本会采用另一种表示方式，在最后一个 3 的上方点一个小圆点，即 $0.33\dot{3}$，以此表示圆点下方的数字无尽重复。这类小数称为无限循环小数。许多分数都是无限循环小数，而且其中很多小数有不止一位循环数码。以分数 $\frac{3}{11}$ 为例，其转换成小数应为 $0.272\,7\dot{2}\dot{7}$。此处我们把"27"这一循环重复书写了三遍，事实上，循环重复的次数是随人自定的，若想简略些，可直接写成 $0.\dot{2}\dot{7}$。

对于分数，我们可以说：一切分数都可以表示为有限小数或无限循环小数。反之亦然，也即，所有有限小数和无限循环小数均可写成分数形式。想把小数变回分数并非难事。我们首先考虑有限小数的情况。以小数 1.028 为例，第一步需先数清小数点右侧的位数，此情形下是三位；而后将小数改写为分子等于该小数且分母为 1 的分数形式；接着，由于小数点右侧共有三位数，因此将分数的分子、分母同乘以 10 的三次幂，也即 103；如此可得：

$$1.028＝1.028/1＝（1.028）\cdot（1\,000）/1\cdot1\,000＝\frac{1\,028}{1\,000}$$

现在我们已经如愿得到一个分数，接下来可通过消除分子、分母的最大公因数将该分数化成最简形式，也即 $\frac{1\,028}{1\,000}＝\frac{257}{250}$。据此我们可知，小数 1.028 就等于分数 $\frac{257}{250}$。

要将无限循环小数变为分数就有些棘手了，不过，我们确定它是可以完成的。以循环小数 0.333 33 为例，第一步需先数清循环数码的个数，此具体实例下循环数码仅有一位，因此我们将小数 0.333 33 乘以 10^1，如若有两位循环数码，则小数要乘以 10 的二次幂，也即 10^2，可得 3.333 33，此处需注意，必须保持小数点右侧 "3" 的个数不变；现用增大后的数减去原来的小数，可得：

$$
\begin{array}{r}
3.333\,33 \\
0.333\,33 \\
\hline
3.000\,00
\end{array}
$$

如此一来，全部循环数码均消除殆尽，仅剩下有限小数 3.0。该计算过程可解读为，10 个原来的小数减去一个原来的小数等于 3。换句话说，10 乘以原来的小数减去 1 乘以原来的小数等于 3.0，这意味着，原来的小数等于 $\frac{3}{9}$，也即 $\frac{1}{3}$，这正是我们所求的答案。

我们可通过类似运算处理任意一个无限循环小数，将其表示成分数形式。读及此，或许有些读者会心生犹疑，上述推算过程中有一个步骤是将原来的无限循环小数乘以 10，于是我们把所有数码向左移一位（也可说是将小数点向右移一位）。但是，我们如何确认这一操作的有效性呢？由这个疑问引申出的是十进制小数系统的一个奇特性质，乍听之下读者可能会觉得它有悖常识。我们先思考这样一个问题：$0.999\,9\dot{9}$ 这个数的确切数值到底是多少？这个数仅比数 1 小一个无穷小量吗？事实上，$0.999\,9\dot{9}$ 就等于 1！将 $0.999\,9\dot{9}$ 改写成分数形式就能看出端倪了：用 10 乘以该小数，而后减去原来的小数，可得：

$$
\begin{array}{r}
9.999\,9\dot{9} \\
0.999\,9\dot{9} \\
\hline
9.000\,00
\end{array}
$$

换言之，十倍原来的小数减去一倍原来的小数等于 9，因此原来的小数等于 $\dfrac{9}{9}$，也即 1。不过，这个过程依然依赖于无限小数的乘法以及左移数码的操作。若把此过程诉诸极限概念，或许能找到其合理根据。我们将小数 $0.999\,9\dot{9}$ 视为一个无穷级数，即有：

$$
0.999\,9\dot{9} = \frac{9}{10} + \frac{9}{100} + \frac{9}{1\,000} + \cdots
$$

此时若有人声称小于 1，那么它肯定比 1 小一个确定的量，我们暂且设这个确定量为 ϵ。然而，无论 c 的具体数值是多少，我们总可以通过在 $0.999\,9\dot{9}$ 的十进制小数展开式中增添若干项，使其与 1 之间的差值小于 ϵ。可见，$0.999\,9\dot{9}$ 的十进制展开式的极限必然是 1。

到目前为止，我们的一切讨论都只在有理数的疆域里打转，尚未企及无理数的边界。及此，我们心头可能会冒出这样的疑问：无理数的十进制小数展开式会以何种形态呈现？无理数如 $\sqrt{2}$ 将呈现为无限不循环小数。那么，我们可否在既不用分数也不用小数的情况下，精准地表示这一类数呢？答案是否定的。正是这一恼人特性使得无理数很难获得人们的青睐，它们凌乱不工整，甚至无法完整书写。不过，若从另一角度看待这个问题，或许你会发现它的异样魅力——它们的小数展开式在数的领地里四处漫游，从不落入重复循环的无聊范式。有些数学家就被这种由无常激发的瑰丽深深吸引了。

圆的周长与直径之比的值为 π，它也是一个无理数，其十进制小数展开式的前 101 位数字如下所示：

3.141592653589793238462643383279502884197169399375105820974944

59230781640628620899862803482534211706679…

数学家们十分清楚，π 的小数部分永远不会开启无限重复的模式，但他们仍禁不住想探知，在这一连串无尽的数字中，是否隐藏着其他类型的模式。比如，有一个被称为"数中之数"的无理小数，其建构模式就极具特色，由连续自然数构成：0.12345678910111213…这是一个不存在循环模式的无理数，但其小数展开式的扩展路径却有显而易见的规律可循，即将下一个自然数作为下一组数码。那么，π 的情况又如何呢？我们是否能找寻到某种可以解开其奥秘的模式？ 1989 年秋，几组数学家运用超级计算机算出了 π 的前十亿位数，希望可以从中挖掘出一些意想之外的有用信息，但遗憾的是，时至今日仍未有所收获。不过，他们未曾放弃过这一尝试，竞赛依然在进行，就让我们拭目以待数学家算出的 π 的最大位数将会是多少。

对于无限不循环小数，我们可能会想了解在其小数展开式中不同数字出现的频率高低，换言之，是否存在这样的数，0、1、2 等 10 个数字在其小数展开式中出现次数平均各占 10%？答案是肯定的，这类数叫作正规数；倘若一个数在任意基底下，其小数展开式中所有数字出现的机会均等，我们就称其为绝对正规数。虽然数学家已断定绝大多数的数均为绝对正规数，但目前他们尚难以采取有限手段检验某个具体数是否为正规数。因此，我们对于 π 是否属于正规数范畴仍不得而知。不过，有一个现象十分怪异：日常生活中我们惯常接触的数几乎都是有理数，而它们基本都不是正规数，但实际上，在所有实数中，正规数占据压倒性的大多数。一个既是有理数又是正规数的典例是循环小数 0.012345678901234567890123456789…，每个循环中每个数字均出现一次。

无理数的计算又当如何呢？事实上，我们已经做好了进行无理数运算的知识准备。前文中我们已接触过收敛级数的概念，若要计算一个无理数的小数展开式，我们只需计算一个无穷级数中的连续项即可。以计算 $\sqrt{2}$

为例，我们可以利用以下级数：

$$\sqrt{2}=1+\frac{1}{2}-\frac{1}{2\cdot4}+\frac{3}{2\cdot4\cdot6}-\frac{3\cdot5}{2\cdot4\cdot6\cdot8}+\frac{3\cdot5\cdot7}{2\cdot4\cdot6\cdot8\cdot10}-\cdots$$

上述级数乍看之下似乎十分混乱复杂，其实它很便于计算。我们可重写该式，使其变为每一项都是前一项乘以一个适当分数的形式：

$$\sqrt{2}=1+\frac{1}{2}-(\frac{1}{2})(\frac{1}{4})+(\frac{1}{2\cdot4})(\frac{3}{6})-(\frac{1}{2\cdot4\cdot6\cdot8})(\frac{5}{8})+$$
$$(\frac{2\cdot5}{2\cdot4\cdot6\cdot8})(\frac{7}{10})-\cdots$$

表5　逼近$\sqrt{2}$

项数	单项值级	数和
1	+1.000 00	1.000 00
2	+0.500 00	1.500 00
3	−0.125 00	1.375 00
4	+0.062 50	1.437 50
5	−0.039 06	1.398 44
6	+0.027 34	1.425 78
7	−0.020 51	1.405 27
8	+0.016 11	1.423 8+
9	−0.013 09	1.408 29
10	+0.010 91	1.419 20 ˙
11	−0.009 27	1.409 93
12	+0.008 01	1.417 94
13	−0.007 01	1.410 93
14	+0.006 20	1.417 13
15	−0.005 54	1.411 59

现在我们可以开始着手计算$\sqrt{2}$的小数展开式，看看我们是如何逐项逼近其六位精确值 1.414 21 的。表5 所示为该级数前 15 项的值，完成这 15 项的累加运算后只能得到该级数前三位的精确值，可见逼近$\sqrt{2}$是个十分缓慢冗长的过程。好在计算机的运算速度极快，只用一秒便可完成高达数千次的准确计算，因此数学家们在现代技术的助力下逼近无理数并非难

事。为了加快运算过程的收敛速度，数学家们实际上会使用比上述级数更加复杂的函数。

前文介绍过一个级数可用于逼近 π。

$$\pi = 4 \cdot \left(1 - \frac{1}{3} + \frac{1}{5} - \frac{1}{7} + \frac{1}{9} - \cdots \right)$$

表 6 罗列了该级数的前十五项数值，用跟表 5 所列级数相同的项数来计算，只能算出 π 的一位精确值，相较于逼近 $\sqrt{2}$，此处所用级数的收敛速度更加缓慢。

表 6　逼近 π

项数	单项值级	数和
1	+4.000 0	4.000 0
2	−1.333 3	2.666 7
3	+0.800 0	3.466 7
4	−0.571 4	2.895 3
5	+0.444 4	3.339 7
6	−0.363 6	2.976 1
7	+0.307 7	3.283 8
8	−0.266 7	3.017 1
9	+0.235 3	3.252 4
10	−0.210 5	3.041 9
11	+0.190 5	3.232 4
12	−0.173 9	3.055 8
13	+0.160 0	3.218 5
14	−0.148 1	3.070 4
15	+0.137 9	3.208 3

有理数也可以是级数的极限值，比如，阿基米德就发现 $\frac{1}{3}$ 可扩写为如下级数：

$$\frac{1}{3} = \frac{1}{4} + \frac{1}{16} + \frac{1}{64} + \frac{1}{256} + \cdots$$

连分数是一类特殊的无穷级数，它由一个整数以及一个分数组成，其中，分数的分母又是由另一个整数以及一个相同类型的分数组成。倘若一个连分数一直以上述模式延续下去而不见尽头，那么我们就称其为无限连分数。如下所示就是一个形式工整的无限连分数：

$$\frac{1+\sqrt{5}}{2}=1+\cfrac{1}{1+\cfrac{1}{1+\cfrac{1}{1+\cfrac{1}{1+\cdots}}}}$$

等式左侧的数值便是奇妙绝伦的黄金分割。众所周知，所有无理数均可以无限连分数的形式呈现，因此，可利用连分数来计算任意无理数的值。

前文通过多角度的切入讲述，为我们深入理解无理数的性质铺平了道路。狄德金提出的精妙定义为无理数构筑了坚实的理论根基。我们还了解到，与有理数一样，无理数也是有序的；而且，实数系统对一切运算（除零做除数外）都具有封闭性，我们可以像对有理数一样，对无理数进行运算。由此，我们也对数线上的所有点做了注解，因为实数与数线上的点是一一对应的。那么，我们还想了解些什么呢？

事实上，我们一直在回避一个问题，即到底有多少个无理数？我们自然知道，无理数有无穷多个，但是，与同样有无穷多个的有理数相比，它是比有理数"多"还是比有理数"少"呢？不过，既然它们同样都有无穷多个，讨论它们之间的多少之差又有什么意义呢？下一章节我们将集中探讨这一问题。

其他种类的方程式

至目前为止，我们都把目光投向了形如 $a_0x^n + a_1x^{n-1} + \cdots + a_{n-1}x + a_n = 0$ 的多项式方程式（其中，a_0 到 a_n 是 x 的各次幂的系数），我们将这样的方程称为标准的多项式方程式。不过，在解决具体问题的过程中，我们往往需要构建形式不同于多项式方程的方程式。对此，我们须特别关注以下三类方程式：指数方程、对数方程和三角方程。它们的出现及普及为人们解决现代生活及科技需求，如精炼石油、发射太空器等奠定了数学根基。

指数方程中的未知数由数的指数部分构成，比如 $12^x = 144$，为求得该方程式的解，我们必须设法知道 12 的多少次幂等于 144；答案一目了然，为 2，因此有 $12^2 = 144$。然而，有一些指数方程的答案就不那么直接明了了，比如，方程 $1.099\,4^x = 17.32$，你能自如答出 x 是多少吗？或者退一步，你能迅速判断出 x 是有理数还是无理数吗？

各位读者是否还记得高中或大学代数课上学习过的对数？它指的是数的指数，比如，2 是以 10 为底 100 的对数，换言之，10 的 2 次幂等于

100，若用符号表示，可写为 $\log_{10}100=2$。以 10 为底的对数叫作常用对数，我们常省略 10，将其直接写成 $\log100=2$。对数有一个十分便于运算的性质——因为有恒等式 $A^c \cdot A^d=A^{c+d}$，所以可通过将两个对数相加来计算两个数的乘积，比如 $3^2 \cdot 3^5=3^{2+5}=3^7$。因此，当碰到繁杂困难的乘法问题时，常常可利用对数将其转化为简单的加法运算。同时，我们也会需要解决一些以对数形式呈现的问题，比如，我们或许会碰上形如 $\log x=2$ 的方程，要求我们解出 x 的精确值；不难得出该题的答案是 100。总而言之，在涉及指数的问题上，对数提供了一种相对便利的解决之道。

　　三角方程的建立基于直角三角形各边长与各角度之间的关系。图 41 所示为一个直角三角形，其中一个角为 θ（希腊字母），三条边与之对应，分别表示为斜边、对边和邻边。三角函数数量众多，均由角 θ 与三角形三边之间的关系定义，因篇幅有限，此处我们仅探究其中的正弦函数。角的正弦指该角对边长与斜边长之比，用符号书写为：$\sin\theta=$对边长 / 斜边长。可见，$\sin\theta$ 与 $\log100$ 一样，也是一个数。$\sin30°=0.5$，换言之，当 θ 为 30° 时，斜边长为其对边长的两倍，它们之间的比，即对边长 / 斜边长 $=0.5$。

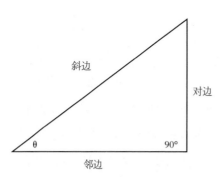

图 41　三角关系涉及直角三角形中的一个角 θ 与其三条边的长度之间的关系，正弦关系定义为 $\sin\theta$ =对边长 / 斜边长

　　当我们为指数函数、对数函数和正弦函数赋上不同的值，我们又会得到什么类型的数呢？正如前文所示，在某些情况下，我们会得到自然数或分数，也即有理数，那么，会否得到无理数呢？实际上，这类方程的解绝大部分是无理数，比如，假设 θ 为 0° 到 90° 之间的任意有理数度数，除 θ $=30°$ 这一特例外，所有 $\sin\theta$ 均为无理数。

定义难以捉摸的

圆的周长与其直径之间的关系自古备受瞩目，如今我们用符号 π 表示两者的比值。最早启用古希腊字母 π 指称这一关系的是瑞士数学家欧拉（1707—1783）（如图 42 所示）。欧拉是数学史上最多产的数学家之一，出版了 500 余册专著和论文，取得的学术成果汇编成书的累计高达 90 卷之多[1]。欧拉还定义了字母 e 的使用，令其代指以下这一基本数学关系：

图 42 莱昂哈德·欧拉，1707—1783（本图源引自布朗出版社，斯特灵市，宾夕法尼亚州）

$$e = \lim_{n \to \infty} \left(1 + \frac{1}{n} \right)^n$$

因此，e 是 n 越来越大时的极限值。换句话说，若取 n 为从 1 开始的连续自然数，那么由公式 $(1+1/n)^n$ 可生成一个数列，随着 n 的不断增大，该数列将越来越趋近 e 的真值。所以我们说，e 是该数列的极限，记作上式。

跟前文我们对 π 进行的操作流程一样，我们可从 $n=1$ 开始逐项计算 $(1+1/n)^n$ 的值（见表 7），以逐步逼近 e。

表 7　逼近 e

n	$(1+1/n)^n$	e 的逼近值
1	$(1+\frac{1}{1})^1$	2.000
2	$(1+\frac{1}{2})^2$	2.250
3	$(1+\frac{1}{3})^3$	2.370
4	$(1+\frac{1}{4})^4$	2.441
5	$(1+\frac{1}{5})^5$	2.488

　　倘若继续执行这个流程，我们肯定可以获得精确至十位数的近似值 e =2.718 281 828 4…有一个十分工整漂亮的级数与该数紧密相关，由彼时年仅 23 岁的艾萨克·牛顿（1642—1727）于 1665 年首次发现。前文提到过，所谓级数指的是众多项之和，而非由众多项组成的序列。在开始介绍这个精妙的级数之前，我们须先明确一个数学常用书写惯例的定义。1 和 2 两数相乘可得 1·2=2；前三个数相乘可得 1·2·3=6；前四个数相乘则有 1·2·3·4=24。一般而言，上述乘法运算可运用阶乘（factorial）符号 "!" 进行简写：1·2=2!=2；1·2·3=3!=6；1·2·3·4=4!=24。我们通过观察可发现，这些阶乘的数值增速飞快，比如，10! 的值将高达 362 880 0。数学研究常涉及阶乘的值，因此这种简写方法十分实用。

　　牛顿发现的与 e 相关的级数如下所示：

$$e = \frac{1}{0!} + \frac{1}{1!} + \frac{1}{2!} + \frac{1}{3!} + \frac{1}{4!} + \cdots$$

　　数学界将符号 0! 定义为 1。上述级数亦可表示为：$e = 1+1+\frac{1}{2}+\frac{1}{6}+\frac{1}{24}+\cdots$ 或 $e = \sum (1/n)$（其中 n 取遍自 0 起的全部整数）。前文提及，我们用古希腊大写字母 $\sum$（读作 sigma）表示级数中所有项相加。

　　数学家和科学家之所以对 e 感兴趣，是因为在许多亟待解决的实际问题中都潜藏着它的身影。它的高度存在感来源于它的一个迷人特性：对

于数值相对小的 x，有 $e^x \approx 1+x$；此处的特殊符号为近似符号，它的意义是等式两端的数值十分接近但不完全相等。因此，若令 x 等于 1/n 且 n 很大，上述关系等式成立，即 $e^{1/n} \approx 1+1/n$。此时，再令等式两端同取 n 次幂，则可得 $(e^{1/n})^n \approx (1+1/n)^n$，也即 $e \approx (1+1/n)^n$。这正是我们定义 n 趋向无穷大时的极限的过程。

e 与我们对数的探索到底有什么具体关联？数学家们开始追问 e 和 π 究竟是什么样的数，由此，他们叩开了数王国的另一扇大门，发现了另一类全新的数。

审视 π 和 e

我们都清楚，若有一个一次多项式方程 $ax+b=0$，其中 a 和 b 均为自然数，那么它的解 x 必然是有理数，因为 $x=-b/a$。事实上，任意一个有理数都可能是某个一次多项式方程的根。同时，我们也已知道，高次幂多项式的根既有可能是有理数，也有可能是无理数。我们将所有系数均为整数的多项式的解定义为代数数；我们也可更确切地说，所有系数均为有理数的多项式的解是代数数，因为对于系数是分数（有理数）的多项式，我们总能通过令等式两端同乘以某个整数使其系数全部转变为整数。比如，对于方程 $\frac{1}{2}x+\frac{2}{3}=0$，我们可将方程两边同乘以整数 6，令其转变为系数均为整数的多项式：$6 \times (\frac{1}{2}x+\frac{2}{3})=6 \times 0$，也即 $6 \times \frac{1}{2}x+6 \times \frac{2}{3}=0$，最终获得我们想要的 $3x+4=0$。

方程 $\frac{1}{2}x+\frac{2}{3}=0$ 与方程 $3x+4=0$ 具有相同的解：$x=-\frac{4}{3}$。由此可见，我们完全可以将系数为有理数（分数）的多项式方程转化为系数全为整数的多项式方程，它们的解相同。这就意味着，自然数、分数、根数（形如 $\sqrt{n}$）均为代数数，因为它们均可作为上述这类多项式方程的根。

定义：可以作为系数均为整数的多项式方程的根的数称为代数数。

1748 年，欧拉抛出了数学界的第一声疑问：e 和 π 是代数数吗？换句话说，它们可以成为系数均是整数的多项式方程的解吗？对于 π 而言，这个问题尤为重要，因为自古希腊时代起，就有一个疑问一直萦绕在人们心头无法消弭：仅用直尺和圆规能否作出一个与某给定圆面积相同的正方形？圆的面积可由公式 πr^2 计算得出（其中 r 为圆的半径），假设圆的半径 $r=1$，那么圆的面积相应为 π，若要作一个面积为 π 的正方形，我们必先作出长度为 $\sqrt{\pi}$ 的线段，如此方可得到符合要求的正方形。

这便是著名的"化圆为方"问题，在过去两千多年间，无数人——包括专业数学研究者和业余爱好者——为它伤透了脑筋。如果我们仅使用直尺和圆规来作图，那么与圆相关的长度运算也只能局限于乘法、加法、减法和除法四类，而它们也正是标准多项式方程涉及的四则运算。因此，倘若 π 可成为标准多项式的解，它就是一个代数数，应当可以"化圆为方"；换言之，假如 π 不是代数数，则无法"化圆为方"。

倘若 e 和 π 都不是代数数，那它们又会是什么类型的数呢？数学家开始将非代数数称为超越数。不过，当欧拉首次抛出这个疑问时，人们仍不可知超越数是否真实存在。这个问题早在 1748 年就已走进人们的学术视野，但直到 1844 年欧拉去世多年以后才得到了较为确切的解答。这一年，法国数学家约瑟夫·刘维尔（Joseph Liouville，1809—1882）建构了第一个被证明是超越数的数，该数具体如下：

$$L = \frac{1}{10^{1!}} + \frac{1}{10^{2!}} + \frac{1}{10^{3!}} + \frac{1}{10^{4!}} + \dots$$

$$\text{也即 } L = \frac{1}{10} + \frac{1}{10^2} + \frac{1}{10^6} + \frac{1}{10^{24}} + \dots$$

它的小数形式是 $L = 0.11000100000000000000000100\cdots$ 刘维尔严谨证明了，这个数绝不可能是任何一个系数均为整数的多项式的解，因而它属于那类让人难以捉摸的超越数。在此基础上，他又进一步构想出了形式统一如下的无数多个超越数：

$$\frac{a_1}{10^{1!}} + \frac{a_2}{10^{2!}} + \frac{a_3}{10^{3!}} + \cdots$$

其中，a 取 0 至 9 范围内的整数。人们把这种数称为刘维尔数。此番证明彻底解决了人们关于超越数是否确然存在的疑问，然而，对于 π 和 e 这样的数，其具体性质我们仍然不得而知——它们究竟是超越数还是代数数？终于，在 1873 年，费迪南德·冯·林德曼（Ferdinand von Lindermann，1852—1939）证明了 π 是超越数，关于"化圆为方"是否切实可行的争论也由此落下帷幕——不可能做到！

至此我们已知，超越数的领地里已有 π、e 和刘维尔数安家落户，那么，还有其他可能的"住户"吗？指数方程和对数方程的解常出现超越数，然而，我们若想证明具体某一个解是超越数还是代数数十分困难，其工作量之大令人却步。其他一些组合形式的数的性质也依然不得而知，虽然已有数学家成功证明 $e^π$ 是超越数，但 e^e、$π^π$、$π^e$ 是否为超越数依旧成谜；我们甚至连诸如 $e + π$、$e \cdot π$ 等这类简单组合表达式的属性都难以确定。

如今已有一大类以指数形式呈现的数被证明是超越数。1934 年，苏联数学家亚历山大·奥希波维奇·盖尔方德（Aleksander Osipovich Gelfond，1906—1968）证明，假如有不为 0 和 1 的代数数 a、无理代数数 b，那么所有形如 ab 的数均有超越数。这一证明结论现被称为盖尔方德定理 [也有人称其为盖尔方德－施耐德定理，因为特奥多尔·施耐德（Theodor Schneider）于 1935 年也独立证明了此定理]。根据该定理，$3^{\sqrt{7}}$、$\sqrt{6}^{\sqrt{5}}$ 这样的数均为超越数，因为它们的底数（3 和 $\sqrt{6}$）是不为 0 和 1 的代数数、指数（$\sqrt{7}$ 和 $\sqrt{5}$）是无理代数数。遗憾的是，这条定理无法帮助我们判断 e^e、$π^π$、$π^e$ 等数的性质，因为它们的底数和指数本身就已是超越数，并不满足盖尔方德定理的条件。

从盖尔方德定理可推导出，像 log2 这样的数必定是超越数。log2 作为 10 的幂次可得到 2，因此有 $10^{\log2}=2$。我们可以证明 log2 是一个无理数。不如暂且假设 log2 是有理数，那便有 $\log2=p/q$，其中 p、q 均为整数。接着，由对数的定义可知，$10^{\log2}=10^{p/q}=2$；现令等式两边同时取 q 次幂，可得 $10^p=2^q$；众所周知，10 是 2 和 5 的乘积，于是有 $(2\cdot5)^p=2^q$，也即 $2^p\cdot5^p=2^q$。

此时摆在我们面前有两种可能性。倘若 p 大于 q，我们可令等式两边同除以 $2q$，从而得到 $2^{p-q}\cdot5^p=1$，而毋庸置疑，这道等式是不成立的。倘若 q 大于 p，我们可令等式两边同除以 2^p，从而得到 $5^p=2^{q-p}$，这道等式同样不成立，因为每个合数能且只能被分解成唯一一组质因数乘积。换言之，不存在既是 5 的整数次幂又是 2 的整数次幂的数，我们立即就能意识到，2 的一切整数次幂应当都是偶数，而 5 的一切整数次幂应当都是奇数（而且都以 5 作为个位数结尾），因此不可能把 5 的幂以 2 的幂的形式呈现。可见，我们预设的整数 p 和 q 不可能存在，log2 是无理数。

倘若 log2 既是无理数又是代数数，那么依据盖尔方德定理，2 必定是超越数，因为 $10^{\log2}=2$。然而 2 是有理数，所以 log2 必定是无理数和超越数。上述推理过程适用于所有形如 $\log x$ 的数，其中 x 必须是有理数且 $\log x$ 是无理数——绝大多数 x 的值可满足这一条件。因此，我们可以断定，几乎所有对数都是超越数。另外，虽然标准三角函数一般是无理数，但它们大多是代数数而非超越数。

究竟有多少超越数

上文中我们已经确认了许多超越数的存在，而且，实际上存在着无穷多个超越数。那么，超越数的数量比代数数还要多吗？讨论两个无限数集孰大孰小是否有意义？在寻求上述问题的解答的过程中，数学家们找到了一片有关无限这一数学思想的新大陆，揭开了无限这一概念令人惊叹的一面。

人类与无限集的第一次照面应是发生在邂逅自然数的时候。若想真正掌握无限的内核，自然数是最佳的切入点。当两个有限集具有相同的基数时，其中一个集合可以一一对应映射到另一个集合上；反之，如果两个有限集存在一一映射的关系，只要它们均不落下任何一个元素，那么两个集合的基数必然相等。我们也将运用上述原则即映射原理，来尝试探索无限集之间的大小关系。

定义：假如 A 和 B 均为无限集，且 A 中的全部元素均可一一对应地映射到 B 中的全部元素上，那么我们认为 A 和 B 具有相同的基数。

由于集合 A 和 B 均是无限集，我们不可能用任何有限数来作为它们的基数，所以我们最终将必须重新定义某些特定符号用以表征无限集的基数。

如果一个无限集可与自然数集一一映射，我们称其为可数集。经研究发现，可数集具有一些不同寻常的性质。伽利略·伽利雷（Galileo Galilei，1564—1642）是人类历史上最卓绝伟大的科学家和数学家之一，他着力改良革新望远镜等相关设备，观测发现了木星的卫星、太阳的自转和太阳黑子现象等，他还敏锐捕捉到了（钟）摆的运动规律，证明了一切进行自由落体运动的物体具有相同的加速度。1636 年，伽利略出版了著作《关于两种新科学的对话》（*Dialogues Concerning Two New Sciences*），其中他指出，无限集有一个十分令人费解的性质[2]。据他阐述，自然数可以一一映射到由自然数的平方组成的集合上，具体映射方式如下：

$$1 \quad 2 \quad 3 \quad 4 \quad 5 \quad 6 \quad 7 \quad 8 \quad 9 \quad 10 \quad 11 \quad \cdots$$
$$\updownarrow \quad \updownarrow \quad \updownarrow \quad \updownarrow \quad \updownarrow \quad \updownarrow \quad \updownarrow \quad \updownarrow \quad \updownarrow \quad \updownarrow \quad \updownarrow$$
$$1 \quad 4 \quad 9 \quad 16 \quad 25 \quad 36 \quad 49 \quad 64 \quad 81 \quad 100 \quad 121 \quad \cdots$$

每一个自然数均只映射唯一一个平方数，反过来，每一个平方数也均只映射唯一一个自然数，一个一一对应的映射由此建立，它完整覆盖了全部自然数和全部平方数。据此我们可得出一个惊人的结论，平方数的数量和自然数的数量竟然一样多！我们认为自然数是可数的（或者说可计数的），同时，其他可以与其建立一一映射的集合也是可数的。

许多读者看到这里或许会涌生许多疑问——这怎么可能？肯定有哪里搞错了！平方数无限集中缺失了如此多的自然数，平方数的总数怎么可能跟自然数一样多？我们直觉认为，自然数肯定比平方数"多得多"，然而，根据上述定义，只要两个数集具有相同的基数，那么它们的"大小规模"就是相等的。这个小小的例子展现了上文提及的可数无限集的"一个十分令人费解的性质"。在正数、负数和自然数之间也可以相似方法建立如下映射：

$$1 \quad 2 \quad 3 \quad 4 \quad 5 \quad 6 \quad 7 \quad 8 \quad 9 \quad 10 \quad 11 \quad \cdots$$
$$\updownarrow \quad \updownarrow \quad \updownarrow \quad \updownarrow \quad \updownarrow \quad \updownarrow \quad \updownarrow \quad \updownarrow \quad \updownarrow \quad \updownarrow \quad \updownarrow$$
$$0 \quad 1 \quad -1 \quad 2 \quad -2 \quad 3 \quad -3 \quad 4 \quad -4 \quad 5 \quad -5 \quad \cdots$$

此处我们又得到一个覆盖全体整数和全体自然数的一一对应的映射，因此，整数的数量和自然数一样多。事实上，我们可得到下述这个精巧迷人的定理。

定理：*每个可数无限集的基数与自然数集的基数相同。*

这就意味着，所有可数无限集的大小均相同，因为它们具有同样的基数。这个定理还蕴藏着另一层含义，即可数无限集的任意一个无限子集的大小与原来的集合一致无二。这一认知的意义在于，它使我们意识到，有限数集具备的性质并不全部为无限数集所保留。比如，10 加上 1 会得到一个比 10 更大的数，但是，无限集加上 1 并不会产生一个"更大"的集合，我们新获得的集合大小不变，因此，假设一个无限集的基数为 A，那么 $A+1=A$。这个结论乍看之下有些荒谬，因为日常经验告诉我们，往某集合增添一个对象应当会相应地增大这个集合的规模，但是，眼下我们讨论的是无限集，不可与有限集一概而论。或许我们可以换个角度看待这个问题：无限集加上 1（或其他任意有限的数）之所以不改变无限集的大小，是因为相对无限集而言，有限数实在微不足道，不足以撼动其基础规模；换言之，只有无限方能真正影响无限，若想真正改变无限集的大小，必须做些触及无穷的改变。读及此，假如读者对"增加有限数并不影响无限集大小"这一思想仍有疑惑，请不必慌张自疑，其实这个结论也困扰了数学家几十年之久。当我们讨论无限集的大小时，请记住，我们是从映射的角度来定义其规模大小的，通过映射这一概念，我们可看到无限集的大小的确存在不同，只是其大小差距并非有限的，而需要以无限来量度。

遵照已有的映射建立流程，我们可以进一步推导出另一个令人惊叹的结论。我们已知，任意一个可以同自然数建立一对一映射的无限集具有和自然数集相同的基数。此时我们要问一个问题，有多少有理数呢？我们能否将所有有理数映射到自然数上？乍看之下，似乎有理数集应比自然数集大得多，毕竟仅在自然数 1 和 2 之间就已存在无数有理数，我们还可进一步概括为，任意两个相邻自然数之间均存在无数有理数。既然如此，这两个集合的基数怎么可能相同呢？

现请仔细观察表 8，其中所有有理数整齐罗列在一个方矩阵中。该矩阵分别向右、向下无限延伸，显然，由于一切有理数均可表示为 p/q（其中 p、q 均为整数）的形式，因此该矩阵可完全覆盖所有有理数。现在，我们从矩阵左上角开始，依次扫描检视每一个数，遇上与之前数值重复的数就消除抹去，最终得到表 9。此番操作并非难事，检阅依照表 9 箭头所示顺序进行，已简约至最简程度的数一律保留，其他统统划去。该矩阵囊括了一切正有理数，我们若想找到某特定的 p/q（此处默认该比值已是最简形式），只需直奔第 p 行第 q 列即可。由于我们已整理出涵盖一切正有理数的矩阵，现在我们可以着手将这些数依照顺序一对一映射到自然数上，具体如下：

$\frac{1}{1}$	$\frac{1}{2}$	$\frac{2}{1}$	$\frac{3}{1}$	$\frac{1}{3}$	$\frac{1}{4}$	$\frac{2}{3}$	$\frac{3}{2}$	$\frac{4}{1}$	$\frac{5}{1}$	$\cdots$
$\updownarrow$	$\updownarrow$	$\updownarrow$	$\updownarrow$	$\updownarrow$	$\updownarrow$	$\updownarrow$	$\updownarrow$	$\updownarrow$	$\updownarrow$	
1	2	3	4	5	6	7	8	9	10	$\cdots$

表 8　有理数矩阵

$\frac{1}{1}$	$\frac{1}{2}$	$\frac{1}{3}$	$\frac{1}{4}$	$\frac{1}{5}$	$\frac{1}{6}$	$\frac{1}{7}$	$\frac{1}{8}$	$\cdots$
$\frac{2}{1}$	$\frac{2}{2}$	$\frac{2}{3}$	$\frac{2}{4}$	$\frac{2}{5}$	$\frac{2}{6}$	$\frac{2}{7}$	$\frac{2}{8}$	$\cdots$
$\frac{3}{1}$	$\frac{3}{2}$	$\frac{3}{3}$	$\frac{3}{4}$	$\frac{3}{5}$	$\frac{3}{6}$	$\frac{3}{7}$	$\frac{3}{8}$	$\cdots$
$\frac{4}{1}$	$\frac{4}{2}$	$\frac{4}{3}$	$\frac{4}{4}$	$\frac{4}{5}$	$\frac{4}{6}$	$\frac{4}{7}$	$\frac{4}{8}$	$\cdots$
$\frac{5}{1}$	$\frac{5}{2}$	$\frac{5}{3}$	$\frac{5}{4}$	$\frac{5}{5}$	$\frac{5}{6}$	$\frac{5}{7}$	$\frac{5}{8}$	$\cdots$
$\frac{6}{1}$	$\frac{6}{2}$	$\frac{6}{3}$	$\frac{6}{4}$	$\frac{6}{5}$	$\frac{6}{6}$	$\frac{6}{7}$	$\frac{6}{8}$	$\cdots$
$\frac{7}{1}$	$\frac{7}{2}$	$\frac{7}{3}$	$\frac{7}{4}$	$\frac{7}{5}$	$\frac{7}{6}$	$\frac{7}{7}$	$\frac{7}{8}$	$\cdots$
$\cdots$								
$\cdots$								
$\cdots$								

表 9 有理数矩阵

$$\frac{1}{1} \rightarrow \frac{1}{2} \quad \frac{1}{3} \rightarrow \frac{1}{4} \quad \frac{1}{5} \rightarrow \frac{1}{6} \quad \frac{1}{7} \rightarrow \frac{1}{8} \cdots$$

$$\frac{2}{1} \quad \frac{2}{3} \quad \frac{2}{5} \quad \frac{2}{7} \cdots$$

$$\frac{3}{1} \quad \frac{3}{2} \quad \frac{3}{4} \quad \frac{3}{5} \quad \frac{3}{7} \quad \frac{3}{8} \cdots$$

$$\frac{4}{1} \quad \frac{4}{3} \quad \frac{4}{5} \quad \frac{4}{7} \cdots$$

$$\frac{5}{1} \quad \frac{5}{2} \quad \frac{5}{3} \quad \frac{5}{4} \quad \frac{5}{6} \quad \frac{5}{7} \quad \frac{5}{8} \cdots$$

$$\frac{6}{1} \quad \frac{6}{5} \quad \frac{6}{7} \cdots$$

$$\frac{7}{1} \quad \frac{7}{2} \quad \frac{7}{3} \quad \frac{7}{4} \quad \frac{7}{5} \quad \frac{7}{6} \quad \frac{7}{8} \cdots$$

$$\cdots$$
$$\cdots$$
$$\cdots$$

读者对此或许会有疑义，因为我们只列举了正有理数。其实，我们亦可以相同方式构建负有理数矩阵，同时以 0 作为该矩阵的第一个元素，然后从正有理数和负有理数矩阵交替取数，可得：

$$
\begin{array}{ccccccccccc}
0 & \frac{1}{1} & -\frac{1}{1} & \frac{1}{2} & -\frac{1}{2} & \frac{2}{1} & -\frac{2}{1} & \frac{3}{1} & -\frac{3}{1} & \frac{1}{3} & \cdots \\
\updownarrow & \updownarrow & \updownarrow & \updownarrow & \updownarrow & \updownarrow & \updownarrow & \updownarrow & \updownarrow & \updownarrow & \\
1 & 2 & 3 & 4 & 5 & 6 & 7 & 8 & 9 & 10 & \cdots
\end{array}
$$

于是，我们如愿获得了我们想要的映射——所有有理数，包括正数、负数和零均出现且仅出现了一次，并一一对应映射到自然数上。因此，一个惊人的结论出现了：自然数集的基数与有理数集的基数完全相同！那么，对于全体代数数组成的集合而言情况又如何呢？超越数呢？又或许，所有无限集都拥有同样一个基数？

自伽利略第一次指出自然数与平方数之间的映射以来，数学家们一直苦思该映射所蕴含的深意却不得其解，直至将近 250 年后，也即 19 世纪末，这团长久盘旋在数学界上空的疑云才得以驱散。

才华卓绝的格奥尔格·康托尔

接下来我们所要了解的有关超越数的知识绝大部分要归功于一位伟大数学家——格奥尔格·康托尔（Georg Cantor）（如图 43 所示）。他的一生曲折迷人，带有浓郁的悲剧色彩。他于 1845 年 3 月 3 日在俄国圣彼得堡出生[3]，他的父亲格奥尔格·沃尔德曼·康托尔（Georg Woldeman Cantor）是一名丹麦商人，母亲名叫玛利亚·伯姆·康托尔（Maria Bohm Cantor）。1856 年，康托尔时年 11 岁，由于深受俄国冬季严寒的困扰，他们举家迁往德国黑森州，在莱茵河畔的法兰克福定居。康托尔在 15 岁时就已展现出了非凡的数学天赋，不过，他在父亲的要求下，进入达姆施塔特（Darmstadt）的大公国高等技术学院学习工程技术。1863 年，他考入柏林大学，修读数学、物理和哲学。他在家庭环境的耳濡目染中，养成了坚定不移、锲而不舍的优良品格，这对他

图 43　格奥尔格·康托尔，1845—1918
（本图源引自布朗出版社，斯特灵市，宾夕法尼亚州）

日后的研究工作大有助益。

彼时，柏林大学数学系有两位大名鼎鼎的数学家坐镇，卡尔·魏尔斯特拉斯（Karl Weierstrass，1815—1897）和利奥波德·克罗内克（Leopold Kronecker，1823—1891），他们二位均深远地影响了康托尔的一生，只不过前者所起的是积极作用，后者带来的是负面影响，魏尔斯特拉斯后来成为康托尔忠实的支持者，克罗内克则穷尽一生都在与康托尔的思想争辩对抗。

1867 年，康托尔以优异成绩拿到博士学位，从柏林大学顺利毕业。不过，他没能在高校找到一处与其能力相匹配的教职。无奈之下，他最终接受了一份私立女子学校数学教师的工作。1869 年，康托尔在哈雷大学开始了新的职业生涯，不过这所大学规模很小，在这里任教依然很难充分利用他在柏林大学学到的知识以及完全施展他卓越的才能。

无论如何，他还是在哈雷大学安定了下来，并于 1872 年成为助理教授。同一年，康托尔认识了另一位年轻的德国数学家，他就是理查德·狄德金——那位赋予无理数现代定义的伟大数学家，而他那篇著名的论文正好是在遇见康托尔的那一年发表的。这两位在 19 世纪末为数学发展做出突出贡献的数学家就这样成为密友，在科研道路上相互交流扶持，一路同行前进。

代数数可数吗

代数数包括全体有理数和能够成为多项式方程的解的部分无理数。那么，代数数集是可数集吗？这个问题看起来似乎很难回答，不过康托尔轻松破解了它。他从以代数数作为解的多项式方程入手，为代数数引入了一种新的次序。

康托尔定义了一个与每一个多项式方程都息息相关的整数，称为多项式的高，简写为 H。如前文所述，多项式的形式为 $a_0x^n + a_1x^{n-1} + a_2x^{n-2} + \cdots + a_{n-1}x + a_n = 0$，它的高定义如下：首先算出 $n-1$，它等于多项式中 x 的最高幂次减去 1；然后将所有系数的绝对值（所谓绝对值指的是无论某项

系数在多项式中具体为正还是为负，我们都只取其正值）相加，之后再加上前一步算出的 $n-1$。因此，多项式的高 $H=(n-1)+|a_0|+|a_1|+\cdots+|a_n|$（此处的两道竖线即表示取该数的绝对值）。比如，简单多项式 $x+1=0$ 的高为 2，因为 $a_0=1$，$a_1=1$，$n=1$，所以 $H=(1-1)+1+1=2$。不难看出，对于每一个确定数值的 H，都只可能有有限多个多项式与之对应，表 10 罗列出了前三个 H 值所对应的多项式。

表 10　多项式的高度

高度	多项式	唯一解
1	$x=0$	0
2	$x+1=0$, $x-1=0$, $2x=0$, $x2=0$	-1, 1
3	$x+2=0$, $x-2=0$, $2x+1=0$,	-2, 2, $-\dfrac{1}{2}$, $\dfrac{1}{2}$, $\sqrt{-1}$, $-\sqrt{-1}$
	$2x-1=0$, $3x=0$, $x2+1=0$	
	$x2-1=0$, $x2+x=0$, $x2-x=0$	
	$2x \cdot 2=0$, $x \cdot 3=0$	

当 $H=1$，仅有一个多项式符合要求，即 $x=0$；当 $H=2$，可有四个相关联的多项式；当 H 的值升至 3 时，可列出多达十一个与之对应的多项式；可见，随着高的逐步增加，可与之对应的多项式数量也急速飙升。不过，对于任何一个确定的 H，无论其具体数值多大，其相应的多项式数量也只能是有限多的。现在，我们将运用一个由高斯提出的著名定理——代数基本定理。根据该定理，每一个多项式方程都至少有一个解或根。由此又可得到推论，一个多项式方程的解的个数与该方程的次数相等。因此，每一个多项式都有固定数量的解。比如，多项式 $x^3+2x-5=0$ 有三个解，多项式 $x^2-7x+1=0$ 则只有两个解。我们可写出表 10 中列出的每一个多项式的解，并消去其中数值重复的解。如此一来，对于每一个数值的 H 以及与之对应的多项式集，我们都能有固定数量的非重复解或代数数。

从表 10 可见，当 $H=1$，仅有一个非重复解，即 0；当 $H=2$，可得两个解，分别是 1 和 -1；当 $H=3$，非重复解的个数增加至六个。此处我们暂且不去深究 $\sqrt{-1}$ 和 $-\sqrt{-1}$ 到底是什么性质的数（在之后的篇章中会详细介绍）。现在，我们可将这些非重复的解按以下方式一一映射到自然数上：

0	-1	1	-2	2	$-\frac{1}{2}$	$\frac{1}{2}$	$\sqrt{-1}$	$-\sqrt{-1}$	$\cdots$
↕	↕	↕	↕	↕	↕	↕	↕	↕	
1	2	3	4	5	6	7	8	9	$\cdots$

上述映射已涵盖全体代数数，因为每一个多项式都有一个与之关联的 H 值，而每一个 H 值又都有与之对应的非重复代数数可映射到自然数上。凭借这个一一对应的映射，康托尔得出结论，代数数必定是可数的。那么，我们可否找出一个不可数的无限集呢？

有多少超越数

至此，康托尔已准备好抛出那个对其一生影响最深远的问题：超越数是可数的吗？实际上，他提出的问题是，实数——包括代数数和超越数——是否可数？倘若超越数和代数数均可数，那么它们的合集也势必可数。1873 年 11 月 29 日，康托尔给他的好友理查德·狄德金写了一份信：

> 请容许我向你请教一个问题，它在理论层面勾起了我极大的兴趣，但就目前而言我尚无能力洞察它的奥秘，我想，兴许你能够做出解答，并慷慨赐教。这个问题是这样的：首先，取所有自然数 n 为集合，记为 N；而后，取所有正实数 x 为集合，记为 R；那么，可否将 N 和 R 进行配对，使得一个集合中的每一个元素都对应且只对应另一集合中的一个元素？乍看之下，人们的第一反应可能是摇头否定："不能吧，应该不可能，N 是由离散的部分组成的，但 R 却是一个连续统。"但是，这种论调尚未有什么实质性的证明。我的直觉在我耳边高

声鼓噪："N 和 R 无法达成这种配对。"然而我至今难以找到确然的理论支撑，这使我深感困扰。又或许，这个问题其实没有那么复杂。[4]

此处康托尔忽略了负实数，不过这不是什么大问题，假如他能建立正实数与自然数之间的映射，那么肯定也可以相同的方式将它扩充至负实数的范畴。狄德金在给康托尔的回信中称，自己也不知晓这个问题的答案。1873年 12 月 7 日，在发出第一封信仅仅八天之后，康托尔再次给狄德金去信。

近来，我花费了不少时间认真琢磨我此前跟你提过的那个猜想，就在今天，我感觉自己已经找到了答案。不过我还是不敢完全确信自己的成果，因此我便自作主张地把我的手稿整理清晰，寄送给你这位最宽厚的评论家审阅。[5]

仅用一周多一点的时间，康托尔就完成了研究生涯的重大突破——实数是不可数的，因为它的数量实在太多了！接下来，我们将一同瞻阅他关于这一问题的两种证明。第一个证明是他于 1873 年 12 月寄给狄德金的那版证明，后来在 1874 年正式出版[6]；第二个证明巧妙利用了十进制小数系统，成了此后集合论的重要内容。两个证明都充满了康托尔的灵气巧思，不过前者相对而言更工致些。

在第一个证明中，康托尔运用了古希腊人惯用的反证法，这是一种间接的证明方法，我们在前文也提到过。他首先假定正实数可一一对应映射到自然数上，然后证明这一假设会引发自相矛盾的结论。倘若正实数集是不可数的，那么正实数和负实数的合集必然也不可数，这足以证明超越数是不可数的，因为除超越数以外，其他种类的实数都是可数的。换言之，假若实数集不可数，那么一定是因为超越数的缘故。

倘若正实数是可数的，那么在正实数和自然数之间势必存在至少一个映射，现假定该映射由下述数列表示（其中 ω 为正实数）：

$$\omega_1, \quad \omega_2, \quad \omega_3, \quad \omega_4, \quad \omega_5, \quad \omega_6, \quad \omega_7, \quad \omega_8, \quad \omega_9, \quad \cdots$$

上述数列中，ω 的下标表示该实数映射的那个自然数。根据康托尔的假设，上述数列囊括了全体正实数。

现在我们从实数线上截取一小段线段，并把前后两个端点标写为 α 和 β。实际上，具体选取哪两个数作为端点无关紧要，我们只需确保 α 和 β 是两个不同的数即可。同时，我们可随意假定两者中 α 较小，即 $\alpha < \beta$。由于上述数列包含所有实数，因此我们可知 α 和 β 之间的所有实数必定都在上述数列中。接下来，我们在数列中任意选出落在线段内的两个数，即 ω_a 和 ω_b，为便于讨论，我们暂且假设 $\omega_a < \omega_b$。这两个数在上述第一段区间中定义了一段新的线段（如图 44 所示）。我们将继续沿数列移动，在 ω_a 和 ω_b 之间随机选取另外两个新的数，即 ω_c 和 ω_d，这两个数又可定义出一段包含在线段（ω_a，ω_b）内的新线段。正如你所见，我们可无限重复上述这一流程，每次重复，我们都能在数列中找到两个新的数，并据此定义一段新的线段，而我们又可利用这个线段去确定另一个线段。图 44 清晰呈现了前几个线段。

随着上述过程不断重复推进，可能会出现两种情况。第一种情况是，最终到了某个时刻，我们发现再也无法找到两个可以同时塞进上一个线段的数，因此这个重复过程只能自此戛然而止。但是，这种假设显然与我们的认知相悖，因为我们都清楚，任意两个实数之间必然存在另一个数——事实上不止一个数，任意两个实数之间存在无穷多个实数。可见，这种情

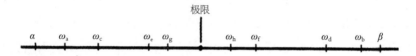

图 44　康托尔对实数不可数的首次证明。假如 ω_1，ω_2，ω_3，$\cdots$ 为实数的可数数列，则可以构造出一个区间套的无限集合（$\{\omega_a$，$\omega_b\}$，$\{\omega_c$，$\omega_d\}$，$\{\omega_e$，$\omega_f\}$），该集合必有一个不在数列中的极限点。因此，不存在一个可包含所有实数的可数数列

况是不可能发生的。无论我们如何不断缩小相互嵌套的线段的范围，我们总能在实数数列上找到另外两个能够落入上一个线段范围内的实数。

鉴于第一种可能性已遭否定，因此下述第二种情况必然成立：我们可以不停地在一段线段内勾画另一段线段，换言之，最开始划定的那个线段（α，β）中将包含由这些线段产生的无穷多个端点（也即数）。在接下来的证明中，康托尔引入了一个定理。这个定理是 19 世纪早期两名数学家发现的，其中一位是捷克斯洛伐克神父伯恩哈特·波尔查诺（Bernhard Bolzano，1781—1848），另一位是前文提到的康托尔在柏林大学求学时的老师卡尔·魏尔斯特拉斯。魏尔斯特拉斯在 1865 年，波尔查诺过世很久以后成功给出了波尔查诺 – 魏尔斯特拉斯定理的证明。康托尔的证明过程涉及的定理内容如下：

波尔查诺 – 魏尔斯特拉斯定理：假设 x_1，x_2，x_3，…是一个递增的有界数列，也即存在一个数 B，大于数列中所有的数，那么我们说该数列存在一个极限 L。

仔细观察我们在线段（α，β）内勾画出的无数连环嵌套的线段，显然，这些线段的左端点构成了一个持续增长的新数列，该数列可表示如下：α，ω_a，ω_c，ω_e，…（这些数均取自原数列中的 ω）而且，它存在上限 β，因此，在 α 与 β 之间存在该数列的极限点 L。那么，这个 L 属于何种类型的数呢？首先，它不可能是数列 ω_1，ω_2，ω_3，ω_4，…中的任意实数，因为假若它也属于这个数列，那么我们在寻找用于定义新线段的数时势必会与它不期而遇，如此一来，L 将会变成某线段的一个端点。同时，如果它属于该数列的一员，那么它肯定会被映射到某个自然数上，我们暂假定该自然数为 n，因此 L 在数列中的下标应当为 n。倘若我们在初始线段内不停划定新线段，n 步以内必然会遇上 L_n，此时 L 将会成为某段线段的一个端点，而非我们先前假设的极限点。

既然 L 不可能隶属数列 ω，而它又是该数列的极限，那么，此刻我们已可傲然宣布，我们找到了一个不在数列 ω 中的实数（L 是数线上的一个数）。我们进而可以推定，数列 ω 并不囊括一切正实数——这与最初的假设显然自相矛盾。这便有力地证明了，实数与自然数之间无法建立完全一一对应的映射，无数实数被排除在上述映射之外。所以，实数集的基数"大于"自然数集（抑或有理数集，甚至代数数集）的基数。

第二个证明

1873 年，康托尔仅凭借最基本的映射概念和波尔查诺 – 魏尔斯特拉斯定理便巧妙证明了正实数集不可数。几年之后，他又依靠十进制小数体系进行了第二次论证。两次证明的核心基本一致，均首先假设实数和自然数之间可实现一一对应的映射，再运用反证法推证假设不成立。在第二个证明中，我们需先假定我们的数都以小数形式表示；此外，我们只对 0 和 1 之间的实数进行映射，因为只要我们能证明 0 和 1 之间的实数是不可数的，那么全体实数也必然是不可数的。

现假设我们已将 0 和 1 之间的实数排列好，并形成了如下映射：

$$1 \leftrightarrow 0.1792038409827\cdots$$
$$2 \leftrightarrow 0.3755500000000\cdots$$
$$3 \leftrightarrow 0.0001788345441\cdots$$
$$4 \leftrightarrow 0.4998783333333\cdots$$
$$5 \leftrightarrow 0.8455967928739\cdots$$
$$\cdots$$
$$\cdots$$
$$\cdots$$

上述列表自然可以无限延续下去，因为 0 和 1 之间有无穷多的自然数和实数。列表中有些实数是有理数，即有限小数或循环小数；有些是无理数，即无限不循环小数。因此我们假定 0 与 1 之间的所有实数都会出现在该列表中。

我们只需构建出一个介于 0 与 1 之间，但又不在上述列表中的数，即可证明上述假设不成立。那么，我们要如何才能构建出这样一个数呢？首先，我们随机选择一个数放在小数点后第一个小数位上，只要同与 1 相对应的那个数的第一个小数位不同即可。与 1 相对应的数是 0.1792038409827…，它的第一个小数位上的数是 1，因此，我们只需任意选取一个与 1 不同的数即可，比如我们可以选 3，这便意味着，我们建构的小数将以 0.3…为开端。接下来轮到第二个小数位，注意列表中的第二个实数的第二个小数位，只需与它相异即可，也即要选取除 7 以外的数，可以选 4，现在我们建构的小数变成 0.34…。构造小数的过程以此类推，必须确保第 n 个小数位上的数字总与列表中第 n 个实数小数点后的第 n 位数字不同。建构结束之后，我们立刻意识到，这个小数不可能出现在列表中。为什么呢？设想一下，假如此刻有人高声反对，宣称我们建构的这个小数就在列表中，而且就是列表中的第 n 个数，那么我们只需依他所言锁定这个数，然后指着这个数的第 n 位小数，清楚告诉他，我们建构的小数的第 n 位小数和它并不相同。可见，上述实数表实际上并不完整，就如前一个证明中那个同样不完整的数列 ω。实数的数量太多，根本无法一一对应映射到自然数上。至此，康托尔终于论证得到一个简短扼要但威力强悍的优美定理。

定理： 由全体实数构成的集合是不可数的。

康托尔给自然数集和实数集的基数分别起了专属的称呼，自然数集（以及其他一切可数集）的基数是 $\aleph_0$（由希伯来文字母表的第一个字母 aleph 和下标 0 组成），实数集的基数则为 $\aleph_1$。由于康托尔的研究成果，我们对数的本质的认知又深入了几分。我们现已明确，所有自然数组成的集合、所有分数组成的集合以及所有代数数组成的集合都具有相同的基数 $\aleph_0$，而对于数线上的另一类数，超越数，由于它们分布的密度更大，于是构成了共有 $\aleph_1$ 个元素的集合。

我们不妨再进一步思考一下，"超越数是不可数的这一结论"究竟意味着什么。此前我们已确切定义过超越数 e，即 $e = \lim\limits_{n \to \infty}\left(1 + \dfrac{1}{n}\right)^n$，可见，只要有限的数学符号便可描述 e。那么，是否每一个超越数都可用一个有限的数学符号集来定义或描述？答案是否定的，否则，我们可将所有有限描述的集合编排成一个可数集，并将其视为超越数到自然数上的某种映射，如此一来，超越数就不可能是不可数的了。上述论证过程将引出一个推论，势必存在无穷多无法以有限数学符号进行描述的超越数。换言之，存在无数我们永远无法描述的超越数。不过，我们还是不能放弃对某些特定超越数的钻研，我们依然期待能用有限的符号集予以它们明确的定义，将它们纳入可数的可描述超越数列表之中。

$\aleph_0$ 与 $\aleph_1$ 之间还存在什么

在数学领域常有这样的情况：当研究者们还沉浸在解决了一个难题的喜悦中，其他问题已经接踵而至。康托尔刚刚证明了存在两种性质相异的无限集：$\aleph_0$ 与 $\aleph_1$。另一团疑云已然聚集——在这两者之间是否存在其他无限集？换言之，是否存在因为体量过大而无法与自然数一一对应映射，又因为体量过小而无法与实数一一对应映射的无限集？这个问题便是著名的连续统假设。康托尔认为这样的无限集并不存在，但他始终无从证明这一猜测。直到 1963 年，数学家保罗·科恩（Paul Cohen，1934—　　）终于解决了这个一直悬而未决的疑题。他证明了，这是一个不可判定的（undecidable）数学问题——"不可判定"是何意？"是否"问题通常只有两个回答，要么是肯定回答，要么是否定回答，然而，对于某些数学问题，情况未必如此。逻辑学家常以他们认定为真的公理为基础，向外扩展建构不同的数学领域。欧几里得的演绎几何学正是在这种模式下发展起来的，他先提出一些未加证明但凭直觉断定为真的主张，然后利用它们演绎推理出其他几何定理。

这与"不可判定"这一性质又有何关联呢？欧几里得的第五公设提出，对于任意直线及直线外一点，有且仅有一条通过该点且与原直线平行的直线（如图45所示）。在相当长一段时间里，数学界普遍认为这条公理不是不证自明的，它应当能自其他公设和公理推导得出，然而，数学家们尝试推导第五公设的种种努力均以失败告终。现在我们已经十分清楚，我们不可能推导得到欧几里得第五公设，这便意味着，它与连续统假设一样，均处于不可判定的状态。因此，倘若你想证明的几何理论涉及第五公设，那么你必须将其认定为可不证自明的规律（也即公设）。

康托尔关于集合的理论成果统称为朴素集合论，其研究大多以集合的直观性质为基础；现代集合论则是以两位数学家——恩斯特·策梅洛（Ernst Zermelo）和阿道夫·弗伦克尔（Adolf Fraenkel）——提出的一组公理为基础发展起来的，这组公理现被称为策梅洛－弗伦克尔公理，简称为ZFC。我们无法从ZFC直接推导判断连续统假设成立与否，假如我们要将连续统假设纳入数的理论体系，我们必须先找到一个能够确保其成立的

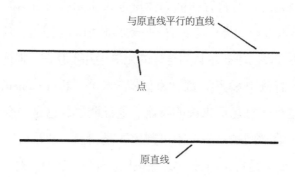

图45 欧几里得第五公设。若有一条直线和直线外一点，则有且仅有一条过该点的直线与原来的直线平行

公理，然后将这个公理归入 ZFC 公理系统。换言之，在未找到这个公理之前，存在两个版本的集合论，一个版本包含连续统假设，一个版本不包含。于是，悬在我们眼前的问题变成了：这两个版本哪个更有利于我们、更契合我们的需求，是连续统假设为真的版本还是连续统假设为假的版本？对于这个问题的答案，目前我们仍不得而知。

　　辨明可数集合（$\aleph_0$）与不可数集合（$\aleph_1$）之间的差别并非无足轻重的琐碎小事。可数数集——为方便表达，我们常将它等同于自然数集——是第一个闯入人类研究视野，也是第一个由人类赋予明确定义的无限集合。为了领略所处空间的宽度与广度，人类开始了漫长的征程，在此途中，我们邂逅了另一个截然不同的无限集 $\aleph_1$，有时我们也将它表示为 c（即连续统 continuum 一词的首字母）。科学昌明需要数学发展，数学发展需要这个基数更大的无限集 c。$\aleph_0$ 与 c 之间的区别或许可以简述如下：我们可以将无数多的可数线段安置在数线上，且使它们之间互不相交（如图 46 所示）；然而，若把无数多的不可数线段安置在数线上，它们之间必然会有重叠的部分。[7]

　　现在，我们已描画出了整条实数线，我们已经弄清，它是由可数的自然数、分数、代数数，以及性质较为古怪的不可数的超越数组成的。接下来，我们还需要了解关于数的哪些信息呢？

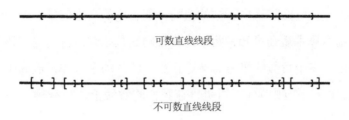

可数直线线段

不可数直线线段

图 46　可数集合与不可数集合。在可无限延伸的直线上，我们能够自如放下无穷多但可数的线段，然而，在同一条直线上，我们无法互不重合地放下无穷多但不可数的线段

第十一章

王国的扩展：复数

乍看之下，我们似乎已将关于数的主要问题解决妥当。我们在数线上的点和实数之间建立了一一对应的关系，我们熟悉了不同种类的实数，我们知道了集合有可数与不可数之分，并且对不可数集合的典例——超越数——有了一定的了解。那么，关于数，还有什么内容是依然掩在浓雾里不为我们知晓的呢？

前一章节回溯了康托尔对代数数的可数性的精妙证明过程，其中出现了一个颇为古怪的符号，那就是 $\sqrt{-1}$，当时我们有意忽略了它，现在回想一下，它竟然同时呈现为正数和负数的形式！这个 -1 的平方根究竟是什么？首先，它必然也属于数的范畴，而且它的平方值是一个负数。然而，根据基本算术规则可知，两个符号相同的数相乘，得到的应该是一个正数，所以，一个负数的平方必然是正数。负数的平方和正数的平方一样均为正数，0 的平方则为 0。可见，在我们的数线上，没有哪一类实数的平方会是负数。

对于形如 $\sqrt{-1}$ 的数，我们大可视而不见、避而不谈。实际上，这也是长达数个世纪以来数学界对这类怪诞至极的数的态度。不过，盘旋在人们心头的疑问并不会就此消散，甚至我们时而还会碰上它，比如多项式 $x^2+1=0$ 的两个解便是正负 $\sqrt{-1}$。这个多项式形式十分简单，它的两个解却是这类怪异的负数平方根，我们称其为负数方根。倘若我们不为 $\sqrt{-1}$ 的存在提供正当的理据，那么上述多项式将没有解，更糟糕的是，同类型的解还有很多，比如，多项式 $x^2+2=0$ 的两个解分别是 $\sqrt{-2}$ 和 $-\sqrt{-2}$，换言之，我们必须找到一个其平方等于 -2 的数。至此，我们应当意识到，对于每一个实数 r，由于总有多项式 $x^2+r=0$，因此必定会相应地出现 $-r$ 的平方根，解这类多项式时，我们一般会先把 r 移至等式右端，变为 $-r$，然后求其平方根。这意味着，这类奇怪的负数方根数量庞大，竟跟实数一样多。再进一步考虑一些更复杂的情况，比如多项式 $x^4+1=0$，在求解该方程时我们发现 $x=\sqrt[4]{-1}$，也就是说，我们要找到一个乘以其自身三次后等于负数的数。可见，除了平方根以外，其他根式也同样涉及这些性质奇特的数。倘若它们不栖身在实数线上，那我们去哪里才能觅到它们的影踪呢？它们是真实的存在吗？

曾经，在漫长的数百年里，数学家们一直或有意或无意地忽略这类负数根式，假如某个方程式只有负数方根的解，他们就会宣称该方程无解。古希腊伟大代数学家丢番图就完全拒绝接受负数根式作为方程的解[1]。阿尔伯特·吉拉德（Albert Girard，1590—1633）是首批尝试接纳负数平方根作为多项式解的数学家。不过，彼时（17 世纪）鲜有同行支持他的观点[2]。在代数和几何的知识大厦进行重大修整之前，这些性质奇异的个体很难在数学的疆域里找到安稳的定居之所，之后，在著名数学家笛卡儿和高斯的一致努力下，它们终于有了属于自己的一处归宿。其中，笛卡儿提供了必备的工具，高斯则给出了最终的解决方案。

解析几何的诞生

笛卡儿（如图 47 所示）终其一生都没有意识到，他的研究成果奠定了一类全新的数的理论根基，实际上，他本人并不认同负数平方根作为多

图 47　笛卡儿，1596—1650（本图源引自布朗出版社，斯特灵市，宾夕法尼亚州）

项式的解，甚至还授予了这些根一个沿用至今的名字：虚数。

1596 年 3 月 31 日笛卡儿出生于法国小城拉雅（La Haye）的一个贵族家庭[3]，他家境优渥，无须操心生计，接受了良好的传统教育，长成了一名对赌博和女性颇有兴趣的典型 17 世纪绅士。年轻时，出于好奇与贪玩，他入伍参军，曾为几个欧洲王室打过仗，不过，笛卡儿在科研领域取得的耀眼成就令这一切颇具传奇色彩的经历黯然失色——他是一位才华一流的数学家，闲暇之余还做些科学实验，甚至在哲学方面也大有建树，他关于人之存在的名言"我思故我在"广为流传至今。在他的各类辉煌成果中，最具意义的当数我们接下来即将介绍的这个研究——解析几何。

据传闻，笛卡儿 23 岁为巴伐利亚军队效力时，曾连续做过三个噩梦，给他留下了不小的心理阴影。经过一番思虑，他开始笃信这三个梦其实是一个信号，是冥冥之中有一种力量要他放弃当时那种日夜奔波却徒劳无益的生活方式，转而将宝贵的生命奉献给数学、哲学和科学。他声称，他在梦里拿到了一把可为他开启真正的财富之门的魔法钥匙[4]，他从未对外透漏过这把神秘的魔法钥匙指的究竟是什么。不过，据其传记作者推测，这把密钥应该是其几何理论的部分基本原理。

在古典希腊时代，对角线不可通约性的发现（也即发现 $\sqrt{2}$ 是无理数，无法表示为分数形式）导致代数与几何从此分道扬镳，代数只专注钻研有关数的问题，几何则把研究目光聚焦于空间的延展。直到笛卡儿重新在这两门学科之间搭建了联通的桥梁，两者才再次走到一起。笛卡儿只通过一个简单的图标建构便完成了这一创举。首先，他将一条实数数线（彼时他尚未完全察觉这条数线的丰富内涵）置于水平方向；接着，再取第二条数线置于竖直方向，与实数数线垂直相交（如图 48 所示）；他把每条数线称为一条轴，两者的相交点称为原点，并指定该点的数值为零。现在，我们只需用两个数便可定位平面上的每一个点，这两个数分别是该点沿水平轴线与原点之间的距离以及该点沿竖直轴线与原点之间的距离。为表达简便，人们常把水平轴线称为 x 轴、竖直轴线称为 y 轴。

举个例子。图 48 中有一个点，在 x 轴数 2 的上方、y 轴数 3 的右方，因此，该点可由两个数（2，3）定位。每一个点都可遵循上述方法由一组两个数精准定位。图 48 上的第二个点位于（−1.5，−2），也就是说，我们自原点出发，向左移动 1.5 个单位，而后再向下移动 2 个单位便可抵达该点。我们将平面上每一个点所对应的两个数称为该点的坐标，为了纪念笛卡儿的卓越贡献，我们将这个系统称为笛卡儿坐标系。

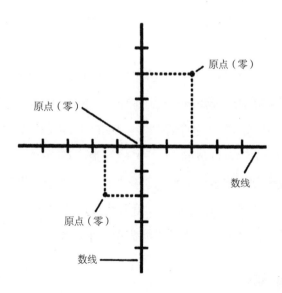

图 48　笛卡儿坐标系。平面上的每个点可由两个实数（x，y）唯一确定，其中 x 是该点到原点的水平距离，y 是该点到原点的垂直距离

笛卡儿所做的远不只有发明这个运用数的集合来标示点的位置的巧妙系统，他还在此基础上进一步扩大了该体系的用途，独创了用代数关系描述几何曲线的有效方法，而这正是解析几何的关键所在。以原点为圆心的圆的代数方程是 $x^2+y^2=r$，其中 x 和 y 代表圆上各点对应的坐标，r 则代表圆的半径。虽然古代对圆这一几何图形已进行了较为详尽的研究，但解析几何令我们又向前迈了一大步。欧几里得几何学对各类曲线问题常常束手无策，解析几何则是一柄可以帮助我们有效处理这类难题的利器。如同拉长了的圆形的椭圆形，常用于描述天上星辰的运行轨道，它的表示方程是 $x^2/a^2+y^2/b^2=1$，其中 a 和 b 分别表示该椭圆的长轴和短轴；抛物线由一组到某一确定点和某一确定直线距离相等的点组成，它的表示方程是 $y^2=4mx$，其中 m 代表确定点与原点之间的距离。

抛物线和椭圆这类曲线多可帮助我们直观认识一些身边的自然现象，而把这些复杂的几何曲线成功转化成代数关系则是现代几何学发展的第一步。我们将看到，笛卡儿这个用来表示点的新体系可令负数方根变得更加容易理解，只不过受时代所限，笛卡儿尚不能意识到这一点并采取相应的行动。直到大约两个世纪以后，高斯才在其著作中首次运用笛卡儿坐标系解释负数方根。

笛卡儿在 1619 年就已掌握了通往解析几何的钥匙，但他直到 1637 年才正式发表了他的研究成果——当中相隔了整整 18 年，这期间他参加了几场战役，其中有几次几近命丧战场。E. T. 贝尔（E. T. Bell）就曾在其《数学家》（*Men of Mathematics*）一书中写道，在 1637 年之前的某一年，笛卡儿差点被一颗流弹射杀，倘若真是如此，那么这个世界就只能再耐心静候下一位伟大数学家的出现了。笛卡儿生命的最后几年都奉献给了哲学、数学和科学，1650 年笛卡儿因病离世，享年 53 岁。

高斯定位复数

卡尔·弗里德里希·高斯出生于 1777 年 4 月 30 日，他出身寒微，父母均为农民，不过，他自小便展露出优于常人的聪慧，他的母亲多萝西娅·本茨·高斯（Dorothea Benze Gauss）也极力支持他接受教育，改变命运。在布伦瑞克公爵（Duke of Brunswick）的资助下，高斯15岁进入卡洛琳学院学习，18岁升入哥廷根大学深造，于1799年自黑尔姆施泰特大学（University of Helmstadt）顺利毕业并获得博士学位。当时，由于种种原因，他难以获得一席数学教职，于是他只能暂先就任哥廷根大学天文台台长，之后又兼任天文学教授。不过，他的挚爱始终还是数学，凭借在数学领域的研究成果，他很快在欧洲打响名气，成为当世公认的卓越数学家。高斯的事业一路顺风顺水，然而，他的个人生活却常被突如其来的悲剧打乱。他的两任妻子先后因病离世（第一位妻子产后去世），还有一个孩子不幸夭折[6]，这一切给高斯蒙上了沉重的心理阴影，从此，他相当惊惧死亡，晚年时，对医生也十分不信任。

高斯出版了几部杰出著作，对数论、复分析、微分几何、拓扑学、数学在天文学中的应用、磁力学、结晶学、光学、电学等领域均有贡献，他还曾在其私人笔记中预言了非欧几里得几何的出现，遗憾的是，这本笔记直到1855年、他逝世约半个世纪以后才正式出版面世。此处我们关心的问题是高斯博士论文的一个推论。如前文所述，1799年，高斯在其论文中首次证明了每个多项式都至少有一个解。显然，为了完成此论证，高斯必须为负数方根的存在找到一个切实的理据，因为诸如$x^2+1=0$这类多项式方程有且仅有负数方根的解，假若无法处理它们，代数基本定理就无从成立。

高斯采用了由两条数线组成的笛卡儿坐标系，指定水平方向的x轴为我们熟知的实数数线，竖直方向的轴线则成为以$\sqrt{-1}$为基础的虚数数线。为简便起见，我们常用字母i代替$\sqrt{-1}$。x轴上的每一个点就是一个实数，y轴上的每一个点则表示一个实数与i（也即$\sqrt{-1}$）的乘积，据此可知，$\sqrt{-1}$就在原点沿y轴向上一个单位的位置上（如图49所示），$2\sqrt{-1}$是y轴上自原点向上两个单位的那个点，$-\sqrt{-1}$则是原点沿y轴向下移动一个

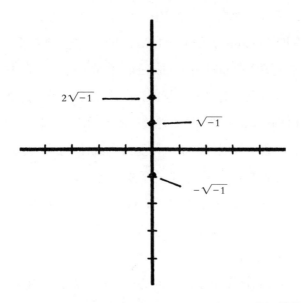

图49 高斯平面。水平轴上的值代表实数，垂直轴上的值代表$\sqrt{-1}$的倍数。高斯
平面上的每个点都可用两个实数表示，表示形式有两种：(a，b）或$a+bi$
（$i=\sqrt{-1}$）。这种平面也称为复数平面

单位。那么平面中既不在x轴上也不在y轴上的点又是什么呢？它们就是
所谓的复数，由实数和虚数组合而成。每一个点由两个数a和b表征，这
两个数可定义复数$a+bi$，其中a是实数部分，b是虚数部分。

　　高斯以这种方式定义了一大类新的数——复数，其中实数只作为它的
子部分。实际上，实数就是虚数部分等于零的复数，同样地，y轴表示的
纯虚数则是实数部分等于零的复数。实数 1 乘以$\sqrt{-1}$，就是把 1 自x轴
逆时针旋转到y轴$\sqrt{-1}$的位置上；如果再继续将其乘以$\sqrt{-1}$，就是把该
数再次逆时针旋转到x轴的负数部分上（如图 50 所示）。由上述第二次旋
转过程可知，$\sqrt{-1} \cdot \sqrt{-1} = -1$，也就是说，连乘两次$\sqrt{-1}$可得到我们
想要的 -1，我们可将其简写为$(\sqrt{-1}) \cdot (\sqrt{-1}) = i \cdot i = i^2 = -1$。

　　现在我们必须确保一般的代数运算操作同样适用于复数。两个复数相
加可得：

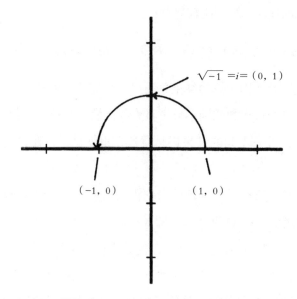

图 50　高斯平面。用 $\sqrt{-1}$ 乘以 1 相当于将 1 逆时针旋转 90° 至垂直数轴上，得到 $\sqrt{-1}$；将 $\sqrt{-1}$ 再乘以 $\sqrt{-1}$ 相当于继续逆时针旋转 90° 至水平数轴上，得到 –1。因此可得 $\sqrt{-1} \cdot \sqrt{-1} = -1$

$$(a+bi) + (c+di) = a+bi+c+di = (a+c) + (b+d)i$$

因此，两个复数相加，只需将实数部分（a 和 c）和虚数部分（b 和 d）分别相加。减法运算同样简单：

$$(a+bi) - (c+di) = a+bi-c-di = (a-c) + (b-d)i$$

同样地，两个复数相减，只需将实数部分和虚数部分分别相减。乘法运算比较有趣，可按如下操作：

$$(a+bi) \cdot (c+di) = ac+adi+bci+bdi^2$$

由于 $i^2 = -1$，因此可将上述最后一项中的 i^2 替换为 –1，可得：

$$(a+bi) \cdot (c+di) = ac+adi+bci-bd = (ac-bd) + (ad+bc)i$$

两个复数的除法运算则比较复杂：

$$(a+bi)/(c+di)=[(ac+bd)+(bc-ad)i]/(c^2+d^2)$$

我们发现，此四则运算的结果总为另一个复数，可见，除零作除数的特殊情况外，复数在代数四则运算下具有封闭性。此外，复数也可升高幂次和作开根式运算，得到的结果仍是复数，也就是说，在这两种运算下，复数也是封闭的。

至此，多项式方程求解的范畴得到极大拓宽。以多项式方程 $x^2-6x+11=0$ 为例，我们可得到两个解，即 $3+\sqrt{2}\,i$ 与 $3-\sqrt{2}\,i$。接下来，我们可依照以下步骤定位出这两个点在复数平面（高斯平面）上的位置：首先，自原点出发，沿 x 轴向右移动三个单位（如图 51 所示），然后，再向原点上方移动 $\sqrt{2}$ 个单位（约等于 1.414 个单位），此时可抵达第一个点 $3+\sqrt{2}\,i$ 的所在；对于第二个点，第一个步骤与前相同，也是沿 x 轴向右移动三个单位，紧接着，再向下移动 $\sqrt{2}$ 个单位的距离，如此便可标示 $3-\sqrt{2}\,i$ 的位置。我们发现，虚数部分不为零的复数可以 $a+bi$ 与 $a-bi$ 的形式成对出现，我们将这样的一对复数称为共轭复数（complex conjugates）。

高斯选择迎头直面虚数这个令许多数学家望而却步的难题，经过奋勉钻研，他终于得以向外界宣布，虚数——所有复数——与实数一样，是客观存在的数。如果负数和无理数是存在的，那么复数也同样存在。令人惊叹的是，就在高斯尝试将复数定义为平面上的点的时候，还有两位数学家也在进行同个方向的努力，他们分别是自学成才的挪威数学家卡斯帕·韦塞尔（Caspar Wessel，1745—1822）和做记账工作的瑞士数学家让·罗伯特·阿尔冈（Jean Robert Argand，1768—1862），他们均提议采用几何方法来表示复数，不过遗憾的是，他们的研究未能引起学界的广泛关注。

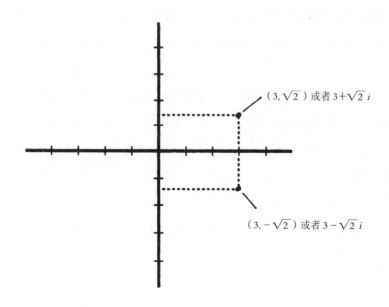

$(3, \sqrt{2})$ 或者 $3 + \sqrt{2}\, i$

$(3, -\sqrt{2})$ 或者 $3 - \sqrt{2}\, i$

图 51 在高斯平面上标示出多项式方程 $x^2 - 6x + 11 = 0$ 的两个解

有多少复数

毋庸置疑，在拓宽数王国疆域的征途上，我们又向前推进了一大步。观察嵌在高斯平面上的细长实数线，我们会产生一种强烈的直觉，平面上的点肯定比单条实数线上的点多得多，而这也是大部分数学家的直观感受。实际上，过 y 轴上的每一个点都可画出一条平行于 x 轴的直线，这些直线上所含的点与实数上的点一样多。众所周知，y 轴上有无数个点，过这些点可引申出无数含有无穷多个点的直线，而无穷多个无限集合本身的确比单条直线上的点的集合大得多。

为了回答"有多少复数"这一问题，我们必须将目光再次投向格奥尔格·康托尔以及他在 1874 年 1 月 5 日寄送给其好友理查德·狄德金的那份信件。

是否可能将一个面（暂且假定是一个包含边界的正方形）唯一地

映射到一条线（暂且假定是一条包含端点的直线）上，使得面上的每一个点可以一一对应映射到线上的每一个点，且反之亦然？

康托尔为解决这个问题所耗费的时间可远不止八天，直到三年后，也即 1877 年，他才把钻研所得的解答思路概要整理成信寄给狄德金。信中，康托尔阐述了一种在平面中的点与单条直线上的点之间建立一一对应的映射的方法。平面中的任意一点都可由两个数（a，b）表示，它们分别代表该复数的实数和虚数部分，也即 $a+bi$；同时，这两个数都有其唯一的十进制小数展开式。为方便起见，我们暂先假定 a 和 b 均介于 0 与 1 之间：

$$a=0.a_1a_2a_3a_4\cdots \text{ 以及 } b=0.b_1b_2b_3b_4\cdots$$

利用这两个小数展开式，通过交替选取 a、b 两数中的各个数码，我们可建构出一个落在实数线上的、独一无二的实数 p：

$$p=0.a_1b_1a_2b_2a_3b_3a_4b_4\cdots$$

上述建构的实数 p 可与复数 $a+bi$ 建立唯一的映射，这种建构方式可产生一个复数平面上所有复数到实数线上的一对一映射，这无疑证明了，实数线的基数 $\aleph_0$ 也是复数平面上所有复数的基数。平面上的点的“数量”与直线上的点的“数量”竟是一样的，据此可见，数线上的数有多丰富、多稠密。这个论证结果无疑颠覆了我们的直觉看法，康托尔想必也有同样的感触，据说，康托尔在完成该证明后，花了很长一段时间消化这个事实。[8]

不过，复数平面与实数线之间的确存在本质差别。数线上的所有数均据其大小关系依次有序排列。换言之，若有 a、b 两数且 a 不等于 b，则要么有 $a>b$，要么有 $a<b$。复数平面则不然，若现有两个复数 $a+bi$ 与 $c+di$，我们不能按照上文逻辑称其中一个比另一个大，所以，由若干复数组成的数域不可能是有序的。所谓数域指的是由一些实数或复数组成的集合，数域中任意两个数的和、差、积、商（除数不为 0）必须依然是该数

域中的数。因此，一个数域在四则代数运算下具有封闭性。实数组成的是一个有序的数域。正如实数一样，复数既可以是有理数（当 a 和 b 均为有理数，$a+bi$ 则是有理的）也可以是无理数，既可以是代数数也可以是超越数（当 a 或 b 是超越数时）。在脑海中展开复数平面，仔细端详，不难发现在 x 轴和 y 轴上都存在"极大量"超越数，可以想象，复数平面上应随处可见复超越数的踪迹。

复数这一定义的出现，不仅解决了代数上的一大麻烦，更重要的是，它开辟出了数学的一个全新分支——复分析。它赋予数学家一种强大的能力，使他们可以洞察蒙在迷雾中的理论数学秘密，建立更多适用范围更广的应用数学模型。复数不仅能够满足解多项式的需求，还可以解释一些用实数无法讲通和厘清的表达式。比如，方程式 $e^x=-1$ 是没有实数解的，倘若考虑复数，它便有了解：πi，也即 $\pi\sqrt{-1}$。该复数点落在 y 轴、原点上方 π 距离处。其实，早在高斯为复数奠基之前，莱昂哈德·欧拉就已在 1748 年首次推导出了等式 $e^{\pi i}+1=0$。该表达式是整个数学界公认的内涵意义最深远、表达形式最简美的数学关系，它将加法运算、相等关系、最基本的数 0 与 1、超越数 e 与 π、复数 i（也即 $\sqrt{-1}$）等丰富内容统统糅合在一个精炼简要的等式中，极具美感，叫人目眩。

哈密尔顿的四元数

高斯已将数王国的疆域由实数直线拓辟至复数平面。那么，人们接下来思考的自然是：数的领地能否由二维平面进一步延伸至三维空间，也即，是否存在这样一类数，它与三维空间中的点一一对应，可表示为三元数组 (a, b, c) 的形式，且能够像其他数一样进行运算？站出来解决这个关键问题的，是爱尔兰最伟大的数学家威廉·罗恩·哈密尔顿（William Rowan Hamilton）。他出生于 1805 年的柏林，自小聪慧过人，十来岁时就已跟着通晓多国语言的叔叔学习多门语言，据他本人所言，他 13 岁时便已掌握 13 门语言，于是，年轻的爱尔兰天才很快满足了自己对语言的好奇，转而投身数学研究——这实在是数学界的幸事！

17 岁时，哈密尔顿考入都柏林三一学院。五年之后，在他还是学生身份时，就已被任命为爱尔兰皇家学会的注册天文学家以及三一学院的天文学教授[9]。

1828 年，哈密尔顿开始思考如何将复数的概念拓展至三维空间。他亟须找到一种方法来定义这些三元数组的加法和乘法运算，以确保它们不违反以下基本代数运算规则（这些规则适用于任意数 a、b、c）：

1. $a+b=b+a$ 加法交换律

2. $a \cdot b=b \cdot a$ 乘法交换律

3. $(a+b)+c=a+(b+c)$ 加法结合律

4. $(a \cdot b) \cdot c=a \cdot (b \cdot c)$ 乘法结合律

5. $a \cdot (b+c)=a \cdot b+a \cdot c$ 分配律

但是，哈密尔顿苦思冥想许久，也不得其门而入，始终找不到可令上述五条运算规则均成立的合适定义。平面中复数的乘法被定义为一种旋转，哈密尔顿试图效仿，把三维中的乘法也定义成旋转的形式。但遗憾的是，他的这个尝试走入了死胡同，事实证明，利用三元数组定义三维中的旋转是行不通的。那么，若是四维空间，又将如何呢？在四维空间定义数可否维持上述代数定理成立呢？经历了一次失败以后，哈密尔顿决定调整探索方向，开始考虑建构一种形如 $a+bi+cj+dk$ 的"超级复数"。

这个问题远比哈密尔顿想象中棘手，他竟为之艰难努力了足足十五年之久。最后，他在与妻子的一次日常散步中，突发灵感，捕捉到了破开困局的窍门——那一天是 1843 年 10 月 16 日。醍醐灌顶的哈密尔顿意识到，他必须放弃一项代数定律，即乘法交换律，只要不再坚持认定 $a \cdot b=b \cdot a$，他就可以定义新的数的四则运算，他把这类全新的数称为四元数，定义为形如 $a+bi+cj+dk$ 的数，其中 a、b、c、d 均为实数，i、j、k 有以下恒等关系：

$$i^2=j^2=k^2=-1 \text{ 且 } ijk=-1$$

哈密尔顿构建的这个定义可确保除乘法交换律以外的其他所有代数运算定律均成立。时至今天我们已经知道，只有在二维情景下定义的代数运算方能保证乘法交换律成立，任何高维空间下定义的代数学都必须放弃这条规律。

哈密尔顿将四元数视为其数学研究生涯最重大的成果，倾其一生钻研阐释它们的属性规则。虽然现代数学已不再使用这种形式的四元数，但是它们的出现的确推动了几项意义非凡的发展。一个四元数由两部分构成：称为标量的纯实数部分 a 以及称为矢量的"虚数"部分 $bi+cj+dk$。矢量是三维空间中一种具有方向性的线，如今在许多科学领域都能见到它的影迹。数学中研究矢量的学科叫作矢量分析。

哈密尔顿的四元数令代数学家意识到，对基本代数定律稍作改变可以促进新代数的发展，就像替换欧几里得第五公理催生了非欧几里得集合一样。因此，人们常把四元数理论看作现代抽象代数的发端。

在开启一个新话题之前，我们依然要抛出一个十分耳熟的问题：究竟有多少四元数？我们还是能够从康托尔处汲取解答的灵感——重复先前的操作，将超空间的四元数映射到实数线上。我们将四元数中的四个实数写成小数展开式的形式，为了方便起见，我们依然暂先假定它们处于 0 与 1 之间，因此可得：

$$a=0.a_1a_2a_3a_4\cdots$$
$$b=0.b_1b_2b_3b_4\cdots$$
$$c=0.c_1c_2c3c_4\cdots$$
$$d=0.d_1d_2d_3d_4\cdots$$

上述四个数可定义出一个特定的四元数，我们也可根据这四个数建构出一个实数 p：

$$p = 0.a_1b_1c_1d_1a_2b_2c_2d_2a_3b_3c_3d_3a_4b_4c_4d_4\cdots$$

可见，四维空间中的无数四元数可与实数建立起一一对应的映射关系。因此，四元数的基数也与复数和实数一致。这意味着，单条直线上的点与平面上、三维空间中，甚至四维空间中的点一样多。事实上，点的"数量"并非维度的决定因素。康托尔证明了，对于可数的维度，其所含点的基数与直线上点的基数是一致无二的，均为 $\aleph_1$。这个结论显然不符合我们的直觉判断，以致有许多数学家难以接受，并坚信一定是康托尔在哪个环节搞错了。

至此，我们不仅讨论了日常活动中经常用到的数，还审视了一般只在科学研究中出现的复数。接下来，我们将把目光投向一类绝大部分人都没听说过的数，它的性质将更加古怪诡谲，请做好准备，全新的数王国探秘即将启程！

第十二章

超乎想象的大数：超限数

定义超限数

在先前尝试了解超越数的过程中，我们回顾了康托尔定义两种不同类型的无限集合——可数集和不可数集——的基数 $\aleph_0$ 与 $\aleph_1$ 的过程。假定 **N** 是代表全体自然数组成的无限集，$\overline{\textbf{N}}$ 则代表 **N** 的基数，如此可避免将集合本身与其基数相混淆。同样地，我们指定 **R** 代表全体实数构成的集合，则 $\overline{\textbf{R}}$ 为其基数，常简写为 c。我们现已知晓 $\overline{\textbf{N}}=\aleph_0$，而康托尔一直笃信 $c=\aleph_1$，只是始终无法觅得证明途径。我们还了解了，$\aleph_0$ 与 c 之间是否存在其他无限基数的问题已经解决，答案是"不可判定"。

其实，康托尔的研究步伐已远远超越了上述两个无限基数的范围，他定义了一个由这类基数组成的无限数列，而 $\aleph_0$ 与 $\aleph_1$ 是该数列的前两项。这些基数便是我们本章探讨的重点——超限数，这些数皆超过或大于有限数。依次生成超限数的方法十分简单。假若现有一个含有 n 个元素的有限集合，我们便思考计算这 n 个元素共有多少种可能的分组方式，而所有可能得到的分组结果又可构成一个新的集合，新生成的集合的基数势必大于原集合。不过，集合的类型多种多样，甚至还有各类无限集合，我们又如何知晓我们一定能够得到某特定集合中所有元素的所有可能组合方式呢？对此我们需要应用集合论中的一条公理：

幂集公理：对于任意一个给定集合，均存在另一个集合，其元素正好是给定集合的所有子集。

依据上述公理可确认，我们总是可以排列生成一个集合中所有元素的所有可能组合形式。对于有限集合而言，这条公理是不言自明的。然而，对于无限集合而言，这条公理所阐述的内容似乎就有些难理解了。

以集合 {1, 2, 3} 为例（说明该集合共有三个元素 1、2、3），这三个元素共有多少种不同的组合方式呢？答案是八种，分别是 {∅}, {1}, {2}, {3}, {1, 2}, {1, 3}, {2, 3}, {1, 2, 3}。第一个集合 {∅} 称为空集，为方便起见，常省去括号，只简写为 ∅。空集也是呈现三个元素组合的一种方式——那就是不呈现。由以上八个组合构成的集合应为 {∅, {1}, {2}, {3}, {1, 2}, {1, 3}, {2, 3}, {1, 2, 3}}，其基数为 8，所以，由三个元素构成的集合共有八个不同的子集，可用公式表示为 $2^3 = 8$。据此，我们可以进一步归纳为：包含 n 个元素的集合 A 可排列组成 $2n$ 个不同的子集，而由 n 个元素出发排列而成的集合总数总是大于 n。因此，$2n$ 的有限基数总是大于 n。康托尔在 1873 年 12 月写给狄德金的那封著名的信件中，简要证明了无限集合同样存在这种关系，也即，假若 n 是一个无限集合的基数，则有 $n < 2^n$，该关系后被概括称为康托尔定理。

康托尔定理：对于所有基数 n，均有 $n < 2^n$。

以 $\aleph_0$ 发端，可通过依次取 2 的幂次建构一个无限基数的数列，具体方法如下：令 $\aleph_1 = 2^{\aleph_0}$，并以此类推，有 $\aleph_2 = 2^{\aleph_1}$、$\aleph_3 = 2^{\aleph_2}$，也即，把 2 的

幂次升至前一项方才生成的那个超越数，便可得到下一个超越数。一个所含元素均为超越数的无限集合由此诞生：$\aleph_0$，$\aleph_1$，$\aleph_2$，$\aleph_3$，$\aleph_4$，$\aleph_5$，$\aleph_6$，$\aleph_7$，……。

我们可以通过康托尔定理具象化地理解由 $\aleph_0$ 生成 c 的过程。我们将证明 $2^{\aleph_0}=10^{\aleph_0}$。因为此处 $\aleph_0$ 为可数集合 $\{1, 2, 3, \cdots\}$，所以 $10^{\aleph_0}$ 代表从该集合所有元素中任选十个数字的可能组合 1。每一个独立组合都可以生成一个唯一的集合 $\{a, b, c, \cdots\}$，而这个集合又可以表征一个介于 0 与 1 之间的数的小数展开式，因此，$10^{\aleph_0}$ 代表的所有组合应可囊括全体介于 0 与 1 之间的十进制小数，而这个集合的基数恰是 c。不过，除了是 0 与 1 之间所有点的集合的基数，c 同时还是实数集合的基数，因此可得，$2^{\aleph_0}=10^{\aleph_0}=c$。另一个乍看之下匪夷所思的推论是 $\aleph_0!=1\cdot2\cdot3\cdot4\cdots=c$。

作为数王国的一员，超限数必然也与有限数一样，必须服从数王国的一些法则。比如，我们为超限数定义了特定的加法和乘法规则。不过，与其他数的加法、乘法相比，它们稍显烦琐。譬如，若有 $v<w$，则有 $\aleph_v+\aleph_w=\aleph_w$ 以及 $\aleph_v\cdot\aleph_w=\aleph_w$。可见，加和与乘积的基数就等于两个因子中较大的那个基数，这意味着，$\aleph_v^2=\aleph_v$，实际上，对于任意有限的 n，均有 $\aleph_v^n=\aleph_v$；这也意味着，对于任意有限的 n，均有 $\aleph_v+\aleph_v=2\aleph_v=n\cdot\aleph_v=\aleph_v$。可见，加法和乘法运算对超限数的变化影响不大，仅在以它做指数时才会产出一些有趣的结果，比如生成新的超限数。

除了超限基数理论，康托尔还相应地探索发展了一套与序数相关的超限数理论。前文对序数和基数的定义中提到，基数反映集合中元素的多寡，序数则与数的排列次序相关，它每次往前推进一步，直至最后一个序数。自然数数列 $\{1, 2, 3, 4, 5, \cdots\}$ 就是这样一个数列。通过每个序数加 1 获得下一个序数的方式达到的上限称为 ω，且有 $\omega=\aleph_0$。这表明，第一个超限序数 ω 等于第一个超限基数。在此基础上，康托尔进一步定义了与其基数相对应的、更大的序数。

当我们从一个超限数跃进到下一个超限数时，我们很难掌握在这一步之间究竟具体增大了多少。比如，当我们从 $\aleph_0$ 前进至 $\aleph_1$，我们只知道，我们从自然数的可数集移动到了全体实数的不可数集，而实数数量之稠密，足以涌满整个宇宙空间。既然 $\aleph_1$ 是不可数的，那么其他更大的超限数自然也是不可数的，这使得 $\aleph_1$ 成为第一个不可数的基数。在我们从 $\aleph_1$ 前进至 $\aleph_2$ 的过程中，我们究竟会遇到多大的"量级"？是否有 $\aleph_2$ 的例子？数学家称，$\aleph_2$ 等于位于 0 与 1 之间的实数段上方的所有实函数组成的集合的基数。这是一个数学层面上的客观事实，但我们无法从这个事实中感知到 $\aleph_2$ 所代表的数量级到底有多巨大恢宏。认知 $\aleph_2$ 就已困难重重，更遑论 $\aleph_3$、$\aleph_{10}$，甚至 $\aleph_{1\,000\,000}$ 了，这些数字实在太大，我们难以切实领会它们的体量。但是，即便认识了这些数，我们也只是在无穷大的道路上刚刚起步而已！

一些超乎想象的大数

我们还可以继续定义新的、更大的超限数。我们可以历遍所有自然数直至 ω，让它们依次成为 $\aleph$ 的下标，直至获得 $\aleph_\omega$，接着，还能以相同模式附上更大的下标，甚至是下标的下标。只不过，仅重复循环上述操作未免有些单调无趣，我们最终获得的只是一长串紧密相依的相似符号，而没有添加任何其他类型的增量。为了在无穷大的道路上更进一步，我们必须先了解一个概念——绝对无限。

在康托尔以前，哲学家和数学家一般只区分有限和无限，仅对此两者做定义。个体物品均属有限范畴，可为人类思维感知体会；与之相对地，无限是一个无理由可循，且人类智力难以企及的事物，甚至常被看作与上帝类同——绝对无限由此而来[1]。鲁迪·拉客（Rudy Rucker）在《无限与智力》（*Infinity and the Mind*）一书中说：

---

[1] 绝对是哲学的典型说法，在形而上学中，"绝对"这一个概念指所有存在的至终根基，而有神论者也称上帝是所有存在的至终根基。因此，当人们开始把无限与上帝联系起来，便催生了绝对无限概念的出现。——译者注

以理性思维而言，上帝（the Absolute，也即"绝对"）是不可想象的，我们自人间永远无法寻到可行路径抵达彼处。任何有关上帝的认知都必然笼在神秘浓雾之中，倘若这类认知确然存在的话……不过，即便只可能通过神秘主义一窥上帝的真容，我们也仍有可能，而且也值得从理性角度对上帝（或者是说绝对）的部分方面进行探讨。[2]

康托尔坚信绝对无限的切实存在，并将它与上帝相等同[3]。他的论点是，在绝对无限之下，存在一种有理无限可供我们探索。他曾声称，他的超限数理论得自于上帝。绝对无限也被看作等同于所有无限的汇集，我们不能将这个汇集称为集合，因为集合必须具有特定的、有界限的定义，不管其所含元素多寡，都应当可以被概念化为一个统一整体。然而，"绝对"是无法被思维理解成一个统一整体的。我们将"绝对"简写为 Ω。Ω 是不是一个序数？——不是，因为如若它是一个序数，那么为它加上 1 应当可以产生一个更大的序数，但是正如前文所言，这世间没有比 Ω 更大的事物了。同样地，Ω 也不应只是一个基数，因为如果它是，我们应该可以建构出下一个基数，也即 2^{Ω}。但这意味着存在比 Ω 更大的数，这显然与前文矛盾。如此可见，Ω 既非序数，也非基数，因为它是超越一切序数和基数的存在，而且，作为一个整体，它是不可知的。不过，以上论证并不能完全排除 Ω 具备超限数部分特质的可能性。

我们已经为 Ω 做了定义（实际上，我们不可能真的对它做定义），即它是超越一切超限无穷的存在，接下来，我们可以进一步定义其他一些有趣的超限数。Ω 有两个性质对我们大有助益。首先，对于 Ω 具备的任何一个特性，必然存在至少一个超限数也具备该特性。此结论从何而来呢？设想，假如 Ω 存在一个其他无限均不具备的独特属性 p，那么我们就可以将 Ω 唯一地描述为具有性质 p 的无限。如此一来，Ω 就不再是超越一切定义界限的绝对无限了。因此，对于 Ω 具备的每一个性质，皆存在至少一个超限数也具备该性质。需要注意的是，以同样的论证逻辑，我们可以推得一个更有力的结论。倘若只有两个无限具有性质 p，那么我们依然可以据此唯一地定义 Ω，换言之，我们可以将 Ω 定义为具备性质 p 的无限中最大的那一个。显然，这有悖前文我们对 Ω 的认知，因此可得出一个推论：肯定有无数个超限数具备性质 p。Ω 的这个特性——它的一切特性必然与其他超限数同享——称为反射原理[4]，也即，Ω 将其具有的性质向下反射到各个超限数上。

Ω 的第二个有趣的性质是，我们永远无法通过不断建构更大的超限数以获得 Ω。确切地说，Ω 无法由比它小的数建构组合而得，否则，我们可将 Ω 定义为特定超限数的连续构建。因此，我们认为，Ω 不可自下构建得到，也即，Ω 是不可达的。依据发射原理可知，必然存在无数多个超限数具备不可达性，这些数构成了一个全新的庞大族群——不可达超限数。对于这类数，无论我们如何努力，都无法通过叠加 $\aleph$ 的更大组合获得它们。它们体量之大已远超我们的想象——它们是不可达的。

严格来讲，$\aleph_0$ 应当是第一个不可达超限数，因为它不可由在它之下的有限数累加而得。它的下标之所以是 0 而不是 1，其中缘由在于，在有关集合论的各项研讨中，人们习惯从 0 开始计数（因此有 $\aleph_0$）。不过，正如前文所述，接下来依次出现的各个 $\aleph$ 皆是以 $\aleph_0$ 为开端建构而得，因而它们均非不可达。$\aleph_0$ 之后的第一个不可达超限数称为 θ（古希腊字母），它是超限数中的第一个大基数。

θ 之外还有多少不可达数呢？我们可尝试论证，存在 Ω 个不可达超越数。我们可由 θ_1 发端，而后定义紧接着的 θ_2 及其后续之数，如此类推，以此方式建构整个不可达超限数数列。不过，还有更简便的方法，只需将一个不可达超限数定义为不可达，且其不可达的程度是在其之下的、始于 θ 的数不可企及的，同时，其不可达的程度之高使得它在不可达超限数中的位置也是不可达的——这样的数称为超不可达数。至此，我们总算抵达了超大数这座庞然大厦的最高层。当然了，我们遵循上述原则进一步定义"超超不可达数""超超超超不可达数"，甚至无穷无尽地以此类推。

在很长一段时间里，超限数一直是数学界的重点探究问题，许多数学家致力于定义更大的超限基数。在超不可达数之上有马洛基数、不可描述基数、不可言说基数、分割基数、拉姆齐基数、可测基数、强紧基数、超强紧基数以及可扩张基数。其中，最大的当数可扩张基数。不过，虽然许多数学家认为它们将是人类能找到的最大的数，但是也有一部分数学家不承认这些数存在的可能性[5]。不过，此处我们想要强调的是，每一个全新的、更大的基数并不仅仅是上一个基数的后继者，它代表着在迈向绝对无限这一终极目标的征途中，我们又抵达了一个崭新的、更高的平台层次。我们眼下所处的状况与物理学似乎颇有相似之处：拆分原子可得亚原子粒子，再继续拆分总能得到更基本的粒子。兴许，只要数学家没有丧失追求更大数的热情，我们就能继续定义出更大的基数。

我们可将超限数总结如表 11。不过，这份表格是不完整的，我们之所以首先假定它不完整，是因为一旦我们公然宣称它已是尽善尽全，势必会有数学家来证明我们存在错漏。

表 11　部分超限数

名称	符号	注释
阿列夫零	$\aleph_0$	$=\omega$，所有自然数、分数以及代数数的数量
阿列夫一	$\aleph_1$	$=(?)c$，实数轴上所有点的数量
阿列夫数	$\aleph_0$，$\aleph_1$，$\aleph_2$，$\aleph_3$	始于 $\aleph_0$ 的一连串阿列夫数
不可达数	θ	大到无法从下面达到，取决于绝对无限 Ω 的反射原理
超级不可达数		大到无法从 θ_1 达到的不可达数
大基数：马洛基数、不可描述基数、不可言说基数、分割基数、拉姆齐基数、可测基数、强紧基数、超强紧基数、可扩张基数		其他无法从下面达到的超限数
绝对无限	Ω	超越所有数，一切集合的集合，超然的存在

康托尔为超限数而做的努力

康托尔于 1874 年公开发表了他关于实数不可数性的证明过程，不过，彼时他的思想和理论并没有被广泛接纳，相反，他的研究犹如炽热的火种，在学界点燃了一场关于无限概念的思辨热潮。正如前文提到，冲在反对康托尔思想最前线的是他在柏林大学求学时的老师，利奥波德·克罗内克教授，他曾说过一句名言："上帝创造了整数，其余所有的数都是人造的。"克罗内克是现代直觉主义学派的拥趸，该学派拒绝承认无穷是一种已完成的事物，主张无穷只是一种潜在状态，而这恰是与亚里士多德在 22 个世纪以前提出的观点，从某种意义上说，克罗内克是毕达哥拉斯、柏拉图、亚里士多德等古代学者思想在现代的传承者。这种对无穷的抗拒情绪一直蔓延至无理数、超越数、超限数。令人惊讶的是，克罗内克和康托尔均是虔诚的教徒和柏拉图主义者，只是克罗内克坚持认为，超限数贬损了上帝的至高威严，因为只有上帝方能享有无限这一属性，若存在其他具备该特质的事物，无疑会损害上帝的无上权威。康托尔则持完全相反的观点，他认为超限数只会为上帝的崇高增添光辉，超限数具有超乎人类想象的体量，但上帝内涵的无限只多无减。

坚决站在超限数对立面的远不止克罗内克一人，还有许多数学家也相信，允许无限过程进入数学领域会对数学原本稳固的逻辑根基造成极大损害。

与克罗内克的这场对抗给康托尔带来了灾难性的后果。克罗内克不仅借故延迟甚至直接拒绝发表康托尔早期投递的一些论文，还利用自己在柏林大学的地位和威望大肆攻击康托尔的理论。这是一场力量悬殊的战斗，此时，克罗尼克已在数学界打响名声，更被赞誉为德国当世第一流的数学家，反观康托尔，初出茅庐，未有实绩，就连其任教的大学也不甚知名。克罗内克的抨击言辞日渐猛烈，这场争端获得越来越多数学家的关注，其中一些数学家开始同情康托尔的处境[6]。实际上，克罗内克不只针对康托尔一人，他激烈声讨每一个拥护无穷概念进驻数学王国的数学家。

1884 年 5 月，康托尔开始遭受精神崩溃的严酷折磨，症状持续了整整一个月。彼时，康托尔正日夜沉浸于连续统假设，也即 $\aleph_1$ 是否等于 c 的研究，同时还须分出大量精力应付克罗内克愈演愈烈的公然抨击，康托尔认为自己这次发病大抵就是以上这两个原因引起的。虽然后来他恢复健康，重回工作岗位，但在往后的日子里，这个精神不稳定的病症一直困扰折磨着他，并且随着时间推移越来越严重。康托尔似乎深陷抑郁情绪的泥沼不得脱身。1899 年，他最小的儿子不幸离世，在这一沉痛打击与其他事件的共同刺激下，他的病情再次加重，住进了哈雷神经诊所。此后，他的抑郁症状逐渐恶化，1902 年至 1903 年冬季学期，他被解除教职并住院接受系统治疗。

从这时起，直到 1918 年逝世，康托尔一直未间断过治疗，据其传记作者报道，克罗内克的攻击是造成康托尔精神不稳定的主要原因[7]。这个论断值得商榷，毕竟我们可能永远都不会准确知晓究竟是什么心理因素（如果有的话）致使他发病。从某种标准看，康托尔与太太瓦丽（Vally）的婚姻是成功美满的，他们一起养育了六个儿女，可见，他的家庭生活是运转自如的。而且，虽然他的数学观点遭到克罗内克的持续攻击，但也有一些知名数学家支持他的主张，并鼓励他继续深入研究。克罗内克于 1891 年去世，但此后康托尔的病症并未减缓。最终，康托尔得到了与其研究成果相匹配的褒扬，他被伦敦数学协会授予荣誉会员的称号，并成为哥廷根科学社（19 世纪最好的数学研究中心之一）的一员，还获得伦敦皇家学会颁发的荣誉奖章。但遗憾的是，这些迟来的厚遇并不能挽回他的生命，后来，康托尔病逝于精神病院，享年 72 岁。

尽管 20 世纪的数学家们已普遍接受康托尔的大部分研究结论，但质疑之声并未就此完全消弭。首先，仍有部分直觉主义者反对完全无限的概念，他们质疑任何需要借助无限过程求得某种结果的数学命题，比如自然数最终将达到 ω。此外，一些论据显示，康托尔的某些观点可能引发令人困扰的逻辑悖论。比如，对于两个有限数 a 和 b，要么 $a>b$，要么 $a<b$，要么 $a=b$，以上三种关系中总有一种成立。那么，对于超限数亦是如此吗？康托尔证明，由于 $n<2^n$，所以他构造出的数 $\aleph_0$，$\aleph_1$，…也满足上述关系的一种。但是，是否存在其他不同于康托尔定义的超限数呢？c 又是否属于康托尔定义的那些超限数之列呢？

任意两个超限基数是否一定存在大于、小于或等于这三种关系中的一种，这个问题的关键在于良序假设。

定义：倘若一个集合的所有子集（包括该集合本身）均存在一个首元素，那么该集合是良序的。空集 Ø 也被视为良序的。

假如所有基数组成的集合是良序的，那么或许能够证明它们之间可以相互比较。康托尔凭直觉认为，这些超限基数构成的是一个良序的集合，然而，对此他无法给出合理有力的论证。1904 年，恩斯特·策梅洛（Ernst Zermelo，1871—1956）最终证明了良序定理，也即每一个集合都可被良序化。因此，我们有可能证明，对于任意两个基数，上述三种关系中的一种必然成立。

单凭良序定理并不能解决康托尔超限数理论遭遇的所有困境。自然数终结于第一个超限数 ω，那么，超限数会终结于 Ω 吗？倘若答案是"会"，将会导致一个自相矛盾的结论，因此，康托尔意识到，超限数不会像自然数那样达到一个极限，他在以下定理中表明了这一点。

定理：所有的数组成的系统 Ω 是一个绝对无限、非相容的汇集。

将 Ω 当作一个有机整体来讨论似乎异常怪异，事实上，这也与它的本质定义不相符。这个概念给许多人的研究造成了障碍，以致他们将这个概念视作集合论的基本缺陷。

尽管集合论和康托尔的无限数依然面临各种问题，但超限数理论无疑为现代数学注入了一支兴奋剂，并从此成为现代数学中一个不可忽视的重要领域。倘若我们想要思考一些超越我们本身的事物，不妨琢磨一下这些真正体量庞大的数！

第十三章

天才计算家

前文我们回顾了人类发现各类新数的艰辛历程,如今这些数缀满了数学世界的各个角落。这些发现很多是由不同社会中的普通民众通过漫长岁月的探索而逐渐获得的。不过,其中也有一些进步须归功于特定非凡个体的努力。我们对数的理解是如何与人类智慧,尤其是一些突出人才的智慧相关联的?倘若历史长河中缺少了那些闪耀着非凡智慧光芒的个体,人类数学的发展是否还能达到今日的水平?这些才智卓绝的人是否真的做出了革命性的贡献?他们是否掌握了一些处理数的特别方法,从而敏锐洞悉常人难以企及的数的奥秘?首先我们将去认识一些计算能力似乎远超普通人的数学家。

早在18世纪初期,社会上就有许多人能够快速完成一些较复杂的心算,他们中大部分是天才儿童,其中一些人逐渐成长为出色的科学家和数学家,一些人则没有取得预期的进步,最终泯然众人。这些巨大的差异表明,心算能力只能算是一项特殊技能,而不是表明个体智力水平高低的标志。如今,由于计算机器的快速发展,计算这项技能逐渐变得平凡无奇,大数的快速心算已鲜少能够令大众瞩目惊叹,当家用计算机已经可以轻松地快速完成 15 位或 20 位数的乘法运算，为什么还要依靠人类脑力进行区区六位数的运算呢？或许，这也是当下这个运转越来越快速、人们越来越疲惫的社会的一个照影。事实上，这非常符合我个人的期盼，我一直希望，人类可以摆脱枯燥繁杂的计算过程，将精力倾注于思考一些更富意义的抽象问题。在过去的几个世纪里，心算是各个学校经常设置的一个科目。人们还经常花费时间背诵长诗和歌词以增强记忆力。

虽然如今我们已不再强调心算的重要性，回顾一些人类杰出脑力的代表个案可能会让我们更深刻地体会到，人类是如何把自身的偏见加进数的概念里的。幸运的是，在回顾探索的过程中，有两笔优秀资源可供我们利用。想要了解普通人群中的出色计算家，可以参考布朗大学心理学教授史蒂芬・B. 史密斯（Steven B. Smith）所著的《伟大的心算家》（*The Great Mental Calculator*）[1]；若要研究智力障碍人群中的突出计算者，可参阅威斯康星州冯狄拉克心理健康中心主任、医学博士达罗尔德・A. 特雷弗特（Darold A. Treffert）所著的《超常之人》（*Extraordinary People*）[2]。

普通人中的计算家

一般而言，无论是普通人还是天赋异禀的人，他们进行的大数计算均与系统的专门技巧和特别的环境有关。首先，大多数计算家自小便展露出超乎常人的智力水平和记忆能力，他们成长的环境往往较为封闭隔绝，在孤独中，他们渐渐培养起了对数的喜爱。当他们特别的计算才能被发现时，他们自己或身边的人常常会不遗余力地尝试将这些才能展现给公众。于是，许多计算家走上舞台，在欧洲和美国等地表演数学才艺，享受观众的欢呼喝彩。

这类计算演出形式相对单一。首先，乘法运算是第一主题，包括两个大数的相乘和某个数的幂次运算。通常其中会演示计算 3 位或 4 位数的平方或立方，甚至是一到两位数的幂。同时，大数的开方计算也很盛行，不过，开方的难度没有一般观众想象的大。

此外，有的计算家会表演识别大质数和分解大合数，不过，展示这类能力的要少于做大数乘法以及开方运算的。还有一部分计算家倾向于展现记忆力，要么表演记忆大数和很多个数的节目，要么表现一眼判定一个集合的基数的瞬时捕捉记忆能力。

计算家很少选择呈现有关加法和减法的计算能力，就连除法也不常单独表演，只是将它作为展示分解合数的工具。似乎在计算家们眼中，数与数之间的乘积关系独具魅力，也较容易给观众留下深刻印象。

这些能力究竟有多了不起？从表面上看，人们似乎很难相信其真实性。比如，杰德代亚·巴克斯顿（Jedediah Buxton）于1702年出生于英国的艾尔姆顿（Elmton），有报道称他完全是个文盲，甚至疑似有智力发育迟缓的迹象。但是，他竟能以心算完成一个39位数的平方运算，他一共花了两个半月完成这项任务，但是要知道，他既不会读数，也不会书写，我们无法不感叹这真是一项叹为观止的绝技。巴斯克顿常为邻居表演一些很复杂的心算以换取啤酒，他能够清晰记得他自12岁起在当地每家小酒馆分别获得的啤酒数量。

约翰·马丁·查哈利亚斯·达斯（Johann Martin Zacharias Dase）于1824年出生于德国汉堡，他曾在一次能力测验中，仅用54秒便准确计算出两个8位数的16位乘积结果。

虽然很少有女性从事心算表演，但历史上也出现过一些杰出的女性心算家。1980年，来自印度的沙库恩塔拉·戴维（Shakuntala Devi）向世人展现了她高超的计算能力，在短短28秒内，她精确无误地计算出了两个由计算机随机挑选的13位数的26位乘积结果。据史蒂芬·史密斯报道称："这个时间打破了先前这类挑战的所有纪录，我只能用'不可想象'来形容这一壮举。"[3]

开大数的根这项表演广受计算家们的喜爱，原因有二：一是，它很利于对观众造成直观的冲击；二是，它要比人们想象中的容易。比如，一个8位数开立方根的结果仅为两位数，因此，计算者只需确定根的末位数和首位数即可获得答案。随着数字的位数呈指数增长，对应的根的位数也越来越难以计算。表演中所用的开根的数一般是个完全幂，如此可保证开根的结果是个整数。对于奇数幂，方根的最后（也即最右）一位数可由幂的最后一个数确定，举个简单的例子，所有以 5 结尾的数的因子中必定有 5，因此，以 5 结尾的幂的开根结果一定也以 5 为末位数。

维姆·克莱恩（Wim Klein）1912 年出生于阿姆斯特丹，他曾在整个欧洲举行巡回演出，最后选择在欧洲核子研究组织（CERN，European Organization for Nuclear Research）工作，担任数值分析师一职。1974 年，他仅花费 8 分 7 秒就解出了一个 200 位数的开 23 次方根，而这还不是他最高光的时刻，之后，他竟在 2 分 9 秒内计算出了一个 500 位数的开 73 次方根[4]。

超乎常人的记忆力也是计算家表演时展示的重要内容。汉斯·埃博斯塔克（Hans Eberstark，1929 年生于维也纳，后在上海长大）记住了 π 的小数部分的前 1.1 万位。心理学测试结果显示，大部分人对数的记忆其实是相当有限的，在仅听一次的情况下，读数的人若以枯燥的平音调读出数字，听者平均能记下 7 位数的数字；若以抑扬顿挫、充满韵律感的音调读出数字，听者能够记住的平均数位可提升至 9 位；假如读数时既富节奏感，又将数字成对念出，听者记住的数字平均位数将增加至 12 位。19 世纪著名心理学家阿尔弗雷德·宾耐特（Alfred Binet）曾为意大利计算家雅克·因奥迪（Jacquee Inaudi，1867—1950）进行专业测试。测定结果表明，因奥迪只听一次读数便能记下一个高达 42 位的数，普通人得反复听 3 到 6 遍才能记下这么多位数——这真的令人印象深刻，不过也还没到难以置信的程度。萨洛·芬克斯坦（Salo Finkelstein，1896 年或 1897 年生于波兰的卢茨）在仅仅瞥一秒数字之后便能快速复述出 20 到 28 位的数，他可在 4 秒内记下一个 39 位的数字。

毋庸置疑，人们进行大数运算的过程中，记忆力扮演了一个举足轻重的角色。据许多人透露，维姆·克莱恩可以背诵 100 乘 100 以内的乘法表

（学校课程只要求学生背诵 12 乘 12 乘法表）、1 000 以内所有整数的平方值以及 1 万以内的 1 229 个质数。部分计算家还同时具备快速计数的能力，约翰·达斯只需瞥一眼就能看出散落在桌面上的豌豆粒数，当他去之前没去过的图书馆时，会运用这个技能快速估算这个图书馆的藏书数量。

质数与合数

接下来我们要关注的这项技能是合数的因子分解和质数的快速辨别。在解决某些特定问题时，部分心算家会采用把大数分解成质数因子的方法，比如，30 这个数可以分解为 2·3·5，2、3、5 就是 30 的三个质数因子。为什么数 2、3、5 可被称为质数？

定义：质数是一种只能被其自身和 1 整除的自然数。

换言之，除了 1 与其自身之外，非质数还可被其他数整除。比如，4 可以被 1、4 和 2 整除；6 可被 1、6、2、3 整除。上述这类数属于合数。

定义：合数是一种可被除 1 和其自身以外的数整除的自然数。

依据上述定义可知，所有大于 1 的自然数可分为两类：质数和合数。我们无法将一个质数分解为更小的因子，而合数则可以呈现为一系列质数的乘积，这一发现可将我们领向数学中的一个基本结论，即一个数分解成因子的方式是唯一的，换句话说，每个数都有其唯一的质数因子集合。

算术基本定理：每个大于 1 的自然数可以唯一分解成有限个质数的乘积。

为了快速计算两个大数的乘积，一些计算天才会先将大数分解成若干质数，而后计算各个质数的乘积，获得最终答案。不过，数学家思考的远不止质数在算术中的运用，他们在探究一个更深层次的问题。自然数中有无数个质数，但是，随着自然数不断增大，质数分布的密度越来越小。如何快速判断哪些大数是质数、哪些是合数这一问题困扰数学界已有数世纪之久。人类识别质数的平均能力究竟达到哪个水平？初学者在懂得什么是质数之后，可以轻松判断出 7 是质数而 9 是合数；受过一定训练的人可以一眼看出 51 是合数（3·17）、53 是质数；专业数学家通常能够判定一个三位数或四位数是质数还是合数。

大数分解因子和判定大数是否为质数之所以能够勾起人们的兴趣，是因为迄今为止尚未有成形的算法，或者说尚未有能够快速区分数值较大的质数和合数的精确的系列操作。不过，一些计算家似乎有独特窍门解决这类问题。齐拉·科尔伯恩（Zerah Colburn，1804—1840）生于美国佛蒙特，是一个计算怪才，他能够判断任意 6 位数和 7 位数是质数还是合数，倘若是合数，他能在几秒钟内快速列出该合数的分解因子。他的运算似乎是一种下意识的行为反应，不过，经过对计算过程的反复思量，他确认了一个事实，那就是他已经记下了大量用于识别因子的数的尾数。比如，只有当因子的后两位数为特定的某些数时，它们相乘才能获得相应的合数，这与开方运算中所用的技巧有异曲同工之妙。

举个例子，科尔伯恩罗列了合数 2 983 的因子的可能尾数组合，共有20 对数字，换句话说，只有 20 对不同的两位数对可以组合获得合数 2 983的尾数 83。——检验这些数字对，或许可以较快发现 2983 的因子。第一对是 01 和 83，由于 1 不是因子（因为它是一切数的因子），因此因子可能是 101 和 83。然而这两者的乘积大于 8 000，显然，在 01 和 83 之前加上任何数都会增大它们的乘积，所以它们不可能是 2 983 的因子，可以排除。第二对是 03 和 61，此时我们可立即判定 3 绝非 2 983 的因子（因为2 983 各个数位上的数字相加所得的结果不能被 3 整除），所以我们考虑下一个可能性，也即 103·61，不过，出于跟第一对相同的理由，这个组合也不可能。接下来，我们以同样的方式继续排除列表中的数对，当试到第八对因子尾数组合，也即 19 和 57 时，我们终于找到答案。以 19 为尾数的那个因子显然不可能是 119，否则乘积会大大超过 2 983，不过，如果我们能够敏锐地注意到 20 与 150 的乘积是 3 000，这与我们的目标十分接近，那么我们或许可以立即反应过来，我们寻找的因子就是 19 与 157，也即 19·157 等于 2 983。对于我们而言，这种循因子列表——排除的方式未免过于笨拙。但是，对于那些已将整个过程内化为下意识行为的计算天才而言，这种计算方式既简便又快捷，几乎在顷刻之间便可完成。

对于科尔伯恩和其他计算家而言，光记住两位数的表格还远远不够，分解因子表演还需其他方面的助力。乔治·帕克·比德尔（George Parker Bidder，1806—1878）是一名出生于英国莫顿小镇的计算神童，他在偶然间自行领悟了一种数学家已经研究出来的分解因子算法。引起人们关注的其实只有奇数的因子分解，因为任意一个偶数都可以被 2 除尽，并得到一个更小的合数。奇合数可表示为以下形式的乘积：$(a+b)(a-b)$，也即 a^2-b^2，换言之，每个奇合数均能表示为两个平方数之差的形式。比德尔将这一发现用于检验因子。倘若 x 是我们要进行因子分解的数，那么将有 $x=a^2-b^2$ 或 $a^2-x=b^2$，因此我们只需寻找 a，使其平方减去 x 的值是一个完全平方数。

下面我们尝试用这个方法分解 5 251，它有两个因子，59 和 89。我们从大于 5 251 的最小完全平方数入手，也即 73 的平方。假若能够背诵 1 到 100 之间所有整数的平方值，上述过程自然可以瞬间完成。现在，我们取 73 的平方，得 5 329，再减去 5 251，得 78——这不是一个完全平方数。因此，我们由 73 再往前一步，取 74 的平方值，得 5 476，再减去 5 251，得 225，这正是 15 的平方值，因此可得以下表达式：5 251＝（74＋15）（74－15）＝89·59——这正是我们要找的那两个因子。

在实际运用中，我们其实无须将 a 不断加 1 然后求其平方，因为有 $(a+1)^2=a^2+2a+1$，因此要求 $(a+1)$ 的平方值，只需求出 $(2a+1)$ 后

再加上 a^2 即可。

借助尾数估值和平方差这两个技巧，计算家可以对百万级甚至是千万级别的数进行快速因子分解。

约翰和迈克尔的案例

有一类特殊的计算家，常被称为低能特才，他们拥有辨别超级大的数是质数还是合数的能力。低能特才在标准 IQ 测试中展现的智力水平比正常人低很多，但是，他们或在音乐，或在艺术，或在计算方面拥有卓越天资。特才人群多是严重的孤僻症患者，或是左脑在孩童时期受过伤。对音乐或数具有超常感知能力的特才通常记忆力出众，有些人甚至可以记住其生命中每一天的天气状况。其计算能力则常体现在日历计算上，只要你告诉他们一个具体的日期，无论这个日期是在过去还是未来，他们都可以算出这个日子是星期几。低能特才另一个叫人惊叹的罕见才能是辨认质数，小标题中提及的约翰和迈克尔就具备这种才能。

奥利弗·萨克斯（Oliver Sacks）博士是一名临床神经学教授，就职于纽约阿尔伯特·爱因斯坦医学院。1966 年，他在一所州立医院第一次碰到低能特才的案例，而且是一对双胞胎兄弟，他们正是约翰和迈克尔。彼时，这对双胞胎兄弟 26 岁，他们自 7 岁开始就被社会福利机构收养。他们性格孤僻，表现有精神错乱的临床症状，智力发育迟缓，不过，萨克斯博士经仔细观察他们的日常活动后发现，这兄弟俩具有一种古怪的才能。

一天，萨克斯博士如常巡房观察这对双胞胎，他注意到，他们两人正全神贯注地进行着一场诡异的对话交流，两人轮流讲话，而后伴随一阵莫名的沉默，兄弟俩脸上均带着笑意，似在享受什么只有他们能懂的玩笑。于是，萨克斯博士悄声靠近，坐在他们身旁认真倾听，他发现，约翰会先说出一个 6 位数，迈克尔听到数字后立即集中精神，陷入沉思，片刻之后，迈克尔会回以另一个 6 位数字，然后约翰便开始聚精会神地思考，而后给出他的回应。看着男孩们脸上流露的愉悦，萨克斯博士明白，他们十分享受这个小小的游戏。

那么，他们口中所说的这些数字到底暗含着什么不为人知的隐秘信息？萨克斯博士——记录下他们说出的数字，带回家认真研究，他查阅了许多数学书籍，最后诡异地发现，这些数统统都是质数！6 位数可是介于十万与百万之间的大数，这两个智力迟钝的年轻人是如何知晓或者识别这些如此大的质数的？故事没有就此画上句点，萨克斯博士即刻在第二天早晨带着他的质数书赶往医院。

这一次，他不再只是从旁观察，而是坐到兄弟俩中间，参与他们的游戏。一开始，双胞胎对于在医生面前玩这个游戏有些迟疑，不过很快他们就调整好心情，开始了游戏。在安静观看了一小会儿以后，萨克斯博士给出了他的第一个数字，一个他查阅书本获知的 8 位数质数。兄弟俩听到这个数字后，不约而同望向萨克斯博士这位新加入者，眼神里带着讶异与疑惑，不过，在停顿了约半分钟或更长一段时间后，兄弟俩突然笑了，并点了点头。然后，约翰开始陷入冥思，沉默着过了很长一段时间以后，约翰终于开口说出了一个 9 位质数。迈克尔思忖良久之后，也给出了另一个 9 位质数。萨克斯博士急忙翻阅他带来的数学书，找到一个 10 位的质数念了出来。

9 位质数和 10 位质数！9 位数是介于 1 亿到 10 亿之间的数，10 位数则介于 10 亿到 100 亿之间，这是多么庞大的数量级！游戏还在继续，但是萨克斯博士的能力很快就跟不上兄弟俩了。

……然后，约翰在经过一段漫长的静默苦思之后，竟然说出了一个 12 位的数字。这一次，我再也无从查证它是否为质数，自然也无法做出回应，因为我带来的那本书只罗列了 10 位数以内的质数。但是，迈克尔给出了他的回答……一个小时后，这对双胞胎的游戏已经推进到 20 位质数——我只能暂且假定它们是质数，因为此时我已无法验证。[6]

20 位的质数？约翰和迈克尔真的可以辨认数值如此之大的质数？普通人都不可能做到的事情，何况是 IQ 低下的人？他们究竟是如何办到的？我有一台 386-25 兆赫的计算机，即使是用 BASIC 语言中的双位数精密算法，计算机也难以检验万亿量级的数（13 位数）是否为质数（除非我愿意让计算机在好几天内一直处于开机运行、计算的状态）。这两位低能特才到底是怎么检验一个数的质数性质的——他们仅听过一遍就能记住一个多达 20 位的数就已经很令人称奇了！假如相关报道均真实无夸大，那么他们所取得的成就着实惊人非凡——不是因为他们属于智力发育迟缓人群，而是因为其他任何人都不具备他们这种独特的才能。

权威专家团仔细追溯了约翰和迈克尔过往经历，他们得出结论，这两个年轻人不可能，而且事实上也不是通过传统方法来检验大数，进而找到其中的质数的。换句话说，他们不是通过在心里用这些大数除以较小的质数的方法来鉴别筛选质数的，他们不可能进行这类复杂的心算，因为他们甚至不懂得较小的数的加法运算，检验一个 6 位质数所必须进行的心算已经远远超出他们的能力范围。他们也不太可能有意识地运用乔治·比德尔所用的平方差表示法，因为这个方法涉及大量的加、减、乘法。

那么，约翰和迈克尔究竟是如何做到的呢？我们不得而知。曾有人提出一个有趣的猜想：质数具有某种可被人从心理上可视化感知的特质，而这对双胞胎兄弟恰好天生具备可视化数字的能力，能够直观地"看到"质数的这项特质，从而判定哪些数是质数；我们普通人兴许也可以学习如何"看到"这一属性。让我们期盼某一天科学家们可以为我们揭开约翰和迈克尔兄弟超能力的神秘面纱，让我们能够一窥究竟。遗憾的是，要解开这个谜题，我们也许只能从其他低能特才入手或倚仗未来出现某种全新的研究范式。1977 年，为了推动他们融入社会，他们的监护人决定将兄弟俩分开，虽然在过渡教习所的监管引导下，他们的社交能力有所提升，但是他们现在均已不再进行任何有意义的日期计算和质数判别了。[7]

这些究竟意味着什么

有些人或许会认为，天才计算者与普通人并没有太大的差异，只不过他们受过专业训练，对数字情有独钟，并且具备上佳的记忆力。W. W. 劳斯·鲍尔（W. W. Rouse Ball，1850—1925）是一位对历史颇有研究的数学专家，毕业于剑桥三一学院，他在《计算怪才》(*Calculating Prodigies*) 一书中着重阐释了上述这个观点。

> 这些表演的确令人惊叹叫绝，因此，有些观众才不禁认同这些计算怪才具备超越时代的特殊能力。然而，这种主张并无依据。任何人只要具备出色的记忆力，对算术天生热忱，能够全身心投入对数的思考，并且长期接受专业训练，都能够在心算方面大有作为。当然了，倘若在此基础上还天赋异禀，那么其表演将更加令人赞叹。[8]

史蒂芬·史密斯（Steven Smith）也持相同观点，他甚至宣称，这类智力技能与语言能力大致无差，只要怀有足够强烈的意愿，并付诸行动，就能成为一名计算家。

> 不过，假如你冲劲十足……并且熟悉乘法运算表，那么我自信我可以在一周之内教会你如何开立方根，你再花一到两个月的时间集中训练，就能大体掌握成为计算表演家所需要的基本知识了。[9]

鲍尔和史密斯关于计算家与普通人基本无差的判断是否正确？可是，不是还有一类计算家，比如上文案例中的约翰和迈克尔，的确展示了超乎常人的能力？就那些一般的或较为聪明的计算家而言，史密斯的论断或许是正确的，给予足够的激励、置于合适的环境，兴许大多数人都能成为计算家。展示的表演固然引人惊叹，但它所涉及的也不过是过人的记忆力

（可通过专业训练获得）、对数的钟爱、足够多的用于琢磨数之间的关系的时间。人在小时候发现的数之间的关系会被频繁归类为计算方法，从而逐渐变成一种潜意识的或即时的反应。

然而，对于那些患有自闭症和智力发展滞后的计算家，就不适合以史密斯的假设进行解释了。达罗尔德·特雷弗特博士（Dr. Darold Treffert）提出，是多种因素综合造就了这类音乐和计算方面的专家——学者症候群（Savant syndrome）。大多低能特才根本连两位数以内的乘法（甚至加法和减法）都不精通，由此我们可以即刻明白，那种所谓的某些人长期练习思考数字，然后内化为即时反应的理论是不充分的。计算方面的"学者"一般具备三类与数有关的技能：①数的记忆，包括历法计算中对天数和日期的记忆；②辨别质数与合数的能力；③表演快速或即时计算的能力。这些看似都是下意识的能力，因为这些学者确切地知道他们正在做什么，但却无法描述他们是如何做的。

许多计算学者的大脑左半球功能受损，可能是未出生时或幼年时脑外创伤所致。若是男性，也有可能是由于男性激素分泌不平衡所引发的左半脑连接神经生长发育迟缓。特雷弗特指出，这类早期的大脑左半球损伤或许会导致其原本承担的功能向右半球转移。人从出生时起，数以亿计的大脑神经细胞由于无法与其他细胞建立连接而相继衰亡，并为大脑重新吸收。人进化至今，似乎已形成一个固定机制，即产生超量神经细胞以确保建立足够数量的连接，而过量、未能建立连接的细胞则逐步衰亡。或许，在左半脑的功能向右半脑迁移的过程中，有一些多余的细胞在无意间建立了连接，使得这些个体具备超于常人的右半脑。

对于普通人而言，左半脑处于支配地位，主要负责处理语言、数学、推理、计划等活动中涉及的线性过程，右半脑则负责操控各类即时行为，如瞬间的视觉理解等。左、右半脑之间的功能区分有助于我们理解普通个体与计算专家之间的差异，后者在处理线性过程（线性过程由多个步骤构成、每个时间段只进行一个步骤）时会碰到一些困难（音乐例外，因为涉及音乐的过程恰好由右半脑支配），但在需要即时意识的情境中，比如瞬时计数，他们往往展示出超强的能力。

可见，计算学者身上的特别之处绝不仅仅在于他们相对孤僻的性格、对数的执着爱好以及长时间的专业训练，他们大脑的运行异于常人，由右半脑占主导地位，而非如普通人由左半脑控制大部分主要行为。特雷弗特还指出，由于大脑皮层下方的区域受损，他们的记忆能力也与众不同，相对而言，记忆涵盖的范围较狭窄，但更强烈、更专注。这也部分解释了，为什么有许多计算学者总是沉溺于自己的思想世界。不过，这还不是完全的解释，特雷弗特补充道：

> 经过长期的重复练习实践，这些天才学者的思维中已经形成一种编码模式，并发展出一套即时反应的算法（尽管他们并不理解这些算法）。不过，这些非凡的学者对音乐韵律或数学规则的了解相当广泛，以至于我们不得不推断，他们掌握的知识必定部分源自祖先（遗传）的记忆。这类记忆大多分别遗传自一般的智力对象。[10]

特雷弗特引入了一个附加因素：对数学或音乐规则的遗传性记忆。不过，需要特别注意的是，特雷弗特此处所说的记忆并不是指对过去特定事件的回忆，而是用"记忆"来表示进行数学和音乐操作时所涉及的遗传性的神经方面的技能。他断言，这些特殊技能不同于我们一般的智力活动，因此，当学者们的正常智力受损，其特殊技能反而增强。在此研究基础上，特雷弗特进一步总结，计算学者与普通个体之间存在显著差异；具备占主导地位的右半脑（或许还包括由于额外增加的神经连接而变得更加复杂的右半脑）以及由遗传所得的有关数学规则的操作技能，再加上性情孤僻和对数情有独钟这两个环境因素，共同决定了计算学者对数的即时反应达到了常人所不能及的深度。[11]

未来的计算

有人可能会问：为什么要自己煞费心力做计算？我们明明只需打开电脑，噼里啪啦输入一系列数字和符号，随即便可获得结果。事实上，在一些大的算术问题上，厘清其计算过程甚至比快速获得结果更重要，它能够使我们对数，甚至对数学的本质有更深刻的认识和洞察。

历史上曾有许多计算神童，后来成长为杰出的科学家和数学家，其中包括堪担"伟大"之赞的数学家莱昂哈德·欧拉、高斯、斯里尼瓦瑟·拉马努金（Srinivasa Ramanujan）。现代计算机与博弈论（有关最优选择的数学理论）之父约翰·冯·诺依曼（John von Neumann）也以计算能力见长。

天才计算家都有一个共同特点——酷爱思考和动手演算有关数的问题。这种对于数的计算的执着与热爱在众多历史时刻关键性地推动了数学领域的许多突破性发展。比如，早期毕达哥拉斯学派的信徒大多喜好摆弄石子堆，从中领悟数之间的关系，并最终推导出最早的一批数学定理。最近也有一些例子，1792 年，年仅 15 岁的高斯就得出了数论中至关重要的一个发现[12]。他提出，自然数中所含素数的数量可表示为如下函数：$n/(\log n)$，后来，这个函数被归纳为素数定理。彼时年岁尚轻的高斯是如何得到这个函数的呢？他以一千个自然数为一组，仔细清点若干组自然数中所含素数的个数，由此，他对素数在自然数中的分布情况有了直观的认知，并据此总结、推理而获得素数定理。高斯拥有历史上最具智慧的大脑，但他的卓越发现也是根植于日常平凡的辨认、计数之中的。

我们无从得知具体还有多少伟大的数学发现是经由人们不厌其烦地烦琐计算后得出的，但这个数字想必很可观。科学研究中同样不乏孜孜不倦的耐心和不辞劳苦的勤勉，为求突破，研究者需要成年累月地收集和分析数据。因而，基础计算是数学长期发展中必不可少的一环。20 世纪的一些评论家满怀悲观，他们认为计算机的兴起势必会消磨掉我们进行手动计算的欲望和热情，我们的后代甚至可能彻底丧失基本的算术技能，人类将步入一个数学上的黑暗时代。对于上述消极看法，我持相反意见。在我看来，计算机不会降低我们计数的能力；相反，它是一个具有极高利用价值的宝物，可作为人类计算脑力的延伸辅助，有了计算机，现代人个个都是计算大师。乘法或分解因子的计算的重要性不在于其运算过程本身，而在于它们为我们提供了解析数的全新视角。对于许多有关数的问题，普通人以前关注甚少，因为它们往往涉及繁复的计算过程，如今，随着编程技术的迅猛发展，人们只要几分钟或若干小时便可获得想要的答案，在此境况下，只要我们对数本身抱有热忱，便可顺利解决问题。

明确问题的实质

我们已在探索数的旅途上走得很远了。我们以自然数为起点，探究了它们的发端，接着，我们的思维继续朝前发展，认知的领域拓展至分数、无理数、复数和超限数，我们甚至推测了其他物种的计数方式。至此，是时候抛出这个问题了：最一般意义上的数究竟是什么？实际上，这不是一个数学问题，而是一个需要在哲学范畴内思考的问题。正因为如此，我们必须当心，避免深陷无休无止的哲学争论泥潭而无法自拔。

数学中的大多数概念都不难理解，因为它们大多构建于简单易懂的定义和可供快速掌握的特定关系之上，相较之下，透彻掌握数学哲学的难度要高得多，因为它迫使我们暂时抽离直观的数学证明和数学计算，通过思考更深层的问题去审视一些我们早已熟知的直观概念。关于数，我们首要关切的问题是：数以何种方式存在？对于我们寄身的宇宙而言，这意味着什么？本体论是研究"存在"问题的理论，我们要探讨厘清的便是数的本体论问题。此刻，我们触及了整个论题的核心基石：若数是真实存在的，那么它们如何存在？是独立于人类而存在的吗？这里所说的存在自然不是毕达哥拉斯学派所主张的那样，认为数是漂浮移动于时空中的实体对象，我们永远不可能在岩石底下或树梢上翻找出一个数字 3 来。我们所言之意是，数学对象（不管这些对象具体是什么）是否独立存在于人类对这些对象和对象间关系的思考之外？换言之，不管人类存在与否，数学的真理是否都将作为关于宇宙的真理而存在？

我们业已推开一扇刻着"存在"二字的大门，而众位读者将立即可以看到，门户之后是满眼混沌。为了辩明"存在"这一概念究竟蕴含何种意义，不同派别的众多哲学家在这片混沌里埋头深耕了整整 25 个世纪，而整个哲学体系的运动发展也都是建立在人们对本体论的具体阐释之上的。我们绝不可急于求成，妄想快速对本体论所隐含的所有问题做出解答。否则，我们将踏入虚无空想的雷区。我们不能奢望我们可以在这些简短的思考片段中解决所有关于数的存在的哲学问题，或许，我们最多只能概括性描述这些问题的大致轮廓，以便对数的本质有更清晰的思考和洞察。现在，就让我们对数的本体论问题作一番自由的思索。

作为接下来探讨的基础，我们将对数的本体位置的极小值和极大值作明确定义，希望关于这个问题的终极答案会落在这两个极值的区间内。首先是极小值：数只存在于人类的思维中，假若人类不存在，那么数也不复存在；或者更准确地说，假若思维实体不存在，则数也不复存在。数，连同所有一切数学真理，都只是存在于人类思想中的事物，从而，作为思维产物的它们，自然也与任何独立于我们思想之外的事物无关。物理宇宙原本是"没有数的"，是人类硬给它添加上了数这一概念。上述的这种极小值观点，数学上称之为建构主义，哲学上称之为实在论，它着重强调的是人类在思维活动中建构了数——数不是非人类宇宙的一部分。

接下来是极大值观点：数是思想活动的对象。它们并非思想本身，而是思想活动所考虑的对象。一切思想对象（包括数）均独立于个体的思想行为而存在，它们在思维之外，拥有超乎随时变化的宇宙之上的完美存在状态。因此，数与其他思想对象一同形成一个由各式真理组构而成的理念宇宙，这些理念具体反映在处于时刻变化状态的下等物质宇宙中。事实上，所谓的物质宇宙只是一场盛大的幻象，唯有理念形式才是真实的存在。上述这种极大值观点被称为古典唯心主义或柏拉图主义。

此处我们仅对唯心论和实在论作简要定义，无意论证两者谁更具有合理性。在展开下一步探讨之前，我们需先引入几个术语，以便统一表达，避免产生不必要的误解。我们将沿用 20 世纪伟大哲学家、数学家伯特兰·罗素（Bertrand Russell）所用的术语体系 [1]：

·感觉素材：来自周围世界的感官输入，如声音、颜色、气味、质地等。

·感知：我们对感觉素材的感受，也即我们对红色、坚硬质地、清甜香气等体验的直观认知。

·物质对象：指我们认为存在于物质世界中的假设的对象，并假定它们是我们感觉素材的来源。举个例子，苹果就是一个我们推断存在的物质对象，因为我们可以直观感知到其某些具体的感觉素材，如圆圆的形状、红色的外观、硬实的触感等。

·概念：概念是思维活动的对象。它既不直接来源于感觉素材，也非我们的感知，我们只能内在地构想它们。

·思想：指对概念的具体意识。

·共相：共相是我们思想中具体概念的源起，物质对象存在于共相的世界中。共相包括数、数学关系（如 π），或许还有其他一些普遍属性，如道德、自由、新鲜度、响度等。

现在，我们用图 52 来呈现上述定义之间的关系。图中的大方框代表我们的意识，我们在意识中直接感知感觉素材，而后假定这些感觉素材意味着物质对象在大方框外的存在。同时，我们相应地产生了关于各种概念

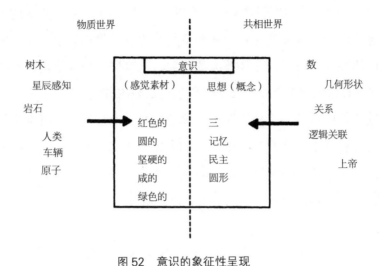

图 52　意识的象征性呈现

的思想。在与内在思想相对应的意识方框之外，共相是否存在？当然，我们也完全有理由追问，是否存在与我们的内在感觉素材相对应的物质对象？哲学家们坚信，我们永远无从真正确认意识方框之外到底是什么，因为我们所体验到的一切，包括我们感知的感觉素材和我们的思想，都是在意识方框内发生和经历的。因此，此处用一道粗重的实线将物质世界和共相世界与我们的意识世界分隔开；感觉素材和思想之间则是以一条虚线相区分，这意指我们尚不明确感觉素材和思想之间的确切差异，两个外部世界亦是如此。我们真的可以将它们完全区分开来吗？若可以，要如何区分？显然，图 52 只是一个简化模式，仍有许多问题尚未得到解答，譬如，记忆是归属思想范畴还是归属内在感觉素材范畴？情绪是什么？

　　我们中的大多数都秉持一种称为朴素实在论的世界观。这种观点主张，宇宙中物质对象的存在与我们所感知到的是完全一致的。我自后窗远望出去，在我的眼中，树木高壮，树干呈椭圆状、棕褐色，树叶油绿，这些都是我的真实所见。然而，当我们较深入地审视朴素实在论，问题立即显现，并且我们会得出这样的结论：物质对象并不完全与我们所感知的一致无二。对这一论点，18 世纪哲学家伯克利主教（Bishop Berkeley，1685—1753）在其著作《海拉斯和菲洛诺斯的三次对话》（*Three Dialogues Between Hylas and Philonous*）中进行了一段详尽的经典阐述，他认为，我们通常赋予物质对象的属性其实只是针对人类感觉器官的属性，伯克利由此推定，世界的本质不是物质的，而是精神的。[2]

德国唯心主义者伊曼努尔·康德（Immanuel Kant）曾用一个术语来描述感觉素材和产生这些素材的对象之间的区别。他称感觉素材为现象，产生素材的对象为本体，他经论证断言，我们真正能够了解的只有现象，对于我们而言，本体永远是个无从解开的谜。

在建构主义视角的最严格解释下，我们可以认为，图 52 中方框以外的一切均为物质对象，方框会随着个体的消亡而坍塌，留下一个只有恒星、行星和岩石的世界——这便是朴素唯物主义。古典唯心主义或柏拉图主义的观点则认为，意识方框之外的一切均为共相，我们对感觉素材的感知和对概念的思想皆源自这些共相。

眼下的窘境在于，无论接受以上哪种世界观，都会引发相应的哲学难题。或许，我们可以走一条中间路线，认为物质对象和共相是并存的——这种观点称为二元论。这种策略并不能完全消弭困境，不过，大多数人还是更愿意采纳这个中间路线，毕竟，人们大多很难接受"物质宇宙不存在"这样的概念。而另一方面，单纯的唯物主义自然观又令我们如坐针毡。因此，对我们来说，在接受物质世界的同时，也伸手拥抱由共相构成的第二世界，似乎是一个稳妥且自在的选择。我们常把共相世界看作一个辽阔的精神王国，其中既有共相，也包含诸如亡者的灵魂，甚至上帝等精神实体。

不过，情况可能更加复杂。如图 53 所示，在意识方框内外之间有一层起过滤作用的地带，它代表一种理念，认为我们对世界——包括共相世界和物质对象世界——的概念化取决于我们人类自身的构造。换言之，我们看待事物和思考事情的方式均源自我们的构成方式（或是物质的或是唯

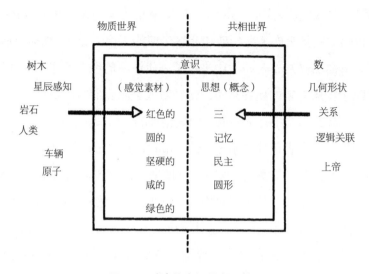

图 53　过滤的意识的象征性呈现

心的），这个观点被称为自我中心困境，它在生物学层面的意义是，我们的大脑结构，连同它的数十亿个相互连接的神经元，帮助我们决定了感知现实的程式。我们的意识结构在多大程度上决定了我们如何看待事物的方式？我们是否应该相信，物质对象能够以特定形式存在，主要是因为我们具有这种意识结构？数也是由于我们存在这一意识结构而成为我们思想的对象的吗？

　　倘若我们对数的本体论持保守态度，我们兴许会倾向于采纳如下这种观点：我们能够明确的仅有感觉素材和思想中的内在概念，因为只有这些东西出现在我们的直接意识中。没有人会认为，我在看见绿色时也正在经历绿色，换言之，绿色这一感觉素材是被赋予的。意识之外（倘若探讨意识的内部与外部之分的确有意义的话）的一切事物只有第二种形式的存在，而这种存在全然依赖于我们的直接意识。需要注意的是，这并不是说，我们的直接意识（感觉素材和思想）导致了这些外部对象的存在，而是说，我们由感觉素材和思想推断外部对象的信息，从而获得对它们的相关认知。

那么，为什么我们应该要么相信物质对象，要么相信数（数是共相的典型代表）呢？相信物质对象的理由显而易见：我们可以依此判断哪些行为能够令我们运行自如。假如我们试图忽略物质对象，那么我们的生存能力将大大削弱。在一个增强生存能力的世界观中，假定物质宇宙的客观存在似乎大有益处。

数的情形又如何呢？我们是否有理由相信，数是超乎个体意识之外的存在？及此，我们将再次回到本章探讨的核心问题上来。

历史的进程

自人类大脑发育至有思考能力时起，人类就已开始思考这些问题，每思及此，心中顿时感到一种恢宏的浪漫。设想一下，在悠远的几万年前，古人们散坐在树荫下乘凉，闲谈间，他们开始讨论起眼前的这棵大树是不是真实存在的。不过，上述场景都只是我们的想象，人类历史上关于这类哲学思辨的实质证据最早出现在古希腊，古希腊人极有远见，有意识地记录下思想成果，以便后人翻阅了解。我们看到，毕达哥拉斯学派提出，物质对象是由数构成的，因此，物质对象在它们（以及我们的）意识之外，具有一个以物质的数为基础骨架的原子结构。这意味着，数不仅雄踞共相宇宙一隅，在物质世界也占有一席之地。柏拉图则笃信理念世界的存在，其中充满着完美无缺、永恒不衰的共相，它们以某种方式与空间混合交融，最终将物质世界赋予我们眼前。

自柏拉图时代以来，哲学家们纷入不同阵营，有的倾向实在论，有的青睐唯心主义。无论是在西方还是在东方，宗教普遍支持实在论观点。中世纪黑暗时代的基督教神学家结合柏拉图和亚里士多德的理论，提出是上帝创造了物质世界，并进一步宣称，上帝通过不断思考，以其崇高的无垠智慧维持着所有共相的存在。因此，即便人类全数灭亡，圆这一概念也不会终止，因为关于圆的共相是存在于上帝的思维中的。

即使进入 20 世纪，全能的上帝与共相概念之间的联系依然紧密。康托尔论证了不存在最大的超限数，一切超限数均无法逾越具有无限性和不可描述性的上帝；上帝是绝对的无限，超限数这类较小的无限仅可存在于上帝和有限世界之间。19 世纪和 20 世纪初叶的数学家大多是唯心主义者，相信包括数在内的数学对象的客观性。那现在的数学家呢？他们是如何看待数这一数学核心概念的？

今天，假如我们在大街上随意拦下一位路人，询问他："请问你是否认为数是独立于人类而存在的？"我们大概率会收到否定的回答。倘若我们把这个问题改换成："请问你是否认为，圆的直径与周长之比是独立于人类而存在的？"我们收到的肯定和否定回答大概参半。如果我们拿这两个问题去咨询数学家，他们中大多数人可能会回答："是的，他们作为真理，优先于或者说独立于人类而存在。"可见，普通群众更倾向于实在论观点，而数学家，尤其是纯数学研究者，则更青睐唯心主义。这究竟是为什么呢？

我们所说的存在究竟是何含义

当我们想深入探讨"数是否存在"这一论题时，我们必须首先回顾存在的性质到底是什么；换言之，当我们说某物存在时，我们究竟是什么意思？我们首先从物质对象说起。为什么我们坚信物质对象存在于我们的意识之外？首先，我们的感觉素材具有一致连贯性，我无论何时走进客厅，那里都放着一个沙发；我转过身背对它，然后再转回来——它依然在那里，岿然不动。我们获得的经验是前后一致、始终如一的。倘若某一刻还在原位的沙发，突然在下一秒当着我的面凭空消失了，那么我会立即开始怀疑沙发是否真的存在。世界上的其他物质对象亦是如此，我们知道它们就在那里，假如它们消失无踪，我们会期待得到一些讲得通的解释。物质对象不会随意地在我们的世界中出现或消失，它们是由连贯一致的感觉素材所表征的。

数学对象是否具备上述这种性质？数学对象不占用特定空间和时间，因此，我们从不期待在感觉素材（虽然某些感觉素材的确可以显示共相）中感受到它们的影迹。不过，数学对象同样具有一致连贯性，比如，自然数总是按序排列，它们之间的各类大小关系固定不变；圆的直径与周长之比总是一个恒定的数字。（这便假定不存在一个法力通天、可以任意不断更改 π 的数值并且同时更改我们对 π 的记忆的恶魔。）因此，数学真理的确与物质对象的感觉素材一般，呈现出稳定的一贯性。

存在的第二个性质是独立性。物质世界中的对象似乎并不依赖于我们对它们的思考而存在，这一点显著地体现在我们前往未知地域探险的时候：当我们勇敢地闯进一片浓密森林，沿小径摸索前行，每一个拐角都能遇见让我们讶异而兴奋的新奇景象，我们无从知晓前方究竟有什么在等着我们，因为这些事物的存在并不归功于我们。我们相信，即便我们不路过那些弯道角落，没有看见那些对象，它们也依然存在。

出人意料的是，数学中也有同样的发现。而且，正是经历了一系列连贯一致的数学发现，许多数学家才相信，他们孜孜追求的数学真理在经人发现之前就已存在，并且这些真理在被发现之后还会继续存在。比如，倘若 π 是人类思想的发明，我们怎么会不知道其小数表达式的第一百万位数字是多少呢？事实是，我们必须进行大量数学运算，方能"掌握"这一数位上的确切数值。当然了，建构主义者可能会认为，除非有人计算出结果，否则 π 小数点后第一百万位是不存在的，在此之前，这个数位上只是一个潜在的数。

毕达哥拉斯学派的一名信徒观察到，某个正方形的对角线与它的边竟不可通约，这是与上述情形同属一个类别的数学发现。这名信徒只是发现了这个性质，并没有定义这个性质。数学家们试图批判这种数学存在主义观点，因为如此一来，他们贡献的就只是发现而非发明创造，这种心理感受不太愉悦。理论数学家们倒的确创造了一些新的数学体系，不过，他们是通过发明公理，而后推导出这些公理蕴含的定理来实现的。

有没有一个纯粹的发明的例子可与数学的"发现"世界形成对照呢？以我们最熟悉的英语为例，它就是一项纯粹的人类发明。我们仅把字典视为众多定义的集合，而非写满真理的典籍。如果某天，一个来自银河系的智慧文明到访地球，而且它们竟操着一口流利的英语，我们将会无比震惊，因为我们十分清楚，英语是人类的发明，假如别的文明能独立创造出一种与英语相同的语言，那真是超乎想象。

数学方面的情形就不如此确定了。假如其他高智商文明没有数的概念，我们会感到惊讶吗？我们是否确信，数这一概念已普及至所有高度文明都应了解的程度呢？我们甚至在许多科幻小说创作中设定，人类与外星生物开放交流的完美方法是通过数学这一"通用"语言。但是，倘若确实如此，那就说明，数学的真理不依靠人类的发明而存在。

然而，这并不足以让我们完全倒向唯心主义。事实上，我们未曾遇见外星来客，当我们真正碰上的那一天，或许我们会诧异，他们根本没有任何可与数学相比较的概念系统；抑或，我们会发现，只有那些能够发明出类似我们的数学的学科的生物，才有能力发展出一门足以穿越太空并造访地球的科学！前文我们已考查过鲸鱼和海豚的脑部结构，大脑重达十五磅（约6.8千克）的蓝鲸能数出从其身侧游过的小鱼的数量吗？这些海洋生物可能自有一种复杂而具智慧的文化，但这种文化缺乏对数学对象的抽象概念化。我们兴许会认为，数学真理具有普遍性，因此，所有足够聪明的生物都能发现它。然而，实际上，它们可能只是人类思维方式的一种反映。

存在的第三个需要考量的性质涉及感觉素材的内容的质量。我们业已认识到，感觉素材不等同于思想。当我亲眼见到一片油绿，它具有一种我思想观念中的绿所没有的丰富质感，我们的感觉素材在某些方面具有我们的思想所缺乏的强大效力。仅由上述事实我们可推断，感觉素材背后的对象是真实存在的，我们思想背后的对象则不然。不过，这还不足以作为推翻唯心主义的决定性证据。我们的数学思想蕴藏着一种敏锐性，这是感觉素材所不具备的。举个例子，我思维中的圆（在欧几里得平面内，与一个定点距离相等的所有点的轨迹）是精准而完美的，感觉素材无法达到如此境地。当我想到某个圆时，我或许会在心中构想出一个由点组成的圆圈，但这些行为只能作为一种辅助手段，它们并不代表我思想中关于圆的概念，因为我的圆是一个共相，不受任何时间或空间的限制。

提一个有趣的问题：当我们不去想圆的时候，我们关于圆的思想到哪里去了？我们转身背对沙发时，沙发的感觉素材就中止了。但此时我们依然深信，作为物质对象的沙发还继续存在着，而且正等待着在我们转身时为我们继续提供更多感觉素材。我们没有想起圆时，圆的概念去了哪里？每一次我们将其引入意识中，我们是重新创造了它，抑或只是重新发现了它？我们暂可假设圆的概念储存在我们的记忆中，需要时再召回忆起它；假若事实确如我们所假设的，那么我们的大脑中必然有一个特定的神经元集合，用以寄存这个概念。当这些神经元被激活，圆的概念就进入我们的意识。因此，在物质世界中，必定有圆这一概念的生物类似体。并且，因为当我们想起"圆"时，我们并不会先构想一个近似于圆的圆圈状物体，而后自记忆中调取，再想到完美的圆，所以该类似体必须具备一定程度的精准度。事实上，此时我们已具有对圆形的精确概念或精准定义的记忆。假如我们关于圆的概念在物质世界的确拥有一个精确的生物类似物，那么，一切概念在物质世界就都有一个精确的类似物。

伯特兰·罗素（Bertrand Russell）在其短篇著作《哲学问题》（*The Problems of Philosophy*）中阐述了一个二元论的现代典例。为构建理论体系，他首先论证了共相的存在，并将其描述为各类关系——物质对象之间的关系或其他共相之间的关系。随后他又提出，下一个亟待解答的问题是，这些关系是否独立于人类而存在——这正是我们当前面临的两难困境，而罗素给出的回答是，它们的确是独立于人类而存在的。

因此，现在我们或许可以认为，对于爱丁堡位于伦敦以北这一事实，虽然无须任何思想上的前提，但是，该事实涉及"某地以北"

这一关系，这是一个共相。倘若"某地以北"这一关系涉及思想事物，而这一关系又是上述事实不可或缺的一部分，那么就整体事实而论，它不可能不涉及任何思想……可见，"某地以北"这一关系与这些"物质对象"有根本性差异，它既不在空间里，也不在时间流中；既非物质，也非思想；但它总该是某种东西。[3]

罗素总结道，宇宙间充满各式各样的事物，这些事物就存在于彼此之间的关系中。这些关系既不是物质对象，也不是精神"思想"，从某种程度上讲，它独立于前两者，存在于共相世界中。然而，遗憾的是，罗素推出结论的过程跳跃过于迅猛，以致其论点严谨程度不足，较难让人完全信服。比如，在他所举的伦敦－爱丁堡例子中，他忽略了一点，在这个情况中，有一个精神活动先于"某地以北"这一关系发生，那便是定义伦敦和爱丁堡在物质层面属于两个不同对象；只有定义了二者的差异，我们才能赋予它们"某地以北"的关系。这里的问题在于，这种主张默认盈满宇宙的是各类不同的、离散的事物，但实际上，宇宙也有可能是一个连续的流形，只有某些智慧生物能够区分这种流形，也只有在这种情形下，流形才会分化成不同的对象。可见，各类关系取决于分化是如何发生的，因此，只有"关系"存在于分化活动发生之后，而非之前。

杰里·金是一位现代建构主义者。在其杰出论著《数学的艺术》（The Art of Mathematics）一书中，他指出：

> 数学家是从事数学工作的，在他们进行数学研究时，他们处理的是他们创造的对象，这些对象是抽象物，它们只存在于数学家的想象之中，数学家赋予了它们特定的属性；数学家又依据这些属性，运用相应的逻辑定律和数学规则，推导出其他属性。[4]

然而，杰里·金又不愿与唯心主义者划清界限，他没有完全关闭通往唯心主义的大门，而是留下了一道小小的缝隙。他指出一个耐人寻味的事实，数学作为数学家思维的造物，却能够以如此强劲有效的方式为物质世界的运转建立模型。

> 然而，神创论者的观点无法解释为何某些最纯粹、最抽象的数学结构可以在实际中得以反复应用，例如，黎曼几何和人们熟知的欧几里得几何，是由同一组公理、遵循严格的数学逻辑推导而得的。[5]

此外，杰里·金还提出一种想法，那些更简练规整的数学形式的背后极有可能潜藏着某种神秘的原理，令它们具有普遍适用性。

> 同时，似乎存在一种高层次的神秘美学本原，它在数学思想的精妙简练、正确性和重要性之间搭建起相互勾连的积极联系，又或者，如哈代（Hardy）所言，令思想的美感与严谨性之间产生正相关。[6]

金并没有阐明该如何理解这一神秘原则，因为所谓"神秘"，其真正意义在于它是由直观意识获得的，而无法经理性分析获得。假若这个神秘的美学原理确然构建起了简练优美的数学思想，以及数学思想的正确性和重要性之间的联系，那么，到底是数学家发明了这个原理，还是在此之前这个原理就已存在？如此提问，乍听之下我们似乎是在探讨一种对象与对象之间的关系，而且这种关系的存在还与人类无关。

至此，或许我们可以试着简要阐述建构主义的观点，希望能够使它得到恰如其分的评价。宇宙是一个连续的流形，没有预先定义的划分，从某种意义上说，它是没有缝隙的。我们作为智慧生物，寄身于宇宙中，体验周遭的环境，在此过程中，基于人类自身的生物构造，我们开始将宇宙区分成各类不同的"事物"。一旦我们做到了这一点，就意味着我们定义了不同对象之间的关系。因此，由我们赋予明确定义的关系（共相）是我们的特定专属。别的智慧生物可能会以全然相异的方式来区分宇宙，从而产出不同的关系、不同的共相。可见，除非是在赋予其定义的特定智慧生物的头脑中，否则共相是不存在的。

以上对建构主义立场的概述似乎颇有道理，但是，为何我无法被完全说服呢？或许你已被这个理论俘获，然而，我仍然在不确定的汪洋中漂浮着。如果我们假定一个智慧物种必须首先懂得加以区分流形宇宙，然后才能掌握关于宇宙的知识（而非将宇宙视为一个有机整体进行考量——这只不过是我们的美好愿望罢了），那么我们就应当承认，区分这一活动包含识别各类不同对象。由于这些特定对象为我们所独有，我们自然可以将它们归类组成各个集合。一旦有了集合，我们便可顺理成章地高声探问集合的大小了——数诞生了！其实，我们具体谈论的对象并不重要，重要的是我们将宇宙区分为离散对象的过程。生活在另一星系的外星文明有可能会以完全不同的方式区分它们所在的那个世界，不过，只要有区分，就会催生集合和数的概念——不管它们是否如我们一般将其称呼为集合和数。可见，我们应当很难摆脱集合和数这两个基本概念，它们似乎是作为宇宙中的基本法则而存在的，而这便是我无法全然信服建构主义论断的理由。不过，建构主义的对立面，也即古典唯心主义，同样令我感觉不安。或许，同时接受物质宇宙和共相世界的二元论才是安全之途。

W.H. 沃克梅斯特（W. H. Werkmeister）在其著作《科学哲学》（*A Philosophy of Science*）一书中也支持了这一观点：数是原始的宇宙区分。

> 每当我们睁开双眼，视野所及便会向我们呈现各种具有显著区别的形式和形状，以及各类颜色、阴影和色调，各色概念都与我们的所见所闻密切关联。那也就是说，我们意识到了隐约可辨的各种对象。这一事实意味着，我们具备了将某个特定对象同所有其他对象相隔离的能力，这个被隔离区分的对象是一个自我同一的"事物"，并且，从某种意义上说，它就是"一"。[7]

进化的角度

及此，我们仍未对开篇提出的问题做出回答：数是否独立于人类而存在？然而，我们并不认为我们有能力就此问题给出一个明确的结论，我们至多可以说，我们尽量尝试用一种有用的方式来定义这个问题。在有的情况下，从进化这一宏大视角看待问题或许会有意想不到的收获。作为人类文化的重要组成部分，数学是如何逐步进化发展的？厘清这一问题对进一步认识数的本体论又有何意义？

人类在搬运物体的过程中逐渐察觉到，一切集合皆有一个独立于集合对象本身的共性（即集合的大小）——数学的发展便由此起步，数也因此诞生（或被发现）。起初，数只是对有限的集合对象的简单描述，例如一"副"手套或一"对"牛等。数学的进步依赖于抽象化的过程，随着数的抽象化程度渐高，它们也变得越来越普遍，也即适用于更多的不同集合。这种抽象化贯穿人类发展史的始终。除抽象化以外，数的辐射范围也得以逐步拓展。在最开始阶段，只有有限集合与有限数列，而后，我们开始意识到，自然数是无限的——一个无法由感觉素材直接感知的概念（一个被强烈抵制了数千年的概念）。

但是，数没有停下开疆拓土的脚步。数的范围进一步扩展至分数、负数，接着，又将无理数和超越数纳入其统辖范围，复数、超复数和超限数随后也加入数的大家族。这一抽象化和拓展双重并进的过程见证了数学概念的演进。我们能否假设，我们终有一天会抵达这一演进过程的终点？当然，每个时代都有那么一批人，他们坚持认为，人类已经抵达终点。那么，人们又该如何构想下一步的前进方向呢？不过，假如我们只是处于人类智力和文化发展的某个特定阶段，那么我们应当可以假定我们的数学科学以及我们对数的概念是不完整的，关于数的概念将被进一步推向未知领域。

展望更宏大的人性图景或许可针对我们对数的本体论困惑提出完全不同的解决方案。让我们暂且假定，在某种程度上，数的概念是对我们作为人类的身份的一种反映，换言之，它取决于人类特有的生物学结构。于是，现在问题转变成："其中有多少纯粹属于人类行为，又有多少是共相的？"我们可以先看下几何学中的类似情况。起初，我们假定宇宙必须遵循欧几里得几何学的规则。之后，我们发现了非欧几里得几何。那么，宇宙究竟是遵循欧几里得几何学，还是遵循某一种非欧几里得几何呢？爱因斯坦在其广义相对论中采用了非欧几里得几何体系。然而，物质宇宙的几何学也有可能并不类似人类所发展出的任何几何学。与目前人类掌握的几何学相比，空间或许是更加普遍的流形，若是这样，我们便可以依照实际情形选用合适的几何学。

同样地，宇宙的真理可能远比数学中的数和圆更具普遍性。倘若我们遭遇另一个高等文明，我们兴许无法理解他们特有的数学。在他们的数学和我们的数学背后，或许潜隐着一个更高层次的真理——一类概括水平更高的"元数学"。此处我所称的"元数学"并非通常意义上的有关数学符号使用规则和原则的研究，我指的是一种更深层、更广义的数学，而人类的数学和外星文明的数学都只是这种数学的两个特定具体实例。

我们一直力图通过逻辑分析揭示数的地位，这种方法应当是适宜的，因为数就是思想的对象。不过，回望历史的滔滔长河，我们应该明白，若过分认定物质世界总是依循逻辑推理的轨迹运行，其实是相当危险的。概念与概念之间以逻辑的方式相互关联，概念的集合之间或许一致，或许矛盾，倘若我们试图以始终不变的方式将逻辑应用至物质世界的每一方面，我们或许将频繁走入歧途。为理解这一点，我们必须牢记，将我们对物质世界的概念合在一处，形成一个模型，然后在这个模型的框架内循逻辑路径推导出结论，并期许这些结论可契合物质世界的客观现象。然而，当我们的感觉素材与逻辑推论不吻合，我们常常选择扬弃感觉素材，而非改进概念模型。

巴门尼德（Parmenides）和芝诺（Zeno）主张世界是一成不变的，依据他们的逻辑推导，所谓运动其实只是人们的一种幻觉。在这种情况下，所有物质对象在运动方面的感觉素材被人们抛诸脑后。过去，人们一度坚信世界是平的，因为我们对于现实建构的模型允许我们从逻辑上推断它是平的；假如地球呈圆球状，我们不就会掉进茫茫虚空之中了吗？人们"有理由"认为天上只存在 10 个天体，因为 10 是一个神圣的数字。于是，当伽利略宣称自己观测到一颗环绕木星运转的卫星，人们"无可非议地"囚禁了他，并认定，伽利略的感觉素材必然谬误重重，因为存在 10 个以上的天体这一主张显然与上述说法矛盾。

我们能够确定的是，宇宙绝不会完全遵照我们的逻辑推导运转，当我们经历的感觉素材与我们的现实模型互相冲突，我们必须重新审视考查我们的模型。假如宇宙全然合乎人类的理性，那么圆的直径与其周长之比应该等于 3——精准、简练、明了。至少，如果我是创世者，我肯定会选 3，而不是 π。不过，我很庆幸宇宙并非我的造物，因为于我而言，发现 π 的真正数值比凭空构想一些数字更令我热血沸腾。

第十五章

数的过去、现在和未来

进入 20 世纪

　　我们对数的正式探索暂停留在格奥尔格·康托尔于 19 世纪末对超限数的研究上了。康托尔的工作代表着数这一概念的最近一次扩张，不过，这远不是终结。除了狄德金对无理数的精妙定义和康托尔对超限数的探索，数学在 20 世纪后半叶还有其他许多重大进展。其中极具代表性的成果，一个是非欧几里得几何的发现，另一个是将整栋数学的摩天大厦建立在公理的基石上的尝试，后者将是下文重点阐述的内容。

　　欧几里得在这方面堪称典范。他仅以一组公理和公设出发，推导出整套古典几何学定理。循着这个思路，数学家们希望能够找到一组公理，可由其逻辑地推导出所有关于算术的真理。倘若这个想法的确切实可行，那么数学的其他所有领域皆可从算术中推导出来。如此一来，整个庞大的数学体系就可以一劳永逸地建立在一个健全的基础上。这套公理必须具备两个属性：首先，它们必须是完全的，即人们根据它们足以推导或计算出所有相关性质；其次，它们必须具有一致性和连贯性，只有如此，由这套公理推导出的定理之间才不会相互矛盾，毕竟，若是数学各领域的结论自相矛盾，那数学这门学科还有何可信度？

1889 年，意大利数学家朱塞佩·皮亚诺（Giuseppe Peano）构想了一套公理（共五条）用于推导算术定理。这些简洁的公理如下：

> 1. "1" 是一个数；
>
> 2. 如果 x 是一个数，那么 x 的后继也是一个数字；
>
> 3. "1" 不是任何数的后继；
>
> 4. 如果两个数有相等的后继，那么这两个数相等；
>
> 5. 如果一组数字中包含数 "1" 且包含其成员的所有后继，则这组数包含所有数字。[1]

在这些公理中，皮亚诺没有明确定义数和数的后继。不过，显而易见，皮亚诺在其公理中所说的数指的是自然数。他以上述简单公理以及第一个自然数 "1" 为起始点，定义了全体自然数；而一旦有了自然数，就有可能推导出其余的数以及它们之间的关系。如此简洁的公理中竟蕴含着如此强大的效力，这怎能不令人惊叹。这些公理既不晦涩也不复杂，却充分体现了自然数的基本概念：从 "1" 开始，往后移动，依次得到后继数。其中，第五条公理属于所谓的归纳法公理（axiom of induction），简单概述其意义是，假如我们能够成功论证 "1" 及其所有后继数都具备某个性质，那么该性质对一切自然数均成立。需要特别注意的是，皮亚诺和其他数学家遵循严谨的逻辑推理，利用清晰明了的符号阐述了这些公理，而此处我们只用简单的语言对它们进行等价描述。

为数学大厦建立坚实公理地基的脚步并未就此停下，伯特兰·罗素和阿弗烈·诺夫·怀海德（Alfred North Whitehead，1861—1947）合作无间，共著《数学原理》（*Principia Mathematica*）一书，力图在数学公理与逻辑形式之间搭建互通桥梁。如若能够建立这种连接，那么所有数学结论皆可沿逻辑路径回溯到其对应的基本公理。这些设想到底能否实现？

悖论

遗憾的是，由基础公理推导出一切数学的设想未能如皮亚诺、罗素、怀海德等数学家所计划的那样顺利实现，他们努力堆建的大厦已然出现裂痕。首要问题是，在人们对集合的直觉概念中发现了一些悖论，而集合的概念正是新公理数学的核心，因为它被用于定义数。

前文已提及第一个悖论，即康托尔悖论：不存在最大的超限数。设 Ω 为涵盖其他所有集合的全包集合的基数，这个庞大的全包集合不仅包含它自身，还必须包含它每个可能的子集，因此，该集合的基数必然大于 Ω；实际上，它的基数至少为 2^{Ω}，而这显然与我们先前预设的该集合基数为 Ω 相矛盾。当然，有个简单方法可以绕开这个悖论——否认存在这种所谓的全包集合或最大基数。

罗素也发觉了一个深藏在朴素集合论中的悖论，这个悖论要比前一个难解释得多。我们可以建构一些其成员也是集合的集合，比如，我们令 A 表示所有左手棒球击球手的集合，B 则是所有公鸭子的集合，$\{A，B\}$ 便是包含上述两个集合（即 A 和 B）的大集合。罗素又构想出一个集合 S，其成员也都是集合。他规定，若一个集合的成员中不包含该集合本身，那么这个集合就是 S 的成员；若 $S=\{S_1，S_2，S_3，\cdots\}$，那么每一个 S_i 的成员中都不包含其自身。紧接着，罗素抛出一个问题：我们是否应该认为 S 也是集合 S 的一个成员？如果集合 S 不包含其本身，那么它就该是集合 S 的一个成员，但是如此一来，集合 S 就包含了它自身，它就不该是集合 S 的一员——悖论由此而来！可见，根本不可能存在这样一个集合 S。

罗素发现的这个悖论说明，我们对集合的直觉概念引发了矛盾，而数学家们必须思考如何绕过朴素集合论定义数，这推动了 20 世纪形式公理集合论的飞跃式发展。

罗素的悖论驱策着同行研究者寻找深隐在我们的直觉概念中的其他

悖论，其中有些悖论出人意料且生动有趣，比如英国哲学家詹姆斯·汤姆森（James Thomson）于 1970 年发现的汤姆森灯悖论[2]。假设现在这里有一个用于控制灯的开关的完美无缺的机器。首先，把灯打开一分钟，接着关半分钟，然后再打开四分之一分钟，之后关闭八分之一分钟，然后以此类推，无论灯开或关，均持续前一时间段的一半时长。如此进行两分钟后，我们将得到一个由灯开和灯关构成的无限序列。此处的问题是：两分钟后，灯是开着的还是关着的？

还有一个在罗素悖论基础上发散而得的有趣悖论。假设某个小镇只有一个理发师，这个理发师为每个不给自己刮胡子的人提供服务，那么，谁给理发师刮胡子呢？如果他不给自己刮胡子，那么他就应该为自己刮胡子；如果他给自己刮胡子，那么他就不应该为自己提供刮胡子的服务。

英国图书管理员 G. G. 贝里（G. G. Berry）发现了另一个精妙的悖论。假设我们将所有的正整数按英语中描述它们所必需的最小音节数分类，比如，数"sev'en'teen"（17）需要 3 个音节，而数"nine'ty-sev'en"（97）需要 4 个音节。现在，我们将所有至少需要 19 个音节来描述的正整数归为一个集合，换言之，要想用英语描述该集合中的整数，至少需要 19 个音节。然而，我们前文所用的"least integer not describable using less than nineteen syllables"（至少需要 19 个音节来描述）这一对集合的描述本身就只需要 18 个音节！可见，并不存在至少需要 19 个音节方能描述的整数[3]。

实际上，许多悖论之所以成为悖论，是因为其描述基于自我参照，于是就出现了包含本身为成员的集合、描述自己的描述、理发师刮胡子等悖论。这些悖论从概念层面表明，我们仍需与我们用于阐述数和数学的基础性概念作一番斗争。

在为数学大厦探寻公理基础的历程中遭遇的第二个障碍与完全性这一概念有关。假定有一个完全的公理体系，我们运用如上文所述的皮亚诺提出的公理应当足以证明或反驳该体系中明确表述的每一个语句，这个过程或许需要花上数年甚至几十年。但是，至少从理论上讲，运用公理应当能够论证每一陈述语句是对是错。然而，这种幻想被库尔特·哥德尔（Kurt Godel，1906—1978）于 1930 年彻底击碎，他完整证明了，在任何一个足以有效解释算术的公理体系中，都有可能产出无法证明其真伪的叙述语句。这就是著名的哥德尔不完全性定理（Incompleteness theorem），这个定理阐明了，我们无法证明在 $\aleph_0$ 与 $\aleph_1$ 之间是否存在另一个基数。

不完全性定理的横空出世对现代数学界的冲击，绝不亚于对角线不可通约性的发现对毕达哥拉斯学派造成的沉痛打击。它从哲学角度说明，严密的逻辑推理和数学分析仍不足以揭示有关数的一切真理，因而，总有一些真理需要我们踏出数学的领地之外去发掘它们。

跨越 20 世纪

前文的大部分内容都是在描述纯理论数学家在有关数的概念方面的耕耘，然而，数的实际演化过程远比这些数学家发展建构的理论体系复杂。数是人类文化的基础组成部分，因此，当数的理论在数学家的头脑中不断发展完善，数的文化也在人类社会中不断演进成熟。倘若一个社会中只有数学教授对数学感兴趣，其他人却漠视不理，那么这个世界必将变得黯淡无光。人类科学技术的每一步进展都离不开数和数学的推动作用，这两者在我们的日常生活中时刻发挥着至关重要的作用。

社会普通公民运用数学的平均水平是衡量数学当下发展复杂程度的重要标准。根据数学教授杰里·金的统计，这个国家的 3 个全国性数学组织中约有 5 万名专业数学研究者，粗略计算，这 5 万名数学研究者每年大约在 1 500 种不同期刊上发表 2.5 万篇数学方面的研究论文[4]。杰里·金紧接着指出关键之处，但是这 2.5 万篇论文是鲜有人认真翻阅学习的，大多数情况下，这些文章的读者只有期刊审稿人和作者自己。因此，虽然大批辛勤工作的专业数学家每年产出大量研究成果，但是这些成果对普通民众的直接影响其实微乎其微。

这并不是在全盘否定数学新发现对普通社会的影响，虽然这些新发现令人费解，它们的确很难直接在日常生活中发挥效用，但能够触及并改变我们生活的却是不同历史时期最杰出的那些数学成果。历史上曾有几个关键阶段，某些数学成果在普通民众中的爆炸性普及应用，决定性地推动了人类的发展。当然，这里并非绝对地说当时社会中的每个公民都提高了他们对数的认知，只是说他们中的大部分增长了知识。第一次变革发生在公元前 8500 年前后西亚农业大发展时期，那时普通男女都必须学会数数和记账。

第二次进步出现在公元前 3500 年前后的城市发展过程中，当时的城市统治者需要抄写员和祭师追踪季节气候变化、分配土地和劳动力，而这些事项无一不需要复杂的计算。公元前 3100 年前后，苏美尔地区开始出现书写文字，这无疑极大地加速了数学的进化。

虽然古希腊在公元前 500 年到公元 100 年之间开启了数学和哲学的黄金时代，但是人们的工作和生活状况并未发生太大变化。算盘和计数板作为计算辅助工具开始流行，然而，普通民众无法共享最新创造出的数学财富。

这个情况在 1455 年有了根本改善。那一年，谷登堡向世人郑重推出了金属活字印刷术用于印刷书籍。于是，从那时起，大量成本相对低廉的书籍流入市场以供大众消费，这极大促进了文艺复兴的萌芽、科学发现的涌现，有助于从近东引进阿拉伯数字，拉开了今时今日造福无数人的技术革命的序幕。它使科学家和技术人员能够便捷地接触到数学思想，并将他们的发现应用于日常问题，同时，他们也开始学会欣赏数学之美。

数学在 20 世纪有两个惠及普通公众的伟大发展，首屈一指的当属计算机的发明。

机器数学

大多数专业数学家很迟才愿意张开双手拥抱计算机这一新事物。20 世纪 50 年代末 60 年代初，大学工程师已开始充分利用这些新兴设备推进工作，而大多数学家则摇头摆手说，机器无法做论证工作，但数学家就是要做论证工作。彼时，只有从事应用数学研究的学者才会觉察到计算机的巨大效用，因此，数值分析领域取得了跨越式的进步。在过去 30 年间，计算机才逐渐踏入数学领域，不过，还是有许多老派研究者仍旧坚持认为，只有用铅笔和白纸才能做出真正的数学。与此同时，计算机完成证明过程的论断也受到了前所未有的挑战。著名的四色猜想指出，只要四种不同的颜色便可确保地图上任意两个相邻国家不同色。这一猜想早在 19 世纪就已问世，但是，直到 1976 年才凭借威力强大的计算机得以最终证明，就目前而言，单靠一支铅笔、几摞白纸可无法完成这个证明。

计算机还有另外两个性质与我们的讨论密切相关。一方面，计算机本质上是二进制机器，其运转所涉及的一切内容都始于或归于二进制数的存储、加减。因此，计算机的基本核心是数。

另一方面，对于一般使用者而言，计算机最重要的特点是它能让我们便捷地摆弄数字。摆弄数字的重要性在前文已有提及，但在探讨什么是数学时，这个论题又常常被忽略。其实，在理论数学家严谨论证数学定理之前，这类引人入胜的数字游戏就开始了。后来，有许多数学家就是在摆弄数字的过程中觉察到一些与以往不同的数学现象，从而灵感迸发，获得了新的研究突破。而如今，普通民众就能拥有一台用于摆弄数字的伟大机器。这台机器绝不仅仅是纸和笔的自动化升级版，它在处理数方面的作用是无可替代的。有了计算机，我们可以自己探寻和发掘有关数的问题，然后借助机器获得答案，有时，这些答案会予以我们启迪。这是我们的先人未曾享受过的便利，也只有在如今这个家庭计算机高度普及的年代，我们一般人才有可能如此轻松地亲身探索和研究数的基本性质。不过，我们若想高效从事这类研究，必须掌握至少一种编程语言，因此，我们也应当大力鼓励年轻人学习编程，以便充分利用这些精妙的机器。

当数学家和非数学家均有机会开展这类研究活动，真的能够产出全新的研究成果吗？目前，我们已依靠计算机获得了第一个重大理论突破——

分形理论的诞生。

凝视上帝的眼睛

大多数人都曾见过分形。分形是一些漂亮的彩色图片，据我们所知，它们以某种神奇的方式与数学和天气产生关联。具体而言，分形是一种复杂的几何曲线，它无论如何被放大，都不会转变为简单形式，并且具有非整数维数。这一全新发展领域具有两种不同形式：科学中的混沌理论和数学中的分形理论。无论是科学层面还是数学层面，它所揭露的内容都是现象级的，将在未来几个世纪改变科学和数学发展的面貌。

首先我们来考虑科学层面的形式。过去几个世纪，人们一直运用数学模型描述和预测物理事件，比如，行星环绕太阳所做的椭圆状运动，炮弹在空中的抛物线运动等。科学已经十分成功地预测了这些基本事件，然而，只要事件变得稍微复杂些，数学模型似乎就不太奏效了。举个例子，现今人类坐拥如此多气象卫星和超级计算机，难道专家们就能准确预测明天是晴天还是雨天了吗？我们不是在询问未来一个月或一周的天气情况，我们只想确认接下来一两天的天气，但遗憾的是，众所周知，气象学家对一两天内局部天气状况的预报时常不准确。

为什么我们不能用计算机预测股票市场，实现利益最大化呢？对于小溪水流冲击岩石形成漩涡这样的寻常现象，我们又为什么束手无策？现实的真相是，有自然界的许多物理系统可能根本无法用经典数学精准描述。曾经，人们坚信，只要我们构造出正确的方程组并选择适当的初始条件，这些问题终有一天都会迎刃而解。目前的研究表明，自然界中的一些系统表现相当稳定，过程中偶发的微小干扰并不会影响其总体过程。以地球的运行为例，我们并不认为一次地震或火山爆发就会使地球偏离原有的环行轨道而飞离太阳系。活的有机体大多也可以从突发变化中迅速恢复，比如，在不同环境下出生的同一物种的幼兽，大体仍能发育长成相同的形态。这便是自然界的运作方式。

为了解决诸如天气等复杂系统的难题，专家们研究出了一套复杂到无法直接求解，只能转而借助大型计算机求取近似值的方程式组。尽管已付出如此多的努力，但我们能力范围内所能做出的最佳预测仍旧受到了来自大自然的挑战。于是，科学家们开始怀疑，自然界中的有些系统是否本质上就具有不稳定性，只要条件发生稍许变化，系统就会偏离轨道。经研究发觉，有许多系统极其敏感，以致我们根本无法精确测定其初始条件并进行后续预测。于此，我们开始进入混沌状态。如今我们业已意识到，宇宙的某些方面高度敏感，它们的行为方式看起来处于完全混乱无序的状态，对于这些系统，无论我们的数学发展到何种水平，它们总会跑出我们划定的预测范围。

好在，我们得到的也不都是坏消息。在探索混沌的过程中，我们发现，那些极度敏感的系统往往只依循几个简单法则，则便可自如运转并产生超乎人类想象的复杂结果。可见，自然的丰富性源自敏感系统中简单法则的反复作用，这些简单法则既无法预测作用的最终结果，也无法反映结果所蕴藏的错综繁复的内容。从简单遗传密码发展成有机生物体，再到国家经济体的运转规律，都逃不开上述现象的支配。正是在尝试用计算机模拟这些系统的过程中，混沌和高度敏感系统逐渐走入人们的视线。

到目前为止，我们所讨论的一切似乎都与应用数学有关。那么，计算机和自然界中的混沌系统又是如何影响积淀丰厚的纯粹数学的呢？令人讶异的是，我们的共相世界，正如数的体系所呈现的那样，也蕴含着它自身固有的混沌。当我们尝试用计算机绘制混沌的完整图形时，分形产生了——它究竟是什么样子的？为何有关数的精确数学原理也会包含混沌的图像？直接体验这种根植于数的混沌，无异于凝视上帝的眼睛。

通过计算机图像生成一个数学分形并观察深嵌其中的混沌并非难事，这是任何一个熟悉代数和家用计算机操作的人都能做到的[5]。以简单多项式 $x^3+8=0$ 为例，直到近 20 年，它所蕴含的无穷多的复杂细节才逐渐为研究者察觉。这是一个三次多项式方程，共有三个解，分别为 x_1、x_2、x_3，其中一个解为有理数 –2，若以 –2 代替 x_1，代入方程可得（–2）^{3}+8=–8 +8=0；其他两个解则为复数，有 $x_2=1+\sqrt{3}\ i$ 以及 $x_3=1-\sqrt{3}\ i$。我们在复数平台上标示出这三个解（如图54所示）。

迭代法是求解多项式的一种常用方法。为了更便利地运用此种方法，我们定义了一种算法：先猜测出一个解，把它插入算法中，使之获得一个更接近的猜测解；然后，我们把这个更接近的猜测解代入算法，继而产生第二个更接近的解；如此反复，直到获得我们心中满意的足够接近真值的解。有趣的是，任何用于迭代的算法都具有一种固有的自参照属性，这一点在上文讨论悖论时也提到过，也即算法的这个解是算法的另一个解等等。可见，迭代其实是一种映回自身的映射。

艾萨克·牛顿（1642—1727）或许是人类历史上最伟大的兼具科学家与数学家身份的人物，他也曾发明过一种迭代法。运用这个方法对多项式 x^3+8=0 迭代求解的算法如下所示，其中，每一个猜测解均表示为 E。

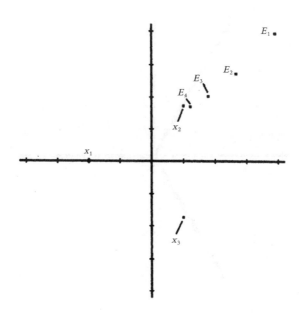

图54 在高斯平面（也即复数平面）标示 x^3+8=0 的三个解：x_1、x_2、x_3；同时，还标示了运用牛顿迭代法求解 x_2 时获得的前四个值（E_1、E_2、E_3、E_4）

$$E_2 = E_1 - \frac{E_1^3 + 8}{3E_1^2}$$

第一个估计值为复数 $4+4i$，也即图 54 标示的点 E_1，我们从此入手。标绘复数时，我将其指定为有序数对，如复数 $4+4i$ 对应点（4，4）。由图 54 可见，由于 E_1 最接近的是三个解中的 x_2，因此，可以预见，若从它入手，我们将逐步获得越来越接近 x_2 的估计值——事实也证明确实如此。现在，将 $4+4i$ 代入上述算法公式，可得 $E_2 = 2.67 + 2.75i$（这个点同样已标示在图 54 中）；接着，再把 E_2 代入算法公式，可得 E_3；由 E_3 又可推算出 E_4；至此，我们已经十分接近精确值 $1 + \sqrt{3}\ i$（约等于 $1 + 1.73i$）了。到这一步为止，一切都按预期推进。我们运用牛顿迭代法，以一个接近 x_2 的估计值为开端，可以得到由各个估计值构成的收敛于 x_2 的数列。

我们或许可以由此假设，第一个估计值 E_1 最接近的解为 x_i，那么接下来获得的估计值数列就将收敛于解 x_i。如图 55 所示，三道实线将复数平

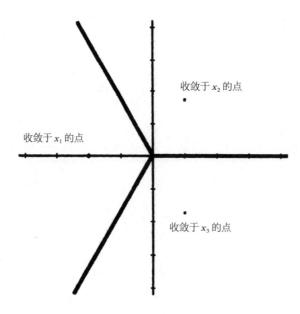

图 55　复数平面等分为三个区域。运用牛顿迭代法求解时，一个合乎逻辑的假设是最靠近某个解的点会收敛于那个解。这个假设成立吗？

面分割为三个分别围绕三个解的区域。我们继而假设，只要在包含 x_2 的区域内选取一个估计值作为起点，其后续均会收敛至 x_2，其余两个区域亦同理——总是收敛到离第一个估计值最近的那个解。唯一一种存在疑义的状况是那些恰好落在两个区域交界线上的点。1976 年，约翰·哈伯德（John Hubbard）在讲授微积分课时，一个学生向他抛出了这个问题：初始估计值真的会趋向离它最近的那个解吗？当时，哈伯德回应该学生，对于这个疑问，目前他尚未掌握确切答案，不过，他会在下周的课上给出解答。

　　然而，在接下去的那一周，哈伯德未能如愿顺利得到他想要的答案，于是，他不得不转而求助他的计算机。在计算机的演算过程中，复数平面上出现了异常奇怪的一幕。估计值会收敛至最接近它的那个解，这个假设应当是合乎逻辑的，但是，它又有大错特错的地方！图 56 所呈现的是所

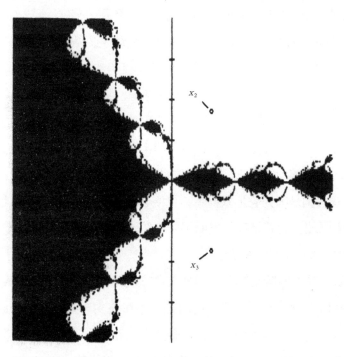

图 56　复数平面上的测试点经牛顿迭代法演算产出的分形图案。图案中的黑色区域代表在牛顿迭代法下将收敛至 x_1 的那些初始估计值（x_1 在图中未标示），白色区域则代表将收敛至 x_2 或 x_3 的初始估计值。纵轴线右侧的黑色区域令我们不禁疑问：为什么有一部分收敛至 x_1 的初始值更靠近 x_2 或 x_3？

有最终趋向 x_1 的初始估计值的分布范围，显而易见，各不同区域之间并无明确界线；相反，我们只能看到一个高度复杂的图形——这就是分形。若取图形中的一小部分，将其放大，又会是何种情形呢？放大显示细节也无法解决问题，得到的仍是复杂的图像（如图 57 所示）。换言之，无论把各个解之间的图像放大多少倍，都绝无可能得到简单明了的清晰界线。分形所特有的丰富细节将无限延续！

除了哈伯德，还有其他学者对这些复数平面上的奇异图像感兴趣。最早踏入此领域的其实是两位法国数学家，加斯顿·朱莉娅（Gaston Julia）和皮埃尔·法图（Pierre Fatou），他们着手此项研究时正值第一次世界大战期间，当时还没有计算机，涉及的全部运算都是人工手算完成的，遗憾的是，他们潜心研究所得的那个优雅图式（现在被称为朱利亚集）并未博得应有的广泛关注。20 世纪 70 年代，博努瓦·曼德勃罗（Benoit Mandelbrot）开始关注朱利亚集，并在 1979 年发现了复数平面分形的老祖宗——曼德勃罗集[7]。

如图 56 所示，分形图像的一个显著特点是，它完全独立于现实世界的混沌系统，它所涉及的概念全部源自纯粹数学。仔细观察图 56，可以发现数字体系的一个基本特征。这些细节精巧丰富的图形为何存在？沿用上述运算技巧，每个幂次高于或等于二次的多项式都可产出分形图案，我们选取 $x^3+8=0$ 为例是因为它形式简单，更便于向初次接触此概念的读者阐述清楚其发生原理。倘若是我们发明了所有关于数学的概念，那么我们又是如何发明如图 56 所示的图形的呢？

这种体验，就像聆听交响乐，蹲坐在计算机屏幕前，看着多项式分形的彩色图像在眼前逐渐鲜活呈现，随着细节慢慢充实丰富，在某个瞬间，你感到一股电流贯穿你的整个躯体，你骤然意识到，你正在透过一道狭小的缝隙窥视存在的本质。分形是另一个使数学家相信数学对象的绝对存在的例子。詹姆斯·格莱克（James Gleick）在其著作《混沌：重塑科学》（*Chaos: Making a New Science*）中断言：

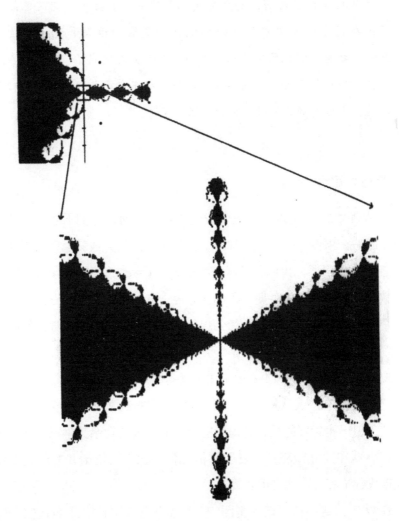

图 57　放大由 $x^3+8=0$ 产生的分形图案，只会显露更多的细节，而非获得比原来稍许简单的图形。取原有分形图中的一小部分区域并放大 100 倍后，看到的依然是错杂繁复的图案

曼德勃罗集是确然存在的。……早在哈伯德和达伍德（Dauady）了解其数学内涵之前，甚至在曼德勃罗发现它之前，它就已经存在了；在科学创设出它存在的环境——复数的框架和迭代函数的概念——之时，它就已然存在着，静待人们去发现它了；抑或，在更早以前，当自然开始依循简单的物理规律组织自己并以绝对的耐心无限次地重复这种努力之时，它就已经存在了。[8]

费马大定理

在结束对 20 世纪取得的数学成就的讨论之前，我们不能不提及最近刚发生的一个事件，一个兴许称得上数学史上最伟大成就之一的事件。众位读者应该还记得，我们称满足方程式 $a^2+b^2=c^2$ 的整数三元组为毕达哥拉斯数；早在古巴比伦时期，我们就已经十分了然，这样的三元数组有无穷多个。在此基础上，我们不禁会想，是否存在某三个自然数恰好满足如下关系：$a^3+b^3=c^3$？

皮埃尔·德·费马（Pierre de Fermat）于 1601 年出生于法国的博蒙－德－洛马涅。有些人认为他是 17 世纪最伟大的数学家，这或许会引发一些争议，但毋庸置疑的是，若提到世界上最伟大的业余数学家，他必定名列榜前。他在建立微积分、发明解析几何（独立于笛卡儿的研究工作）、确立现代数论等方面均有重要贡献。

1637 年，费马在研读丢番图的《算术》第二卷时，于页边空白处批注道：

> 相反，一个三次方数不可能分成两个三次方数、一个四次幂数不可能分成两个四次幂数，一般来说，高于二次的任何幂均不可能分成两个相同次数的幂，而且，对此论断，我已想出一个绝妙的论证方法，但此处空白太小，写不下了。[10]

费马提出了我们心中的疑问，且往前跃了一大步。他不仅认为不存在满足 $a^3+b^3=c^3$ 的三个自然数，而且，更进一步地提出，对于任何大于 2 的 n，都不可能找出可满足 $a^n+b^n=c^n$ 的三个自然数。这一简洁的断言就是著名的费马大定理。但遗憾的是，费马从未写下他的论证过程，因此有许多人认为，费马只是误以为他自己能够证明，因为在 1637 年，证明这一定理所必需的工具尚未问世。不过，又有谁能肯定他无法证明此定理呢？自 1637 年到 1993 年，整整 356 年间，无数专业的、非专业的数学研究者前赴后继试图证明这一定理，但均以失败告终。我还记得，我在犹他大学读研期间，一位数学教授曾郑重地告诫过我们，可别懵懵懂懂、揣着一知半解就想去证明费马大定理，他见过太多学生因为痴迷于它而耽误了学业，我们这批学生中还是有人没有听从这个忠告，而被费马大定理深深吸引。

1993 年 6 月 21 日至 6 月 23 日，普林斯顿大学的英国数学家安德鲁·威尔斯（Andrew Wiles）就"模块化形式、椭圆曲线和伽罗华表示法"这一主题进行了为期三天、每次一个小时的演讲报告。听众们从第一天起就开始猜测威尔斯报告的方向和最终结论，最终，在第三个报告即将结束时，威尔斯在黑板上端正写下了费马大定理的内容，此时，听众席爆发出阵阵热烈的掌声和欢呼声。走过漫长的 356 年，终于有人为费马大定理做了证明。不过，我们还得耐心等候一段时间，待威尔斯正式发表其研究成果，由其他数学家反复严密论证检查之后，我们方能确定它成立与否。不过，那些听了报告的人都对威尔斯充满信心，相信他已经成功解决了这个难题。若确实如此，安德鲁·威尔斯必将名垂历史，他的证明也将成为 20 世纪最伟大的数学成就之一。

我们还能走多远

如今，我们业已拥有先进的计算机和先人积累的丰厚数学成果，我们在数学探索的道路上还能前行多远？假设人类大脑的平均智商在 IQ 评分上已达到 100 分，那么人类与生俱来的智力还可以带领我们在追求更完美数学的道路上前行多远？若有智商高达 2 000 分的天外文明造访，我们大概会为它们的思维能力所震慑，到那时，我们还有信心能够理解并掌握它们的数学知识吗？我们会不会落到如小鸡小狗上微积分课的境地，只听得到声响，内容却一概不懂？人类的大脑构造会否限制我们前行的步伐？

　　假如有一天我们解开了遗传基因的所有奥秘，可以自如操控基因，赋予下一代任何我们想要其拥有的属性，那么，到那时我们能否让孩子的智商达到 200 分、400 分，甚至 2 000 分？那样的他们又会发展出怎样的数学？不过，无论是什么数学，我们这些老一辈的人大概是无法掌握了，但有一点可以肯定，那些数学成果必定是宏伟而优美的。

注

释

引言

1. Kathleen Freeman, *Ancilla to the Pre-Socratic Philosophers* (Cambridge, MA: Harvard University Press, 1966), p. 74.
2. Plato, *The Dialogues of Plato*, trans. B. Jowett (New York: Random House, 1937) *The Republic*, VII, 525.

第一章

1. Karl Menninger, *Number Words and Number Symbols* (New York: Dover Publications, 1969), p. 33.
2. Erich Harth, *Windows on the Mind: Reflections on the Physical Basis of Consciousness* (New York: William Morrow and Company, 1982), p. 101.
3. Paul Glees, *The Human Brain* (Cambridge: Cambridge University Press, 1988), p. 37.
4. *Mathematical Disabilities* (Gérard Deloche and Xavier Seron, eds.) (Hillsdale, New Jersey: Lawrence Erlbaum Associates, 1987).
5. Paul D. MacLean, *The Triune Brain in Evolution* (New York: Plenum Press, 1990), p. 549; Deloche and Seron, p. 140.

第二章

1. Roger Lewin, *Bones of Contention: Controversies in the Search for Human Origins* (New York: Simon and Schuster, 1987), p. 108.

2. David Lambert, *The Field Guide to Early Man* (New York: Facts on File, 1987), pp. 98–105.
3. Ibid., p. 106.
4. David Eugene Smith, *History of Mathematics* (New York: Dover Publications, 1951), p. 6.
5. Paul D. MacLean, *The Triune Brain in Evolution* (New York: Plenum Press, 1990), p. 555.
6. Richard E. Leakey, *Origins* (New York: E.P. Dutton, 1977), p. 205.
7. Karl Menninger, *Number Words and Number Symbols*, p. 35.
8. Graham Flegg, *Numbers Through the Ages* (London: MacMillan Educations LTD, 1989), p. 7.
9. Graham Flegg, *Numbers: Their History and Meaning* (New York: Schocken Books, 1983), p. 19.
10. Flegg, *Numbers Through the Ages*, p. 9.
11. Flegg, *Numbers: Their History and Meaning*, p. 24.
12. Menninger, p. 11.
13. Flegg, *Numbers: Their History and Meaning*, p. 11.
14. Menninger, p. 32.
15. Leakey, p. 162.
16. Flegg, *Numbers Through the Ages*, p. 37.
17. Ibid., p. 11.

第三章

1. Graham Flegg, *Numbers: Their History and Meaning*, p. 7.
2. H. Kalmus, "Animals as Mathematicians," *Nature 202* (June 20, 1964), p. 1156.
3. Levi Leonard Conant, "Counting," in *The World of Mathematics, Vol. 1* (James R. Newman, ed.) (New York: Simon and Schuster, 1956), p. 433.
4. Donald R. Griffin, *Animal Thinking* (Cambridge, MA: Harvard University Press, 1984), p. 204.
5. O. Koehler, "The Ability of Birds to 'Count'," in *The World of Mathematics, Vol. 1* (James R. Newman, ed.) (New York: Simon and Schuster, 1956), p. 491.
6. Conant, p. 434.
7. Guy Woodruff and David Premack, "Primate Mathematical Concepts in the Chimpanzee: Proportionality and Numerosity," *Nature 293* (October 15, 1981), p. 568–570.
8. Phone conversation with Kenneth S. Norris, retired professor of natural history at the University of California–Santa Cruz, Nov. 19, 1992.
9. Menninger, *Number Words and Number Symbols*, p. 11.
10. John McLeish, *Number* (New York: Fawcett Columbine, 1991), p. 7.
11. David Caldwell and Melba Caldwell, *The World of the Bottle-Nosed Dolphin* (New York: J. B. Lippincott Co., 1972), p. 17.

12. Carl Sagan, *Mind in the Waters* (Joan McIntyre, ed.) (New York: Charles Scribner's Sons, 1974), p. 88.

第四章

1. David Eugene Smith, p. 37.
2. Denise Schmandt-Besserat, *Before Writing, Vol. I: From Counting to Cuneiform* (Austin, TX: University of Texas Press, 1992), p. 7.
3. Ibid., p. 6.
4. Ibid., p. 190.
5. Mortimer Chambers, Raymond Grew, David Herlihy, Theodore Rabb, and Isser Woloch, *The Western Experience: To 1715* (New York: Alfred A. Knopf, 1987), p. 7.
6. Schmandt-Besserat, p. 114.
7. Ibid., p. 199.
8. Carl B. Boyer, *A History of Mathematics* (New York: John Wiley and Sons, 1968), p. 33.
9. H. L. Resnikoff and R. O. Wells, Jr., *Mathematics in Civilization* (New York: Dover Publications, 1973), p. 76.
10. David Eugene Smith, p. 43.
11. Boyer, p. 22.
12. David Eugene Smith, p. 43.
13. Boyer, p. 12.
14. Morris Kline, *Mathematical Thought from Ancient to Modern Times, Vol. I* (New York: Oxford University Press, 1972), p. 16.
15. Lucas Bunt, Phillip Jones, and Jack Bedient, *The Historical Roots of Elementary Mathematics* (New York: Dover Publications, 1976), p. 37.

第五章

1. McLeish, p. 53.
2. David Eugene Smith, p. 23.
3. Menninger, p. 452.
4. Boyer, p. 220.
5. McLeish, p. 70.
6. Ibid., p. 24.
7. Stuart J. Fiedel, *Prehistory of the Americas* (Cambridge: Cambridge University Press, 1987), p. 282.
8. Ibid., p. 281.
9. The *Codex Dresdensis* in Dresden, the *Codex Tro-Cortesianus* in Madrid, and the *Codex Peresianus* in Paris.

10. Bunt *et al.*, p. 226.
11. Thomas Crump, *The Anthropology of Numbers* (New York: Cambridge University Press, 1990), p. 46.
12. Jacques Soustelle, *Mexico* (New York: World Publishing Company, 1967), p. 125.
13. Fiedel, p. 335.

第六章

1. Chambers *et al.*, p. 40.
2. Menninger, p. 272.
3. Ibid., p. 299.
4. Kline, p. 28.
5. David Eugene Smith, p. 64.
6. The two different positions are illustrated by Smith, p. 71; and Boyer, p. 52.
7. Michael Moffatt, *The Ages of Mathematics: Vol. I, The Origins* (New York: Doubleday and Company, 1977), p. 96.
8. Boyer, p. 60.
9. Bunt *et al.*, p. 83.
10. Aristotle, *The Basic Works of Aristotle*, trans. J. Annas (Richard McKeon, ed.) (New York: Random House, 1941); *The Metaphysics*, 986a, lines 1–3 and 15–18, Oxford University Press.
11. Ibid., 1090a, lines 20–25.
12. Two different visual proofs come from Stuart Hollingdale, *Makers of Mathematics* (London: Penguin Books, 1989), p. 39; and Eric Temple Bell, *Mathematics: Queen and Servant of Science* (New York: McGraw-Hill, 1951), p. 190.
13. Kline, p. 33.
14. Moffatt, p. 92.
15. Bunt *et al.*, p. 86.

第七章

1. McLeish, p. 115.
2. Kline, p. 184.
3. David Eugene Smith, p. 157.
4. Menninger, p. 399.
5. McLeish, p. 122.
6. Kline, p. 184.
7. Bunt *et al.*, p. 226.
8. Ibid., p. 227.
9. Menninger, p. 425.

10. Ibid., p. 432.
11. Ibid., p. 400.
12. Hollingdale, p. 109.
13. Jane Muir, *Of Men and Numbers* (New York: Dodd, Mead, and Company, 1961), p. 235.

第八章

1. Freeman, p. 14.
2. Ibid., p. 19.
3. Aristotle, *The Basic Works of Aristotle*, Physics, Book III, 204b, lines 2–9.
4. Freeman, p. 75.
5. Aristotle, *Physics, Book III*, 206b, lines 31–32.
6. Ibid., 204b, lines 6–8.
7. Ibid., 206a, line 26; 206b, line 13.
8. Ibid., 239b, lines 14–18.
9. Plato, *The Dialogues of Plato*, trans. B. Jowett (New York: Random House, 1937), Timeaus, lines 25, 52.
10. Rudy Rucker, *Infinity and the Mind* (New York: Bantam Books, 1982), p. 3.
11. Thomas Hobbes, *Leviathan: Parts I and II* (New York: Bobbs-Merrill Company, 1958), p. 36.
12. Thomas Hobbes, "Selections from the De Corpore," in *Philosophers Speak for Themselves: From Descartes to Locke* (T. V. Smith and Marjorie Grene, eds.) (Chicago: University of Chicago Press, 1957), p. 144.
13. René Descartes, "Meditations on First Philosophy," in *Philosophers Speak for Themselves: From Descartes to Locke*, p. 78.
14. Hollingdale, p. 359.
15. Rucker, p. 88.
16. Euclid, *Elements, Book III* (New York: Dover Publications, 1956), Sec. 14.

第九章

1. A well-ordered set is a simply ordered set such that every subset contains a first element. See Zermelo's axiom of choice.
2. Sir Thomas Heath, *A History of Greek Mathematics, Vol I* (Oxford, England: The Clarendon Press, 1960), p. 385.
3. The English translation of this work can be found in Richard Dedekind, *Essays on the Theory of Numbers* (La Salle, IL: Open Court Publishing Company, 1948).
4. Ibid., p. 6.
5. Ibid., p. 12.

6. Ibid., p. 13.
7. Ibid., p. 15.
8. Boyer, p. 307.
9. Ibid., p. 348.
10. Richard Preston, "Profiles: The Mountains of Pi," *The New Yorker* (March 2, 1992), p. 36.

第十章

1. Hollingdale, p. 275.
2. Boyer, p. 361.
3. Muir, p. 217.
4. Quoted in Sherman K. Stein, *Mathematics: The Man-Made University*, (New York: W. H. Freeman and Company, 1963), p. 252.
5. Ibid., p. 253.
6. Joseph Warren Dauben, *Georg Cantor: His Mathematics and Philosophy of the Infinite* (Princeton, NJ: Princeton University Press, 1979), p. 50.
7. Leo Zippin, *Uses of Infinity* (Washington, D.C.: The Mathematical Association of America, 1962), p. 56.

第十一章

1. Kline, p. 143.
2. Ibid., p. 253.
3. Eric Temple Bell, *Men of Mathematics* (New York: Simon and Schuster, 1965), p. 35.
4. Hollingdale, p. 126.
5. Bell, *Men of Mathematics*, p. 43.
6. Muir, p. 172.
7. Dauben, p. 54.
8. Ibid., p. 55.
9. Hollingdale, p. 337.

第十二章

1. E. Kamke, *Theory of Sets* (New York: Dover Publications, 1950), p. 47.
2. Rucker, pp. 48–50.
3. Dauben, p. 232.

4. Rucker, p. 276.
5. Ibid., pp. 281–285.
6. Muir, p. 237.
7. Dauben, p. 285.
8. Ibid., p. 243.

第十三章

1. Steven B. Smith, *The Great Mental Calculators* (New York: Columbia University Press, 1983).
2. Darold A. Treffert, *Extraordinary People* (New York: Harper & Row Publishers, 1989).
3. Steven B. Smith, p. 97.
4. Ibid., p. 289.
5. Ibid., p. 245.
6. Oliver Sacks, *The Man Who Mistook His Wife for a Hat* (New York: Harper Perennial, 1985), p. 203.
7. Treffert, p. 41.
8. W. W. Rouse Ball, "Calculating Prodigies," in *The World of Mathematics, Vol. 1*, p. 467.
9. Steven B. Smith, p. xv.
10. Treffert, p. 220.
11. Ibid., p. 222.
12. A. E. Ingham, *The Distribution of Prime Numbers* (Cambridge: Cambridge University Press, 1990), p. 3.

第十四章

1. Bertrand Russell, *The Problems of Philosophy* (London: Oxford University Press, 1959), p. 12.
2. George Berkeley, "Three Dialogues Between Hylas and Philonous," in *Philosophers Speak for Themselves: Berkeley, Hume, and Kant*, pp. 1–95.
3. Russell, p. 98.
4. Jerry P. King, *The Art of Mathematics* (New York: Plenum Press, 1992), p. 29.
5. Ibid., p. 43.
6. Ibid., p. 139.
7. W. H. Werkmeister, *A Philosophy of Science* (Lincoln, NE: University of Nebraska Press, 1940), p. 141.

第十五章

1. Boyer, p. 645.
2. E. J. Borowski and J. M. Borwein, *The HarperCollins Dictionary of Mathematics* (New York: HarperCollins Publishers, 1991), p. 589.
3. Ibid., p. 49.
4. King, p. 6.
5. Roger T. Stevens, *Fractal: Programming in Turbo Pascal* (Redwood City, CA: M&T Publishing, 1990).
6. James Gleick, *Chaos: Making a New Science* (New York: Viking Penguin, 1987), p. 217.
7. Ibid., p. 222.
8. Ibid., p. 239.
9. Bell, *Men of Mathematics*, p. 57.
10. Ibid., p. 71.
11. Michael D. Lemonick, "*Fini* to Fermat's Last Theorem," *Time* (5 July 1993), p. 47.

Aristotle, *The Basic Works of Aristotle* (Richard McKeon, ed.). New York: Random House, 1941.

Bell, Eric Temple, *The Magic of Numbers*. New York: Dover Publications, 1974.

Bell, Eric Temple, *Men of Mathematics*. New York: Simon & Schuster, 1965.

Bell, Eric Temple, *Mathematics: Queen and Servant of Science*. New York: McGraw-Hill Book Company, 1951.

Borowski, E. J., and Borwein, J. M., *The HarperCollins Dictionary of Mathematics*. New York: HarperCollins Publishers, 1991.

Boyer, Carl B., *A History of Mathematics*. New York: John Wiley and Sons, 1968.

British Museum (Natural History), *Man's Place in Evolution*. London: Cambridge University Press (undated).

Bunt, Lucas; Jones, Phillip; and Bedient, Jack, *The Historical Roots of Elementary Mathematics*. New York: Dover Publications, 1976.

Burgess, Robert F., *Secret Languages of the Sea*. New York: Dodd, Mead, and Company, 1981.

Caldwell, David, and Caldwell, Melba, *The World of the Bottle-Nosed Dolphin*. New York: J. B. Lippincott Company, 1972.

Calvin, William H., *The Ascent of Mind: Ice Age Climates and the Evolution of Intelligence*. New York: Bantam Books, 1990.

Chambers, Mortimer; Grew, Raymond; Herlihy, David; Rabb, Theodore; and Woloch, Isser, *The Western Experience: to 1715*. New York: Alfred A. Knopf, 1987.

Crump, Thomas, *The Anthropology of Numbers*. New York: Cambridge University Press, 1990.

Dauben, Joseph Warren, *Georg Cantor: His Mathematics and Philosophy of the Infinite*. Princeton, New Jersey: Princeton University Press, 1979.

Dedekind, Richard, *Essays on the Theory of Numbers*. La Salle, Illinois: Open Court Publishing Company, 1948.

Deloche, Gérard, and Seron, Xavier, eds., *Mathematical Disabilities: A Cognitive Neuropsychological Perspective*. London: Lawrence Erlbaum Associates, 1987.

Lewin, Roger, *Bones of Contention: Controversies in the Search for Human Origins*. New York: Simon and Schuster, 1987.

Lumsden, Charles J., and Wilson, Edward O., *Promethean Fire: Reflections on the Origin of the Mind*. Cambridge: Harvard University Press, 1983.

MacLean, Paul D., *The Triune Brain in Evolution*. New York: Plenum Press, 1990.

McLeish, John, *Number*. New York: Fawcett Columbine, 1991.

Menninger, Karl, *Number Words and Number Symbols: A Cultural History of Numbers*. New York: Dover Publications, 1969.

Moffatt, Michael, *The Ages of Mathematics, Vol. I, The Origins*. New York: Doubleday & Company, 1977.

Muir, Jane, *Of Men and Numbers*, New York: Dodd, Mead, & Company, 1961.

Newman, James, ed., *The World of Mathematics*. New York: Simon and Schuster, 1956.

Newsom, Carroll, *Mathematical Discourses*. Englewood Cliffs, NJ: Prentice-Hall, 1964.

Niven, Ivan, *Numbers: Rational and Irrational*. Washington, D.C.: The Mathematical Association of America, 1961.

Ottoson, David, *Duality and Unity of the Brain*. New York: Plenum Press, 1987.

Pappas, Theoni, *The Joy of Mathematics*. San Carlos, CA: World Wide Publishing/Tetra, 1989.

Peter, Rozsa, *Playing with Infinity*. New York: Dover Publications, 1961.

Plato, *The Dialogues of Plato*, trans. B. Jowett. New York: Random House, 1937.

Preston, Richard, "Profiles, The Mountains of Pi," *The New Yorker* (March 2, 1992).

Resnikoff, H. L., and Wells, R. O., Jr., *Mathematics in Civilization*. New York: Dover Publications, 1984.

Robins, Gay, and Shute, Charles, *The Rhind Mathematical Papyrus*. New York: Dover Publications, 1987.

Rucker, Rudy, *Infinity and the Mind*. New York: Bantam Books, 1982.

Russell, Bertrand, *The Problems of Philosophy*. London: Oxford University Press, 1959.

Sacks, Oliver, *The Man Who Mistook His Wife for a Hat*. New York: Harper Perennial, 1985.

Sagan, Carl, *Mind in the Waters*, ed. Joan McIntyre. New York: Charles Scribner's Sons, 1974.

Schmandt-Besserat, Denise, *Before Writing, Vol. I: From Counting to Cuneiform*. Austin, TX: University of Texas Press, 1992.

Schmandt-Besserat, Denise, "The Earliest Precursor of Writing," *Scientific American* (June 1978).

Smith, David Eugene, *History of Mathematics, Vol. I*. New York: Dover Publications, 1951.

Smith, Steven B., *The Great Mental Calculators*. New York: Columbia University Press, 1983.

Smith, T. V., and Grene, Marjorie, eds., *Philosophers Speak for Themselves: From Descartes to Locke*. Chicago: University of Chicago Press, 1957.

Soustelle, Jacques, *Mexico*. New York: World Publishing Company, 1967.

Stein, Sherman K., *Mathematics: The Man-Made Universe*. San Francisco: W. H. Freeman and Company, 1963.

Treffert, Darold A., *Extraordinary People: Understanding Idiots Savants*. New York: Harper & Row Publishers, 1989.

Lewin, Roger, *Bones of Contention: Controversies in the Search for Human Origins.* New York: Simon and Schuster, 1987.

Lumsden, Charles J., and Wilson, Edward O., *Promethean Fire: Reflections on the Origin of the Mind.* Cambridge: Harvard University Press, 1983.

MacLean, Paul D., *The Triune Brain in Evolution.* New York: Plenum Press, 1990.

McLeish, John, *Number.* New York: Fawcett Columbine, 1991.

Menninger, Karl, *Number Words and Number Symbols: A Cultural History of Numbers.* New York: Dover Publications, 1969.

Moffatt, Michael, *The Ages of Mathematics, Vol. I, The Origins.* New York: Doubleday & Company, 1977.

Muir, Jane, *Of Men and Numbers,* New York: Dodd, Mead, & Company, 1961.

Newman, James, ed., *The World of Mathematics.* New York: Simon and Schuster, 1956.

Newsom, Carroll, *Mathematical Discourses.* Englewood Cliffs, NJ: Prentice-Hall, 1964.

Niven, Ivan, *Numbers: Rational and Irrational.* Washington, D.C.: The Mathematical Association of America, 1961.

Ottoson, David, *Duality and Unity of the Brain.* New York: Plenum Press, 1987.

Pappas, Theoni, *The Joy of Mathematics.* San Carlos, CA: World Wide Publishing/Tetra, 1989.

Peter, Rozsa, *Playing with Infinity.* New York: Dover Publications, 1961.

Plato, *The Dialogues of Plato,* trans. B. Jowett. New York: Random House, 1937.

Preston, Richard, "Profiles, The Mountains of Pi," *The New Yorker* (March 2, 1992).

Resnikoff, H. L., and Wells, R. O., Jr., *Mathematics in Civilization.* New York: Dover Publications, 1984.

Robins, Gay, and Shute, Charles, *The Rhind Mathematical Papyrus.* New York: Dover Publications, 1987.

Rucker, Rudy, *Infinity and the Mind.* New York: Bantam Books, 1982.

Russell, Bertrand, *The Problems of Philosophy.* London: Oxford University Press, 1959.

Sacks, Oliver, *The Man Who Mistook His Wife for a Hat.* New York: Harper Perennial, 1985.

Sagan, Carl, *Mind in the Waters,* ed. Joan McIntyre. New York: Charles Scribner's Sons, 1974.

Schmandt-Besserat, Denise, *Before Writing, Vol. I: From Counting to Cuneiform.* Austin, TX: University of Texas Press, 1992.

Schmandt-Besserat, Denise, "The Earliest Precursor of Writing," *Scientific American* (June 1978).

Smith, David Eugene, *History of Mathematics, Vol. 1.* New York: Dover Publications, 1951.

Smith, Steven B., *The Great Mental Calculators.* New York: Columbia University Press, 1983.

Smith, T. V., and Grene, Marjorie, eds., *Philosophers Speak for Themselves: From Descartes to Locke.* Chicago: University of Chicago Press, 1957.

Soustelle, Jacques, *Mexico.* New York: World Publishing Company, 1967.

Stein, Sherman K., *Mathematics: The Man-Made Universe.* San Francisco: W. H. Freeman and Company, 1963.

Treffert, Darold A., *Extraordinary People: Understanding Idiots Savants.* New York: Harper & Row Publishers, 1989.

Werkmeister, W. H., *A Philosophy of Science*. Lincoln, NE: University of Nebraska Press, 1940.

Whitehead, Alfred North, and Russell, Bertrand, *Principia Mathematica*. Cambridge, England: Cambridge University Press, 1950.

Winick, Charles, *Dictionary of Anthropology*. Totowa, NJ: Littlefield, Adams, and Company, 1970.

Woodruff, Guy, and Premack, David, "Primitive Mathematical Concepts in the Chimpanzee: Proportionality and Numerosity," *Nature 293* (October 15, 1981).

Zaslavsky, Claudia, *Africa Counts*. New York: Lawrence Hill Books, 1973.

Zippin, Leo, *Uses of Infinity*. Washington, D.C.: The Mathematical Association of America, 1962.